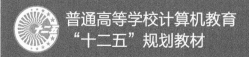
普通高等学校计算机教育
"十二五"规划教材

卓越工程师培养计划推荐教材
——软件开发类

HTML5
应用开发与实践

U0336443

■ 彭纳新 支援 主编　■ 邓佳宾 丛飚 副主编

人民邮电出版社

北　京

图书在版编目（CIP）数据

HTML5应用开发与实践 / 彭纳新，支援主编. -- 北京：人民邮电出版社，2014.7（2020.7重印）
普通高等学校计算机教育"十二五"规划教材
ISBN 978-7-115-35240-8

Ⅰ．①H… Ⅱ．①彭… ②支… Ⅲ．①超文本标记语言－程序设计－高等学校－教材 Ⅳ．①TP312

中国版本图书馆CIP数据核字(2014)第076039号

内 容 提 要

本书作为 HTML5 课程的教材，首先用较大篇幅详细讲解了 HTML5 技术，然后讲解 CSS3 技术，之后用一定篇幅介绍 JavaScript 技术，最后讲解三者的搭配应用，并通过大案例综合应用。全书共分 18 章，内容包括 HTML5 概述、HTML5 的元素与属性、HTML5 表单、文件与拖放、绘制图形、HTML5 中的多媒体、HTML5 的数据存储、离线 Web 应用和地理定位、CSS3 基础、CSS3 字体与文本相关属性、CSS3 美化背景与边框、变形与动画相关属性、JavaScript 概述、JavaScript 语言基础、JavaScript 内置对象、JavaScript 对象编程与事件处理、HTML5、CSS3 与 JavaScript 综合应用、课程设计——旅游信息网前台。全书每章内容都与实例紧密结合，有助于学生理解知识、应用知识，达到学以致用的目的。

本书附有配套 DVD 光盘，光盘提供与本书所有实例、综合实例和课程设计的源代码、制作精良的 PPT 电子课件及教学录像。其中，源代码全部经过精心测试，能够在 Windows XP、Windows 2003、Windows 7、Windows 8 系统下编译和运行。

本书可作为本科计算机专业、软件学院、高职软件专业及相关专业的教材，同时也适合网站开发爱好者和初、中级的 HTML5 网页开发人员参考使用。

◆ 主　　编　彭纳新　支　援
　　副主编　邓佳宾　丛　飚
　　责任编辑　许金霞
　　责任印制　彭志环　杨林杰

◆ 人民邮电出版社出版发行　　北京市丰台区成寿寺路 11 号
　　邮编　100164　　电子邮件　315@ptpress.com.cn
　　网址　http://www.ptpress.com.cn
　　固安县铭成印刷有限公司印刷

◆ 开本：787×1092　1/16
　　印张：24　　　　　　　　　　2014 年 7 月第 1 版
　　字数：632 千字　　　　　　　2020 年 7 月河北第 5 次印刷

定价：56.00 元（附光盘）

读者服务热线：(010)81055256　印装质量热线：(010)81055316
反盗版热线：(010)81055315
广告经营许可证：京东市监广登字20170147号

前言

  HTML 5 是下一代的 HTML，它将会取代 HTML 4.0 和 XHTML 1.1，成为新一代的 Web 语言。HTML5 自从 2010 年正式推出以来，就以一种惊人的速度被迅速的推广，世界各知名浏览器厂商也对 HTML 5 有很好的支持。目前，很多高校的计算机专业和 IT 培训学校，都将 HTML 作为 Web 开发的基础教学内容之一，这对于培养学生的计算机应用能力具有非常重要的意义。

  在当前的教育体系下，实例教学是计算机语言教学的最有效的方法之一，本书将 HTML5 理论知识和实用的实例有机结合起来，一方面，跟踪 HTML 的发展，适应市场需求，精心选择内容，突出重点、强调实用，使知识讲解全面、系统；另一方面，设计典型的实例，将实例融入到知识讲解中，使知识与实例相辅相成，既有利于学生学习知识，又有利于指导学生实践。另外，本书在每一章的后面还提供了习题，方便读者及时验证自己的学习效果。

  本书作为教材使用时，课堂教学建议 40～45 学时，实例教学建议 14～16 学时。各章主要内容和学时建议分配如下，老师可以根据实际教学情况进行调整。

章	主　要　内　容	课堂学时	实例学时
第 1 章	HTML5 概述，包括 HTML5 简介、HTML 的标签构成、HTML 文件的编写方法、综合实例—在浏览器中输出"你好"	1	1.5
第 2 章	HTML5 的元素与属性，包括 HTML5 的语法变化、新增的元素和废除的元素、新增的属性和废除的属性、全局属性、综合实例——检查单词的拼写情况	2	
第 3 章	HTML5 表单，包括表单概述、表单基本元素、表单新增元素、综合实例——search 搜索类型的 input 元素	3	1
第 4 章	文件与拖放，包括选择文件、使用 FileReader 对象读取文件、拖放 API 的使用、dataTransfer 对象、综合实例——使用拖放 API 将商品拖入购物车	3	1
第 5 章	绘制图形，包括 canvas 基础、使用路径绘制圆形、运用样式与颜色、实现图形的变形、绘制渐变图形、绘制阴影和组合图形、绘制文字、应用图像、保存与恢复状态、文件的保存、对画布绘制实现动画、综合实例——绘制桌面时钟	3	1
第 6 章	HTML5 中的多媒体，包括 HTML5 页面中的多媒体、多媒体元素的属性、多媒体元素的方法、多媒体元素的事件、综合实例——用 timeupdate 事件动态显示媒体文件播放时间	2	1
第 7 章	HTML5 的数据存储，包括 Web Storage、Web SQL 数据库、跨文档消息通信、综合实例——简单的 Web 留言本	3	1
第 8 章	离线 Web 应用和地理定位，包括 HTML5 离线 Web 应用、获取地理位置、综合实例——在页面上使用 Google 地图	2	1
第 9 章	CSS3 基础，包括 CSS3 概述、CSS3 新特性、CSS3 选择器、综合实例——生动的列表导航	3	1

续表

章	主 要 内 容	课堂学时	实例学时
第 10 章	CSS3 字体与文本相关属性，包括给文字添加阴影—text-shadow 属性、文本相关属性、CSS 3 新增的服务器字体、使用 font-size-adjust 属性微调字体大小、综合实例——设计立体文本	2	1
第 11 章	CSS3 美化背景与边框，包括设置背景、边框设置、内外边距的相关属性、综合实例——设计企业门户网站首页	2	1
第 12 章	变形与动画相关属性，包括 CSS 变形(Transformation)、CSS 过渡——transition 属性、CSS 动画——animation 属性、综合实例——模拟进度条效果	3	1
第 13 章	JavaScript 概述，包括 JavaScript 概貌、搭建 JavaScript 开发环境、编写 JavaScript 的工具、JavaScript 在 HTML 中的使用、综合实例——用 JS 输出中文文字符串	1	1
第 14 章	JavaScript 语言基础，包括 JavaScript 数据结构、数据类型、运算符与表达式、流程控制语句、函数、综合实例——将长数字分位显示	3	1
第 15 章	JavaScript 内置对象，包括字符串对象 String、常用的数值处理对象、数组对象、综合实例——使用数组存储商品信息	3	1
第 16 章	JavaScript 对象编程与事件处理，包括文档(document)对象、窗口(window)对象、DOM 对象、事件处理、综合实例——动态设置网页的标题栏	5	1
第 17 章	HTML5、CSS3 与 JavaScript 综合应用，包括综合实例 1——文字升降特效、综合实例 2——闪烁的图片、综合实例 3——左右移动的图片、综合实例 4——自动隐藏菜单、综合实例 5——树状导航菜单、综合实例6——颜色选择器	2	
第 18 章	课程设计——旅游信息网前台，包括需求分析、系统设计、开发及运行环境、关键技术、网站公共部分设计、网站主页设计、"留下足迹"页面设计、课程设计总结	2	

本书由彭纳新、支援担任主编。邓佳宾、丛飚担任副主编。其中，彭纳新编写第 1 章～第 3 章，支援编写第 4 章～第 7 章，轩春青编写第 8 章、第 9 章，邓佳宾编写第 10 章～第 13 章，丛飚编写第 14 章、第 16 章，单绍隆编写第 15 章、第 17 章、第 18 章。

由于编者水平有限，书中难免存在疏漏和不足之处，敬请广大读者批评指正，使本书得以改进和完善。

编　者
2013 年 12 月

目 录

第1章
HTML5 概述

本章要点：
- HTML 的基本概念及发展史
- HTML5 的新特性
- HTML 的基本结构
- HTML 文件的编写方法
- 如何利用浏览器浏览 HTML 文件

随着 Internet 的飞速发展，越来越多的网站被创建。在这些网站上，你所看到的丰富的影像、整齐的文字、多种多样的图片都是通过一种名为 HTML 的语言表现出来的。对于网页设计和制作人员，尤其是动态网站的编程人员来讲，网页制作中几乎不可能不涉及 HTML 语言。本章将对 HTML5 进行简单介绍。

1.1　HTML5 简介

HTML 是一种简易的文件交换标准，它旨在定义文件内的对象并描述文件的逻辑结构，而不定义文件的显示。由于 HTML 语言有极高的适应性，所以特别适合在万维网中使用。

HTML 是纯文本类型的语言，使用 HTML 编写的网页文件也是标准的纯文本文件。我们可以用任何文本编辑器，例如 Windows 的"记事本"程序打开这些网页文件，查看其中的 HTML 源代码，也可以在用浏览器打开网页时，通过相应的"查看/源文件"命令查看网页的 HTML 代码。HTML 文件可以直接由浏览器解释执行，而无需编译。当用浏览器打开网页时，浏览器读取网页中的 HTML 代码，分析其语法结构，然后根据解释的结果显示网页内容，正因为如此，网页的显示速度与 HTML 代码的质量有很大的关系，使用精简和高效的 HTML 代码是十分重要的。

1.1.1　HTML 发展历程

HTML 的历史可以追溯到 20 世纪 90 年代。1993 年 HTML 首次以草案的形式发布。在这 20 世纪的最后十年中，HTML 有了长远的发展，从 2.0 版，到 3.2 版和 4.0 版，再到 1999 年的 4.01 版，一直到现在正逐步普及的 HTML5。随着 HTML 的发展，W3C（万维网联盟）掌握了 HTML 的控制权。

在快速发布了 HTML 的前 4 个版本之后，业界普遍认为 HTML 已经"无路可走"了，对 Web 标准的焦点也开始转移到了 XML 和 XHTML，HTML 被放在次要位置。不过在此期间，HTML

体现了顽强的生命力，大部分网站依然还是基于 HTML 构建的。为能支持新的 Web 应用，同时克服现有的缺点，HTML 迫切需要添加新功能，制定新规范。

为了将 Web 平台提升到一个新的高度，一组人在 2004 年成立了 WHATWG（Web Hypertext Application Technology Working Group，Web 超文本应用技术工作组），他们创立了 HTML5 规范，同时开始专门针对 Web 应用开发新功能——这被 WHATWG 认为是 HTML 中最薄弱的环节。Web 2.0 这个新词也是在那时候被发明的。Web 2.0 实至名归，开创了 Web 的第二个时代，旧的静态网站逐渐让位于支持更多特性的动态网站和社交网站——其中的新功能不胜枚举。

2006 年，W3C 又重新介入 HTML，并于 2008 年发布了 HTML5 的工作草案。2009 年，XHTML2 工作组停止工作。又过一年，因为 HTML5 能解决非常实际的问题，所以在规范还没有具体确定的情况下，各大浏览器厂家就已经按耐不住了，开始对旗下产品进行升级以支持 HTML5 的新功能。这样，得益于浏览器的实验性反馈，HTML5 规范也得到了持续地完善，HTML5 以这种方式迅速融入到了对 Web 平台的实质性改进中。

1.1.2　HTML 开发组织

开发 HTML5 并对其负责，正是下面这 3 个重要组织的工作。

- WHATWG：由来自 Apple、Mozilla、Google、Opera 等公司的浏览器开发人员组成，成立于 2004 年。WHATWG 开发 HTML 和 Web 应用 API，同时为各浏览器厂商以及其他有意向的组织提供开放式合作。
- W3C：W3C 下辖的 HTML 工作组目前负责发布 HTML5 规范。
- IETF（Internet Engineering Task Force，因特网工程任务组）：这个任务组下辖 HTTP 等负责 Internet 协议的团队。HTML5 定义的一种新 API（WebSocket API）依赖于新的 WebSocket 协议，IETF 工作组正在开发这个协议。

1.1.3　HTML5 的新特性

HTML5 融合了多种设计理念，这些理念体现了对可能性和可行性的新认识，下面对 HTML5 的新特性进行介绍。

- 兼容性

虽然到了 HTML5 时代，但并不代表现有 HTML4 网站必须全部要重建。HTML5 并不是颠覆性的革新。相反，HTML5 的一个核心理念就是保持一切新特性的平滑过渡。

尽管 HTML5 的一些特性非常具有革命性，但是 HTML5 旨在进化而非革命。这一点正是通过兼容性体现出来的。正是因为保障了兼容性才能让人们毫不犹豫的选择 HTML5 来开发网站。

- 实用性和用户优先

HTML5 规范是基于用户优先准则编写的，其主要宗旨是"用户即上帝"，这意味着在遇到无法解决的冲突时，规范会把用户放到第一位，其次是页面的作者，再次是实现者（或浏览器），接着是规范制定者，最后才考虑纯粹的理论实现。因此，HTML5 的绝大部分是实用的，只是在有些情况下还不够完美。实用性要求能够解决实际问题。HTML5 只封装切实有用的功能，不封装复杂而没有实际意义的功能。

- 化繁为简

HTML5 要的就是简单，避免不必要的复杂性。HTML5 的口号是"简单至上，尽可能简化"。因此，HTML5 做了以下改进：

> ➤ 以浏览器原生支持替代复杂的 JavaScript 代码。
> ➤ 新的简化的 DOCTYPE。
> ➤ 新的简化的字符集声明。
> ➤ 简单而强大的 HTML5API。

1.2　HTML 的标签构成

一个 HTML 文件是由一系列元素和标签组成的。元素是 HTML 文件的重要组成部分，例如 title（文件标题）、img（图像）及 table（表格）等，元素名不区分大小写。HTML 用标签来规定元素的属性和它在文件中的位置。本节将对 HTML 的标签构成进行详细讲解。

1.2.1　HTML 标签概述

● HTML 标签

HTML 的标签分单独出现的标签和成对出现的标签两种。

大多数标签成对出现，它们是由首标签和尾标签组成的。首标签的格式为<元素名称>，尾标签的格式为</元素名称>。其完整语法如下：

<元素名称>要控制的内容</元素名称>

成对标签仅对包含在其中的内容发生作用，例如<title>和</title>标签用于界定标题元素的范围，也就是说，<title>和</title>标签之间的部分是此 HTML 文件的标题。

单独标签的格式为<元素名称>，其作用是在相应的位置插入元素，例如
标签便是在该标签所在位置插入一个换行符。

　　　　在每个 HTML 标签中，每个字母即可以大写，也可以小写，还可以大、小写混合。例如<HTML>、<html>和<Html>,其结果都是一样的。

在每个 HTML 标签中，还可以设置一些属性来控制 HTML 标签所建立的元素。这些属性将位于所建立元素的首标签，因此，首标签的基本语法如下：

<元素名称　属性 1="值 1" 属性 2="值 2"……>

而尾标签的语法则为

</元素名称>

因此，在 HTML 文件中某个元素的完整定义语法如下：

<元素名称　属性 1="值 1" 属性 2="值 2"……>要控制的内容</元素名称>

　　　　语法中，设置各属性所使用的 ""可省略。

● 元素

当用一组 HTML 标签将一段文字包含在中间时，这段文字与包含文字的 HTML 标签被称之为一个元素。

由于在 HTML 语法中，每个由 HTML 标签与文字所形成的元素内，还可以包含另一个元素。因此，整个 HTML 文件就像是一个大元素，包含了许多小元素。

在所有 HTML 文件中，最外层的元素是由<html>标签建立的。在<html>标签所建立的元素中，包含了两个主要的子元素，这两个子元素是由<head>标签与<body>标签所建立的。<head>标签所建立的元素的内容为文件头部，而<body>标签所建立的元素内容为文件主体。

● HTML 文件结构

在介绍 HTML 文件结构之前，先来看一个简单的 HTML 文件及其在浏览器上的显示结果。下面开始编写一个 HTML 文件，使用文件编辑器，例如 Windows 自带的记事本。

```
<html>
<head>
<title>文件标题</title>
</head>
<body>
文件正文
</body>
</html>
```

运行效果如图 1-1 所示。

从上述代码中可以看出 HTML 文件的基本结构如图 1-2 所示。

图 1-1　HTML 示例

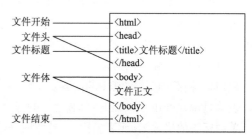

图 1-2　HTML 的文件的基本结构

其中，<head>与</head>之间的部分是 HTML 文件的文件头部分，用以说明文件的标题和整个文件的一些公共属性。<body>与</body>之间的部分是 HTML 文件的主体部分，下面介绍的标签，如果不加特别说明，均是嵌套在这一对标签中使用的。

1.2.2　开始标签<html>

在任何的一个 HTML 文件里，最先出现的 HTML 标签就是<html>，它用于表示该文件是以超文本标识语言（HTML）编写的。<html>是成对出现的，首标签<html>和尾标签</html>分别位于文件的最前面和最后面，文件中的所有内容和 HTML 标签都包含在其中。例如：

```
<html>
文件的全部内容
</html>
```

该标签不带任何属性。

事实上，现在常用的 Web 浏览器（例如 IE）都可以自动识别 HTML 文件，并不要求有<html>标签，也不对该标签进行任何操作。但是，为了提高文件的适用性，使编写的 HTML 文件能适应不同的 Web 浏览器，还是应该养成使用这个标签的习惯。

1.2.3　头部标签<head>

习惯上，我们把 HTML 文件分为文件头和文件主体两个部分。文件主体部分就是 Web 浏览器窗口的用户区内看到的内容，而文件头部分用来规定该文件的标题（出现在 Web 浏览器窗口的标题栏中）和文件的一些属性。

<head>是一个表示网页头部的标签。在由<head>标签所定义的元素中，并不放置网页的任何内容，而是放置关于 HTML 文件的信息，也就是说它并不属于 HTML 文件主体。它包含文件的标题、编码方式及 URL 等信息。这些信息大部分用于提供索引、辨认页面属性或用于其他方面。

写在<head>与</head>中间的内容，如果写在<title>标签中，则表示该网页的名称，并作为窗口的名称显示在这个网页窗口的标题栏上。

如果 HTML 文件并不打算提供相关信息，则可以省略<head>标签。

1.2.4　标题标签<title>

每个 HTML 文件都需要有一个标题。在浏览器中，标题作为页面名称显示在窗口的最上方。这便于浏览器进行收藏。如果浏览者认为某个网页对自己很有用，今后想经常访问，可以选择 IE 浏览器"收藏"菜单中的"添加到收藏夹"命令将它保存起来。网页的标题要写在<title>和</title>之间，并且<title>标签应包含在<head>与</head>标签之中。

HTML 文件的标签是可以嵌套的，即在一对标签中可以嵌入另一对子标签，用来规定母标签所含或其中某一部分所含的属性，嵌套在<head>标签中使用的主要有<title>标签。

1.2.5　主体标签<body>

<body>标签是成对出现的。网页中的主体内容应该写在<body>和</body>之间，而<body>标签包含在<html>标签里面。

1.2.6　编写时注意事项

在编写文件的时候，要注意以下事项：

（1）"<"和">"是任何标记的开始和结束。元素的标记要用这对尖括号括起来，并且结束的标记总是在开始的标记前加一个斜杠。

（2）标记与标记之间可以嵌套，如：

```
<H3><CENTER>HTML 文件</CENTER></H3>
```

（3）在源代码中不区分大小写，如以下几种写法都是正确并且相同的标记：

```
<HEAD>
<head>
<Head>
```

（4）任何回车和空格在源代码中不起作用。为了代码清晰，建议不同的标记之间使用回车和空格缩进。

（5）HTML 标记中可以放置各种属性，如：

```
<h3 align="center">HTML 你好</h3>
```

其中 align 为属性，center 为属性值，元素属性放置在元素的< >内，并且和元素名之间用一个空格分割，属性值可以直接书写，也可以使用""括起来。如下面的两种写法都是正确的：

```
<h3 align="center">HTML 你好</h3>
<h3 align=center>HTML 你好</h3>
```

（6）如果希望在源代码中添加注释，便于阅读，可以以"<!--"开始，以"-->"结束。

如下代码：

```
<!------------------------------------------------->
<!--      文件范例: 1.2.htm      -->
<!-- 文件说明: 第一个 HTML 文件-->
<!------------------------------------------------->
```

注释语句只出现在源代码中，而不会在页面中显示。

1.3　HTML 文件的编写方法

1.3.1　手工编写页面

下面使用记事本来编写第一个 HTML 文件。步骤如下：

（1）选择"开始/程序/附件/记事本"命令，打开记事本程序，如图 1-3 所示。

（2）在记事本中直接键入下面的 HTML 代码：

```
<html>
<head>
<title>简单的 HTML 文件</title>
</head>
<body text="blue">
<h2 align="center">HTML 你好</h2>
<hr>
<p>让我们认识 HTML 吧</p>
</body>
</html>
```

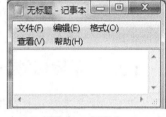

图 1-3　记事本

（3）输入代码后，记事本中显示出代码的内容，如图 1-4 所示。

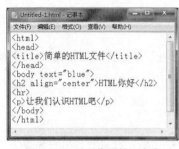

图 1-4　显示了代码的记事本　　　　　图 1-5　"另存为"对话框

（4）选择记事本菜单中的"文件/保存"命令，弹出如图 1-5 所示的"另存为"对话框。

（5）在对话框中选择目的文件夹，然后在"保存类型"中选择"所有文件"，在"编码"中选择 ANSI，这里将"文件名"设置为 1-2.htm，然后单击"保存"按钮。

（6）最后关闭记事本，回到文件所在的文件夹，双击如图 1-6 所示 1-2.htm 文件，可以在 IE 浏览器中看到最终的页面效果，如图 1-7 所示。

图 1-6　保存出的 htm 文件

图 1-7　页面效果

1.3.2　使用可视化软件制作页面

Adobe Dreamweaver CS 5.5 是一个全面的专业工具集，可用于设计并部署极具吸引力的网站和 Web 应用程序并提供强大的编辑环境以及基于标准的 WYSIWYG 设计界面。Adobe Dreamweaver CS 5.5 使用了最新的技术并加入了多屏幕预览、jQuery 集成、CSS3/HTML5 支持、尖端的实时视图渲染、移动 UI 构件、FTPS 支持、智能编码协助集成 FLV 内容等全新功能。下面以 Adobe Dreamweaver CS 5.5 中文版为例，说明使用可视化网页编辑软件制作页面的方法。步骤如下：

（1）单击"开始/所有程序/ Adobe Dreamweaver CS 5.5"，启动软件的主程序，其主界面如图 1-8 所示。

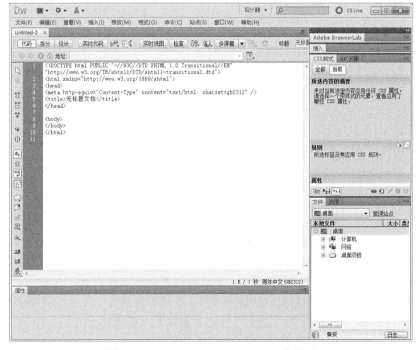

图 1-8　Adobe Dreamweaver CS 5.5 主界面

（2）Dreamweaver 工作区使您可以查看文档和对象属性。工作区还将许多常用操作放置于工具栏中，使您可以快速编辑文档。Dreamweaver CS 5.5 工作区布局如图 1-9 所示。

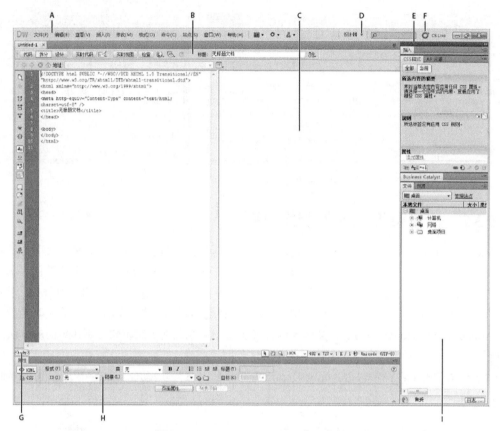

图 1-9　Dreamweaver CS 5.5 工作区布局

Dreamweaver CS 5.5 工作区说明如下。

- A 菜单栏：应用程序窗口顶部包含一个工作区切换器、几个菜单（仅限 Windows）以及其他应用程序控件。
- B 文档工具栏：包含一些按钮，它们提供各种“文档”窗口视图（如“设计”视图和“代码”视图）、各种查看选项和一些常用操作（如在浏览器中预览）。
- C 文档窗口：显示您当前编辑的文档。
- D 工作区切换器：通过下拉列表可以选择不同的工作区。例如，编辑器。
- E 面板组：帮助您监控和修改文档。例如，“插入”面板、“CSS 样式”面板和“文件”面板。若要展开某个面板，请双击其选项卡。
- F CS Live：Adobe Dreamweaver CS 5.5 相关服务。
- G 标签选择器：位于“文档”窗口底部的状态栏中。显示环绕当前选定内容的标签层次结构。单击该层次结构中的任何标签可以选中该标签及其全部内容。
- H 属性检查器：用于查看和更改所选对象或文本的各种属性。每个对象具有不同的属性。在“编码器”工作区布局中，“属性”检查器默认是不展开的。
- I 文件面板：用于管理文件和文件夹，无论它们是 Dreamweaver 站点的一部分还是位于远程服务器上。通过“文件”面板还可以访问本地磁盘上的全部文件，非常类似于 Windows

资源管理器 (Windows) 或 Finder (Macintosh)。

（3）如图 1-10 所示，单击文档工具栏中的"拆分"按钮，在这种视图下，编辑窗口被分割成左右两部分，左侧显示的是源代码视图，右侧是可视化视图，这样可以在选择和编辑源代码的时候及时地在可视化视图中看到效果。这两部分是互相联系，密不可分的，在代码视图中所做的任何修改都会影响设计视图，反之亦然。

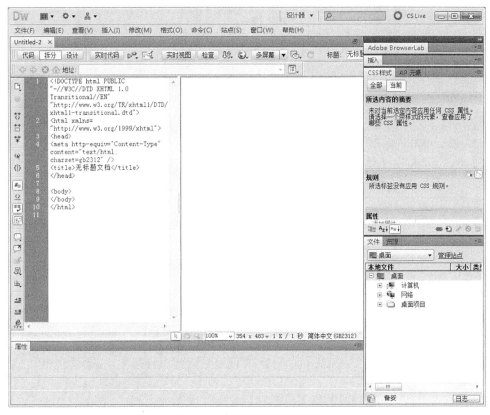

图 1-10　代码视图和设计视图

（4）在如图 1-11 所示的位置输入"让我们一起体验超炫的 HTML 旅程吧"作为页面的正文。

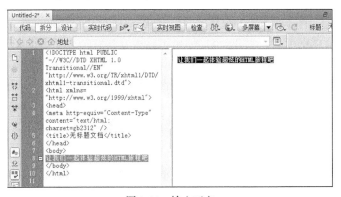

图 1-11　输入正文

（5）在如图 1-12 所示的位置输入"HTML 初露端倪"作为页面的标题。

图 1-12　输入标题

（6）选择"文件/保存"命令，在如图 1-13 所示的对话框中选择存储位置，将文件命名成 1-1.html，然后单击"保存"按钮。

（7）双击 1-1.html 文件，可以在浏览器中直接看到效果，如图 1-14 所示。

图 1-13　保存页面　　　　　　　　　　　　　　图 1-14　1-1.html 页面效果

1.3.3　使用浏览器浏览 HTML 文件

不同公司有不同的浏览器，其中最著名的是微软公司的 Internet Explorer。浏览器最核心的功能就是查看编写的 HTML 页面的效果，同时，也可以查看其他网站页面的源代码。下面以 Internet Explorer 为例来讲解使用 Internet Explorer 浏览器浏览 HTML 页面的过程。

启动 Internet Explorer 浏览器后，打开刚才所建立的 HTML 文件。

选择"文件/打开"命令，然后单击"浏览"按钮，如图 1-15 所示，找到硬盘中存放的网页文件，然后单击"打开"按钮，如图 1-16 所示。这样，浏览器就能够显示该文件的页面效果了。

图 1-15　打开　　　　　　　　　　　　　　图 1-16　选择要打开的文件

1.4　综合实例——在浏览器中输出"你好"

本实例主要在 HTML 文件中输出"你好"中文字符串，运行效果如图 1-17 所示。

新建一个 index.html 文件，以记事本方式打开该文件，输入如下 HTML 代码：

```
<html>
<head>
<title>你好</title>
</head>
<body text="blue">
<h2 align="center">你好</h2>
</body>
</html>
```

图 1-17　在浏览器中输出"你好"

知识点提炼

（1）HTML 是一种简易的文件交换标准，它旨在定义文件内的对象并描述文件的逻辑结构，而不定义文件的显示。

（2）HTML 文件是由一些元素和标签组成的，元素名不区分大小写。

（3）在任何一个 HTML 文件中，最先出现的 HTML 标签就是<html>，它用于表示该文件是以超文本标识语言（HTML）编写的。

（4）<head>是一个表示网页头部的标签。

（5）网页的名称要写在<title>和</title>之间，并且<title>标签应包含在<head>与</head>标签之中。

（6）网页中的主体内容应该写在<body>和</body>之间，而<body>标签包含在<html>标签里面。

习　　题

1-1　HTML 文档的树状结构中，哪个标签为文档的根节点，位于结构中的最顶层？

1-2　HTML 网页文件的标记是？网页文件的主体标记是？标记页面标题的标记是？

1-3　创建一个 HTML 文档的开始标记符是？结束标记符是？

1-4　编写 HTML 文件的方法有几种？分别是什么？

第 2 章
HTML5 的元素与属性

本章要点：
- HTML5 与 HTML4 的语法区别
- HTML5 中的新增元素
- HTML5 中废除的 HTML4 元素
- HTML5 中替代 HTML4 的元素
- HTML5 中的新增属性
- HTML5 中废除的 HTML4 属性
- HTML5 的全局属性

HTML5 以 HTML4 为基础，对 HTML4 进行了大量的修改，本章将从总体上介绍 HTML5 中的一些新增元素和属性。

2.1 HTML5 的语法变化

2.1.1 HTML5 中的标记方法

首先，看一下 HTML5 中的标记方法。

- 内容类型（ContentType）

HTML5 文件的扩展名和内容类型（ContentType）没有发生变化。即扩展名为".html"或".htm"，内容类型（ContentType）为 ".text/html"。

- DOCTYPE 声明

DOCTYPE 声明的 HTML 文件中不可缺少的。不区分大小写。Web 浏览器通过判断文件开头的这个声明，来调整解析器的渲染类型。

```
<!DOCTYPE html>
```

另外，当使用工具时，也可以在 DOCTYPE 声明中加入 SYSTEM 标识。（不区分大小写。此外还可将双引号换为单引号来使用），声明方法如下：

```
<!DOCTYPE HTML SYSTEM "about:legacy-compat">
```

- 字符编码的设置

字符编码的设置方法也有些新的变化。以前，设置 HTML 文件的字符编码时，要用到如下 `<meta>` 元素，如下所示：

```
<meta http-equiv="Content-Type" content="text/html;charset=UTF-8">
```

在 HTML5 中，可以使用<meta>元素的新属性 charset 来设置字符编码。

```
<meta charset="UTF-8">
```

以上两种方法都有效。因此也可以继续使用前者的方法（通过 content 元素的属性来设置）。但要注意不能同时使用。如下所示：

```
<!-- 不能混合使用 charset 属性和 http-equiv 属性 -->
<meta charset="UTF-8" http-equiv="Content-Type" content="text/html;charset=UTF-8">
```

　　从 HTML5 开始，文件的字符编码推荐使用 UTF-8。

2.1.2　HTML5 与之前版本的不同

HTML5 的语法与之前 HTML 语法在某种程度上达到了一定的兼容性。例如，有时可以看见"<p>没有结束标签"等 HTML 现象。HTML5 不将这些视为错误，而是"允许这些现象存在，并明确记录在规范中"。那么下面就来看看具体的 HTML5 语法。

● 可以省略标签的元素

在 HTML5 中，元素可以省略标签。具体来讲有 3 种情况，具体如下：

➢ 不允许写结束标记的有：

area、base、br、col、command、embed、hr、img、input、keygen、link、meta、param、source、track、wbr

不允许写结束标记的元素是指不允许使用开始标记与结束标记将元素括起来的的形式，只允许使用"<元素/>"的形式进行书写。例如："
…</br>"的写法是错误的。正确写法为"
"。当然，在 HTML5 之前的版本中，"<br>"这种写法也是允许的。

➢ 可以省略结束标签的有

li、dt、dd、p、rt、rp、optgroup、option、colgroup、thead、tbody、tfoot、tr、td、th

➢ 可以省略整个标签（即连开始标签都不用写明）的有

html、head、body、colgroup、tbody 需要注意的是，虽然这些元素可以省略，但实际上却是隐式存在的。例如："<body>"标签可以省略，但在 DOM 树上它是存在的，可以永恒访问到"document.body"。上述列表中也包括了 HTML5 的新元素。有关这些新元素的用法，将在后面的章节中详细讲解。

● 拥有 boolean 值的属性

拥有布尔值（Boolean）的属性，例如 disabled 和 readonly 等，通过省略属性的值来表达值为"true"。如果要表达值为"false"，则直接省略属性本身即可。此外，当写明属性值来表达值为"true"时，可以将属性名设定为属性值，也可以将属性值设为空字符串。如下列所示：

```
<!-- 以下的 checked 属性值皆为 true -->
<input type="checkbox" checked>
<input type="checkbox" checked="checked">
<input type="checkbox" checked="">
```

● 省略属性的引用符

设置属性值时，可以使用双引号或单引号来引用。HTML5 将进一步进行改进，只要属性值不包含空字符串、单引号、双引号、"<"、">"、"'"、"""、"`"、"="等字符，都可以省略属性的引用符。如下例所示。

```
<!--请注意 type 属性的引用符 -->
<input type="text">
<input type='text'>
<input type=text>
```

2.2　新增的元素和废除的元素

2.2.1　新增的结构元素

在 HTML5 中，新增了以下与结构相关的元素。

● section 元素

section 元素标记页面或应用程序中的一个区块,比如章节、页眉、页脚或文档中的其他部分。它可以与 h1、h2、h3、h4、h5、h6 等元素结合起来使用，标示文档结构。

HTML5 中代码示例：

```
<section>...</section>
```

HTML4 中代码示例：

```
<div>...</div>
```

● article 元素

article 元素标记页面中的一块独立的内容，如博客中的一篇文章或报纸中的一篇文章。

HTML5 中代码示例：

```
<article>...</article>
```

HTML4 中代码示例：

```
<div class="article">...</div>
```

● header 元素

header 元素标记页面中一个内容区块或整个页面的标题。

HTML5 中代码示例：

```
<header>...</header>
```

HTML4 中代码示例：

```
<div>...</div>
```

● nav 元素

nav 元素标记导航链接的部分。

HTML5 中代码示例：

```
<nav>...</nav>
```

HTML4 中代码示例：

```
<ul>...</ul>
```

● footer 元素

footer 元素标记整个页面或页面中一个内容区块的脚注。一般来说，它会包含创作者的姓名、创作日期以及创建者联系信息。

HTML5 中代码示例：

```
<footer>...</footer>
```

HTML4 中代码示例：

```
<div>…</div>
```

2.2.2　新增的行内（inline）语义元素

在 HTML5 中，新增了以下与行内的语义相关的元素。

● mark 元素

mark 元素主要用来在视觉上向用户呈现那些需要突出显示或高亮显示的文字。mark 元素的一个比较典型的应用就是在搜索结果中向用户高亮显示搜索关键词。

HTML5 中代码示例：

```
<mark>…</mark>
```

HTML4 中代码示例：

```
<span>…</span>
```

● time 元素

time 元素标记日期或时间，也可以同时标记两者。

HTML5 中代码示例：

```
<time>…</time>
```

HTML4 中代码示例：

```
<span>…</span>
```

● meter 元素

meter 元素标记度量衡。仅用于已知最大和最小值的度量。必须定义度量的范围，既可以在元素的文本中，也可以在 min/max 属性中定义。

HTML5 中代码示例：

```
<meter>…</meter>
```

● progress 元素

progress 元素标记运行中的进程。可以使用 progress 元素来显示 JavaScript 中耗费时间的函数所在的进程。

HTML5 中代码示例：

```
<progress>…</progress>
```

2.2.3　新增的块级（block）语义元素

在 HTML5 中，新增了以下与块级的语义相关的元素。

● aside 元素

aside 元素标记 article 元素内容之外的与 article 元素的内容相关的内容。

HTML5 中代码示例：

```
<aside>…</aside>
```

HTML4 中代码示例：

```
<div>…</div>
```

● figure 元素

figure 元素标记一段独立的流内容，一般标记文档主体流内容中的一个独立单元。使用 <figcaption> 元素为 figure 元素组添加标题。

HTML5 中代码示例：

```
<figure>
<figcaption>fruit</figcaption>
```

```
<p>The person have an apple..</p>
</figure>
```

HTML4 中代码示例:

```
<dl>
<h1> fruit </h1>
<p> The person have an apple..</p>
</dl>
```

● dialog 元素

dialog 标签标记对话,比如交谈。

 对话中的每个句子都必须属于 <dt> 标签所定义的部分。

2.2.4 新增的 input 元素的类型

HTML5 中,新增了许多 input 元素的类型,列举如下:

● email

email 类型产生输入 E-mail 地址的输入框。

● url

url 类型产生输入 URL 地址的输入框。

● number

number 类型产生需要输入数值的输入框。

● range

range 类型产生需要输入一定范围内数字值的输入框。

● Date Pickers(数据检出器)

HTML5 拥有多个可供选择日期与时间的新型输入框:

date - 选取日、月、年

month - 选取月、年

week - 选取周和年

time - 选取时间(小时和分钟)

datetime - 选取时间、日、月、年(UTC 时间)

datetime-local - 选取时间、日、月、年(本地时间)

● search

search 类型用于搜索域,比如站点搜索或 Google 搜索。search 域显示为常规的文本域。

2.2.5 新增的多媒体元素与交互性元素

新增 video 和 audio 元素,顾名思义,分别是用来插入视频和声音的。值得注意的是可以在开始标签和结束标签之间放置文本内容,这样旧浏览器就可以显示出不支持该标签的信息。例如下面代码:

```
<video src="somevideo.wmv">您的浏览器不支持 video 标签。</video>
```

HTML 5 同时也叫 Web Applications 1.0,为了进一步提升交互能力,引入了这些标签。

● details 元素

details 元素标记用户要求得到并且可以得到的细节信息。它可以与 summary 元素配合使用。

summary 元素提供标题或图例。标题是可见的，用户点击标题时，会显示出 details。summary 元素应该是 details 元素的第一个子元素。

HTML5 中代码示例：

```
<details><summary>HTML 5</summary>
How to learn about HTML 5.?
</details>
```

● datagrid 元素

datagrid 元素标记可选数据的列表。datagrid 作为树形列表来显示。

HTML5 中代码示例：

```
<datagrid>…</datagrid>
```

● menu 元素

menu 元素标记菜单列表。当希望列出表单控件时使用该标签。

HTML5 中代码示例：

```
<menu>
  <li><input type="checkbox" />black</li>
  <li><input type="checkbox" />green</li>
</menu>
```

　　　　HTML4 中 menu 元素不被推荐使用。

● command 元素

command 元素标记命令按钮，比如单选按钮、复选框或按钮。

HTML5 中代码示例：

```
<command onclick=cut()" label="cut">
```

2.2.6　废除的元素

由于各种原因，在 HTML5 中废除了很多元素，下面简单介绍一下被废除的元素。

1. 可以使用 css 代替的元素

对于 basefont、big、center、font、s、strike、tt、u 这些元素，由于它们的功能都是纯粹为页面展示服务的，而 HTML5 提倡把页面展示性功能放在 css 样式表中统一编辑，所以将这些元素废除，并使用编辑 css 样式表的方式进行替代。

2. 不可以使用 frame 框架

对于 frameset 元素、frame 元素与 nofranes 元素，由于 frame 框架对页面可能存在负面影响，HTML5 中已不再支持 frame 框架，只支持 iframe 框架，或者可以用服务器方创建的由多个页面组成的复合页面的形式进行替代，同时将以上三个元素废除。

3. 只有部分浏览器支持的元素

对于 applet、bgsound、blink、marquee 等元素，由于只有部分浏览器支持这些元素，特别是 bgsound 元素以及 marquee 元素，只被 Internet Explorer 支持，所以在 HTML5 中被废除。其中 applet 元素可由 embed 元素替代，bgsound 元素可由 audio 元素替代，marquee 可以由 JavaScript 编程的方式所替代。

2.3　新增的属性和废除的属性

2.3.1　新增的属性

1．表单相关的属性

新增的与表单相关的元素如下：

● autocomplete　属性

autocomplete 属性规定 form 或 input 域应该拥有自动完成功能。

注释

autocomplete 适用于 <form> 标签，以及以下类型的 <input> 标签：text，search，url，telephone，email，password，datepickers，range 以及 color。

● autofocus　属性

autofocus 属性规定在页面加载时，域自动地获得焦点。

注释

autofocus 属性适用于所有 <input> 类型的标签。

● form　属性

form 属性规定输入域所属的一个或多个表单。

注释

form 属性适用于所有 <input>类型的标签。

● 表单重写属性

表单重写属性（form override attributes）允许您重写 form 元素的某些属性设定。

表单重写属性有：

> formaction - 重写表单的 action 属性

> formenctype - 重写表单的 enctype 属性

> formmethod - 重写表单的 method 属性

> formnovalidate - 重写表单的 novalidate 属性

> formtarget - 重写表单的 target 属性

注释

表单重写属性适用于以下类型的 <input> 标签：submit 和 image。

● height 和 width 属性

height 和 width 属性规定用于 image 类型的 input 标签的图像高度和宽度。

注释

height 和 width 属性只适用于 image 类型的 <input> 标签。

● list 属性

list 属性规定输入域的 datalist。datalist 是输入域的选项列表。

注释

list 属性适用于以下类型的 <input> 标签：text，search，url，telephone，email，date pickers，number，range 以及 color。

● min、max 和 step 属性

min、max 和 step 属性用于对包含数字或日期的 input 类型进行限定（约束）。

max 属性规定输入域所允许的最大值。

min 属性规定输入域所允许的最小值。

step 属性为输入域规定合法的数字间隔（如果 step="3"，则合法的数是 -3,0,3,6 等）。

注释

min、max 和 step 属性适用于以下类型的 <input> 标签：date pickers、number 以及 range。

● multiple 属性

multiple 属性规定输入域中可选择多个值。

注释

multiple 属性适用于以下类型的 <input> 标签：email 和 file。

● novalidate 属性

novalidate 属性规定在提交表单时不验证 form 或 input 域。

注释

novalidate 属性适用于 <form> 以及以下类型的<input>标签：text，search，url，telephone，email，password，date pickers，range 以及 color。

● pattern 属性

pattern 属性规定用于验证 input 域的模式（pattern）。模式（pattern）是正则表达式。您可以在我们的 JavaScript 教程中学习到有关正则表达式的内容。

注释

pattern 属性适用于以下类型的<input>标签：text，search，url，telephone，email 以及 password。

● placeholder 属性

placeholder 属性提供一种提示（hint），描述输入域所期待的值。

注释

placeholder 属性适用于以下类型的 <input> 标签：text，search，url，telephone，email 以及 password。

● required 属性

required 属性规定必须在提交之前填写输入域（不能为空）。

注释

required 属性适用于以下类型的 <input> 标签：text，search，url，telephone，email，password，date pickers，number，checkbox，radio 以及 file。

2. 链接相关属性

新增的与链接相关的属性如下：

● media 属性

为 a 与 area 元素增加了 media 属性，该属性规定目标 URL 是为何种类型的媒介/设备进行优化的。只能在 href 属性存在时使用。

● hreflang 属性与 rel 属性

为 area 元素增加了 hreflang 属性与 rel 属性，以保持与 a 元素，link 元素的一致。

● Sizes 属性

为 link 元素增加了新属性 sizes。该属性可以与 icon 元素结合使用（通过 rel 属性），该属性指定关联图标（icon 元素）的大小。

● target 属性

为 base 元素增加了 target 属性，主要目的是保持与 a 元素的一致性，同时 target 元素由于在 Web 应用程序中，尤其是在与 iframe 结合使用时，是非常有用的，所以不再是不赞成使用的元素了。

3. 其他属性

除了上面介绍的与表单和链接相关的属性外，HTML5 还增加了下面的属性：

● reversed 属性

为 ol 元素增加属性 reversed，它指定列表倒序显示。由于 li 元素的 value 属性与 ol 元素的 start 属性是不显示在界面上的，所以不再是不赞成使用的了。

● charset 属性

为 meta 元素增加 charset 属性，因为这个属性已经被广泛支持了，而且为文档字符编码的指定提供了一种较好的方式。

● type 属性与 label 属性

为 menu 元素增加了两个新的属性 type 与 label。label 属性为菜单定义一个可见的标注，type 属性让菜单可以以上下文菜单，工具条，与列表菜单三种形式出现。

● scoped 属性

为 style 元素增加 scoped 属性，用来规定样式的作用范围，譬如只对页面上某个树起作用。

● manifest 属性

为 html 元素增加属性 manifest，开发离线 Web 应用程序时可以与 API 结合使用，定义一个 URL，在这个 URL 上描述文档的缓存信息。 为 iframe 元素增加三个属性 sandbox，seamless 与 srcdoc，用来提高页面安全性，防止不信任的 Web 页面执行某些操作。

2.3.2 废除的属性

HTML4 中的一些属性在 HTML5 中不再被使用，而是采用其他属性或其他方案进行替换，具体如表 2.1 所示。

表 2.1 在 HTML5 中被废除了的属性

在 HTML4 中使用的属性	使用该属性的元素	在 HTML5 中的替代方案
rev	link、a	rel
charset	link、a	在被链接的资源中使用 HTTP Content Type 头元素
shape、coords	a	使用 area 元素代替 a 元素
longdesc	img、iframe	使用 a 元素链接到较长描述
target	link	多余属性，被省略
nohref	area	多余属性，被省略
profile	head	多余属性，被省略
version	html	多余属性，被省略
name	img	id
scheme	meta	只为某个表单域使用 scheme

续表

在 HTML4 中使用的属性	使用该属性的元素	在 HTML5 中的替代方案
archive、classid、codebase、codetype、declare、standby	object	使用 data 与 type 属性类调用插件。需要使用这些属性来设置参数时，使用 param 属性
valuetype、type	param	使用 name 与 value 属性，不声明值的 mime 类型
axis、abbr	td、th	使用以明确简洁的文字开头、后跟详述文字的形式。可以对更详细内容使用 title 属性，来使单元格的内容变得简短
scope	td	在被链接的资源的中使用 HTTP Content Type 头元素
align	caption、input、legend、div、h1、h2、h3、h4、h5、h6、p	使用 CSS 样式表替代
alink、link、text、vlink、background、bgcolor	body	使用 CSS 样式表替代
align、bgcolor、border、cellpadding、cellspacing、frame、rules、width	table	使用 CSS 样式表替代
align、char、charoff、height、nowrap、valign	tbody、thead、tfoot	使用 CSS 样式表替代
align、bgcolor、char、charoff、height、nowrap、valign、width	td、th	使用 CSS 样式表替代
align、bgcolor、char、charoff、valign	tr	使用 CSS 样式表替代
align、char、charoff、valign、width	col、colgroup	使用 CSS 样式表替代
align、border、hspace、vspace	object	使用 CSS 样式表替代
clear	br	使用 CSS 样式表替代
compact、type	ol、ul、li	使用 CSS 样式表替代
compact	dl	使用 CSS 样式表替代
compact	menu	使用 CSS 样式表替代
width	pre	使用 CSS 样式表替代
align、hspace、vspace	img	使用 CSS 样式表替代
align、noshade、size、width	hr	使用 CSS 样式表替代
align、frameborder、scrolling、marginwidth	iframe	使用 CSS 样式表替代
autosubmit	menu	

2.4 全 局 属 性

在 HTML5 中,新增了"全局属性"的概念,所谓全局属性,是指可以对任何元素都使用的属性。下面将介绍几个常用的全局属性。

2.4.1 designMode 属性

designMode 属性用来指定整个页面是否可编辑,当页面可编辑时,页面中任何支持上文所述的 contentEditable 属性的元素都变成了可编辑状态。designMode 属性只能在 JavaScript 脚本里被编辑修改。该属性有两个值——"on"与"off"。当属性被指定为"on"时,页面可编辑;被指定为"off"时,页面不可编辑。使用 JavaScript 脚本来指定 designMode 属性的方法如下所示:

```
document.designMode="on"。
```

出于安全考虑,IE8 不允许使用 designMode 属性让页面进入编辑状态。IE9 允许使用 designMode 属性让页面进入编辑状态。Firefox 和 Opera 允许使用 designMode 属性让页面进入编辑状态。

2.4.2 hidden 属性

hidden 属性类似于 input 元素中的 hidden 元素,它告诉浏览器这个元素的内容不应该以任何方式显示。但是元素中的内容还是浏览器创建的,也就是说页面装载后允许使用 JavaScript 脚本将该属性取消,取消后该元素变为可见状态,同时元素中的内容也即时显示出来。Hidden 属性是一个布尔值的属性,当设为 true 时,元素处于不可见状态;当设为 false 时,元素处于可见状态。

2.4.3 contentEditable 属性

由微软开发,经过反向工程后由所有其他的浏览器实现,contentEditable 现在成为 HTML 的正式的部分。

该属性的主要功能是允许用户编辑元素中的内容,所以该元素必须是可以获得鼠标焦点的元素,而且在点击鼠标后要向用户提供一个插入符号,提示用户该元素中的内容允许编辑。contentEditable 是一个布尔类型属性,因此可以将其设置为 true 或 false。

除此之外,该属性还有个隐藏的 inherit(继承)状态。属性为 true 时,元素被指定为允许编辑;属性为 false 时,元素被指定为不允许编辑;未指定 true 或 false 时,则由 inherit 状态来决定,如果元素的父元素是可编辑的,则该元素就是可编辑的。

另外,除了 contentEditable 属性外,元素还具有一个 iscontentEditable 属性。当元素可编辑时,该属性为 true;当元素不可编辑时,该属性为 false。

【例 2-1】 下面是一个使用 contentEditable 属性的实例,当列表元素被加上 contentEditable 属性后,该元素就变成可编辑的了,实例代码如下。(实例位置:光盘\MR\源码\第 2 章\2-1)

```
<!DOCTYPE html >
<head>
<meta  charset="gb2312">
<title>contentEditable 属性示例</title>
</head>
```

```
<h2>可编辑列表</h2>
<ul contentEditable="true">
<li>列表元素 1</li>
<li>列表元素 2</li>
<li>列表元素 3</li>
</ul>
```

运行这段代码，效果如图 2-1 所示。

在编辑完元素中的内容后，如果想要保存
其中内容，只能把该元素的 innerHTML 发送到

图 2-1　可编辑列表实例

服务器进行保存，因为改变元素内容后该元素的 innerHTML 内容也会随之改变，目前还没有特别
的 API 来保存编辑后元素中的内容。

2.4.4　tabindex 属性

tabindex 是一个基本概念，当用户使用键盘导航一个页面时（通常使用 Tab 键，尽管某些浏
览器，如最著名的 Opera，可能使用不同的组合键来导航），页面上的元素获得焦点的顺序。

当站点使用深度嵌套的布局表格来构建时，这非常常用，但是如今已经不再那么常用了。默
认的标签顺序是由元素出现在页面中的顺序来决定的，因此顺序正确和结构良好的文档应该不再
需要额外的标签顺序来提示。

tabindex 属性的另一个用处在于，通常只有链接、表单元素和图像映射区域可以通过键盘获
得聚焦。添加一个 tabindex 可以使得其他元素也成为可聚焦的，因此从 JavaScript 执行 focus()命
令，就可以把浏览器的焦点移动到它们。但这也会使这些元素成为键盘可聚焦的，这可不是我们
想要的结果。

使用一个负整数允许元素通过编程来获得焦点，但是不应该允许使用顺序聚焦导航来到达元
素。在 HTML4 中"-1"对于在除表单字段和链接以外的任何元素上是无效的。然而它现在在在浏
览器中生效了，并且解决了一个真正的问题，HTML5 使其变为到处合法有效。

2.4.5　spellcheck 属性

Spellcheck 属性是布尔型，它告诉浏览器是否检查元素的拼写和语法。如果没有这个属性，
默认的状态表示根据元素默认行为来操作，可能是根据父元素自己的 spellcheck 状态。因为
spellcheck 属性属于布尔值属性，因此它具有 true 或 false 两种值。但是它在书写时有一个特殊的
地方，就是必须明确声明属性值为 true 或 false，书写方法如下：

```
<!--以下两种书写方法正确-->
<textarea spellcheck="true">
<input type=text spellcheck=false />
<!--以下书写方法为错误-->
< textarea  spellcheck >
```

注意

　　　　如果元素的 readOnly 属性或 disabled 属性设为 true，则不执行拼写检查。

2.5 综合实例——检查单词的拼写情况

在 HTML 5 页面中，使用 spellcheck 属性检查单词的拼写情况。效果如图 2-2 所示。

新建一个 html 文件，以记事本方式打开该文件，输入以下代码：

```
<!DOCTYPE html>
<html>
<head>
<meta charset="utf-8" />
<title>检查单词的拼写情况</title>
</head>
<body>
 <h5>输入框中语法检测属性</h5>
 <p>输入需要检查的英文语句<br/><br/>
  <textarea spellcheck="true" style="height:50px;">
  </textarea>
 </p>
</body>
</html>
```

图 2-2 Opera 浏览器中 spellcheck 属性示例

知识点提炼

（1）HTML5 文件的扩展名为 ".html" 或 ".htm"。

（2）mark 元素主要用来在视觉上向用户呈现那些需要突出显示或高亮显示的文字。

（3）frameset 元素、frame 元素与 nofranes 元素不可以使用 frame 框架。

（4）autocomplete 适用于 <form> 标签，以及以下类型的 <input> 标签：text，search，url，telephone，email，password，datepickers，range 以及 color。

（5）form 属性适用于所有 <input>类型的标签。

（6）全局属性，是指可以对任何元素都使用的属性。

习　　题

2-1　HTML5 中新的标记——Content Type 表示的是什么？

2-2　可以省略结束标签的是哪个标签？

2-3　从 HTML5 开始，文件的字符编码推荐使用哪种编码方式？

2-4　HTML5 中新增的嵌入多媒体元素与交互元素是什么？

第3章
HTML5 表单

本章要点：

- 表单的常用标记与属性
- 表单的基本元素
- 表单的验证
- 新增的表单元素与属性
- 新增的页面元素
- 改良的页面元素

表单的用途很多，在制作网页，特别是制作动态网页时常常会用到。表单主要用来收集客户端提供的相关信息，使网页具有交互的功能，它是 HTML 页面与浏览器实现交互的重要手段。在网页的制作过程中，常常需要使用表单，例如用户在进行注册时，就必须通过表单填写相关信息。本章将对 HTML5 中的表单进行详细讲解。

3.1 表 单 概 述

表单通常设计在一个 HTML 页面中，当用户填写完信息并提交后，表单的内容从客户端的浏览器传送到服务器上，经过服务器处理后，再将用户所需信息传送回客户端的浏览器上，这样网页就具有了交互性。HTML表单是 HTML 页面与浏览器实现交互的重要手段。

表单的主要功能是收集信息，具体说是收集浏览者的信息。例如在网上注册一个账号，就必须按要求填写网站提供的表单网页，如用户名、密码、联系方式等信息，如图 3-1 所示。在网页中，最常见的表单包括了文本框、单选按钮、复选框、按钮等。

图 3-1　用于注册的表单

3.2 表单的基本元素

表单是网页上的一个特定区域，这个区域是由一对<form>标记定义的。在<form>与</form>之间的一切都属于表单的内容。

每个表单开始于 form 元素，可以包含所有种类的表单控件，和任何必需的伴随数据，如控件的标签、处理数据的脚本或程序的位置等。在表单的<form>标记中，还可以设置表单的基本属性，包括表单的名称、处理程序、传送方式等。一般情况下，指定表单的处理程序的 action 属性和传送方法的 method 属性是必不可少的参数。

3.2.1 表单标记及其属性

1. 处理动作——action

真正处理表单数据的脚本或程序路径在 action 属性里，这个值可以是程序或脚本的一个完整 URL。

语法

```
<form action="表单的处理程序">
    ......
</form>
```

在该语法中，表单的处理程序定义的是表单要提交的地址，也就是表单中收集到的资料将要发送到的程序地址。这一地址可以是绝对地址，也可以是相对地址，还可以是一些其他的地址例如 E-mail 地址等。

```
<form action="mailto:mingrisoft@mingrisoft.com">
</form>
```

上面就是定义了表单提交的地址为一个邮箱，程序运行后会将表单中收集到的内容以电子邮件的形式发送出去。实例代码：

```
<html>
<head>
<title>设定表单的处理程序</title>
</head>
<body>
    <!--这是一个没有控件的表单-->
    <form action="mail:mingri@qq.com">
    </form>
</body>
</html>
```

2. 表单名称——name

名称属性 name 用于给表单命名。这一属性不是表单的必需属性，但是为了防止表单信息在提交到后台处理程序时出现混乱，一般要设置一个与表单功能符合的名称，例如登录的表单可以命名为 login。不同的表单尽量不用相同的名称，以避免混乱。

语法

```
<form name="表单名称">
    ......
</form>
```

表单名称中不能包含特殊符号和空格。

实例代码

```
<html>
<head>
<title>设定表单的名称</title>
</head>
<body>
    <!--这是一个没有控件的表单-->
    <form action="mail:mingri@qq.com" name="register">
    </form>
</body>
</html>
```

在该实例中，将表单命名为 register。

3. 传送方法——method

表单的 method 属性用来定义处理程序从表单中获得信息的方式，可取值为 get 或 post，它决定了表单中已收集的数据是用什么方法发送服务器的。

method=get：使用这个设置时，表单数据会被视为 CGI 或 ASP 的参数发送，也就是来访者输入的数据会附加在 URL 之后，由用户端直接发送至服务器，所以速度上会比 post 快，但缺点是数据长度不能够太长。在没有指定 method 的情形下，一般都会视 get 为默认值。

method=post：使用这种设置时，表单数据是与 URL 分开发送的，用户端的计算机会通知服务器来读取数据，所以通常没有数据长度上的限制，缺点是速度上会比 get 慢。

语法

```
<form  method="传送方式">
    ......
</form>
```

传送方式的值只有两种选择即 get 或 post。

实例代码

```
<html>
<head>
<title>设定表单的传送方式</title>
</head>
<body>
    <!--这是一个没有控件的表单-->
    <form action="mail:mingri@qq.com" name="register" method="post">
    </form>
</body>
</html>
```

在这个实例里，表单 register 的内容将会以 post 的方式通过电子邮件的形式传送出去。

　　　Method=get：使用这种方式提交表单时，表单数据会被视为 CGI 或 ASP 的参数发送，也就是来访者输入的数据会附加在 URL 之后，由用户端直接发送至服务器，所以速度上会比 post 快，但缺点是数据长度不能够太长。在没有指定 method 的情形下，一般都会视 get 为默认值。

　　　Method=post：使用这种设置时，表单数据是与 URL 分开发送的，用户端的计算机会通知服务器来读取数据，所以通常没有数据长度上的限制，缺点是速度上会比 get 慢。

---

4. 编码方式——enctype

表单中的 enctype 参数用于设置表单信息提交的编码方式。

语法

```
<form enctype="编码方式">
......
</form>
```

enctype 属性为表单定义了 MIME 编码方式，编码方式的取值如表 3-1 所示。

表 3-1   编码方式的取值

enctype 取值	取值的含义
text/plain	以纯文本的形式传送
application/x-www-form-urlencoded	默认的编码形式
multipart/form-data	MIME 编码，上传文件的表单必须选择该项

实例代码

```
<html>
<head>
<title>设定表单的编码方式</title>
</head>
<body>
    <!--这是一个没有控件的表单-->
    <form action="mail:mingri@qq.com" name="register" method="post" enctype="text/
plain">
    </form>
</body>
</html>
```

在这个实例中，设置了表单信息以纯文本的编码形式发送。

5. 目标显示方式——target

target 属性用来指定目标窗口的打开方式。表单的目标窗口往往用来显示表单的返回信息，例如是否成功提交了表单的内容、是否出错等。

语法

```
<form  target="目标窗口的打开方式">
    ......
</form>
```

目标窗口的打开方式包含 4 个取值：_blank、_parent、_self 和_top。其中_blank 是指将返回的信息显示在新打开的窗口中；_parent 是指将返回信息显示在父级的浏览器窗口中；_self 则表示将返回信息显示在当前浏览器窗口；_top 表示将返回信息显示在顶级浏览器窗口中。

实例代码

```
<html>
<head>
<title>设定表单的编码方式</title>
</head>
<body>
    <!--这是一个没有控件的表单-->
    <form action="mail:mingri@qq.com" name="register" method="post" enctype="text/
plain" target="_self">
```

```
    </form>
  </body>
</html>
```

在这个实例中，设置表单的返回信息将在同一窗口中显示。

以上所讲解的只是表单的基本构成标记，而表单的<form>标记只有和它所包含的具体控件相结合才能真正实现表单收集信息的功能。下面就对表单中各种功能的控件的添加方法加以说明。

3.2.2　表单基本元素

1. 文字字段——text

text 属性值用来设定在表单的文本域中输入内容的属性。输入的内容以单行显示。

语法

```
<input type="text" name="控件名称" size="控件的长度" maxlength="最长字符数" value="文字
字段的默认取值">
```

在该语法中包含了很多参数，它们的含义和取值方法不同，如表 3-2 所示。其中 name、size、maxlength 参数一般是不会省略的参数。

表 3-2　　　　　　　　　　　　　　　text 文字字段的参数表

参 数 类 型	含　义
name	文字字段的名称，用于和页面中其他控件加以区别，命名时不能包含特殊字符，也不能以 HTML 预留作为名称
size	定义文本框在页面中显示的长度，以字符作为单位
maxlength	定义在文本框中最多可以输入的文字数
value	用于定义文本框中的默认值

【例 3-1】　使用文字字段代码如下：（实例位置：光盘\MR\源码\第 3 章\3-1）

```
<html>
<head>
<title>显示文字字段</title>
</head>
<body>
<h1>用户调整</h1>
    <form action="mail;mingri@qq.com" method="get" name="register">
    姓名: <input type="text" name="username" size="20" />
        <br /><br />
        网址: <input type="text" name="URL" size="20" maxlength="50" value="http://" />
    </form>
</body>
</html>
```

表单的名称为 register，将表单内容以电子邮件的方式传递，并使用 GET 传输方式。设定 2 个文本框；第一个"姓名"的文本框为 20 字符宽度，第二个"网址"的文本框为 20 字符宽度，但最大可以输入 50 个字符，并且显示 http://的初始值。如图 3-2 所示就是文字域的显示结果。

图 3-2　在页面中添加文字字段

2. 密码域——password

在表单中还有一种文本域，被称为密码域，输入到该文本域中的文字均以星号"*"或圆点显示。

语法

```
<input type="password" name="控件名称" size="控件的长度" maxlength="最长字符数" value="文字字段的默认取值" />
```

在该语法中包含了很多参数，它们的含义和取值如表 3-3 所示。其中 name、size、maxlength 参数一般是不会省略的参数。

表 3-3　　　　　　　　　　　　　password 密码域的参数表

参 数 类 型	含　义
name	域的名称，用于和页面中其他控件加以区别，命名时不能包含特殊字符，也不能以 HTML 预留字作为名称
size	定义密码与的文本框在页面中显示的长度，以字符作为单位
maxlength	定义在密码与的文本框中最多可以输入的文字数
value	用于定义密码域的默认值，同样以"*"显示

【例 3-2】　使用密码域代码如下：（实例位置：光盘\MR\源码\第 3 章\3-2）

```
<html>
<head>
<title>插入密码域</title>
</head>
<body>
<h1>用户调查</h1>
<form action="mail;mingri@qq.com" method="get" name="register">
    姓名：<input type="text" name="usernamr" size="20" />
    <br /><br />
    密码：<input  type="password" name="password" size="20" maxlength="8" />
    <br /><br />
    确认密码：<input type="password" name="qupassword" size="20" maxlength="8" />
</form>
</body>
</html>
```

运行这段代码，在页面中的密码文本域中输入密码，可以看到出现在文本框中的内容不是文字本身，而是星号"*"，如图 3-3 所示。

3. 单选按钮——radio

在网页中，单选框用来让浏览者进行单一选择，在页面中以圆框表示。在使用单选控件时必须设置参数 value 的值。而对于同一组中的单选框来说，往往要设定同样的名称，这样在传递时才能更好地对某一个选择内容的取值所对应的控件进行判断。

语法

```
<input type="radio" value="单选按钮的取值" name="单选按钮名称" checked="checked"/>
```

在该语法中，checked 属性表示这一单选按钮默认被选中，而在一个单选按钮组中只能有一项单选按钮控件可以被设置为 checked。Value 则用来设置用户选中该项目后，传送到处理程序中的值。

【例 3-3】　使用单选按钮代码如下：（实例位置：光盘\MR\源码\第 3 章\3-3）

```html
<html>
<head>
<title>在表单中添加单选按钮</title>
</head>
<body>
<h2>心理小测试：测试你的心智</h2>
<hr>
在冬日的下午，你一个人在散步，这时你最希望看到什么景色?
<hr/>
<form action="" name="xlcs" method="post">
    <input type="radio" value="answerA" name="test"/>在沙滩上晒太阳的螃蟹
    <br />
    <input type="radio" value="answerB" name="test"/>风中摇曳的红枫
    <br />
    <input type="radio" value="answerB" name="test"/>美丽善良的采茶姑娘
    <br />
    <input type="radio" value="answerB" name="test"/>在空中飞行的一对黑鹤
</form>
</body>
</html>
```

运行程序，可以看到在页面中包含了 4 个单选按钮，如图 3-4 所示。

4．复选框——checkbox

浏览者填写表单时，有一些内容可以通过让浏览者进行多项选择的形式来呈现。例如常见的网上调查，首先提出调查的问题，然后让浏览者在若干个选项中进行选择。又例如收集个人信息时，要求在个人爱好的选项中进行选择等。复选框能够进行项目的多项选择，以选项前面的一个方框表示。

语法

```html
<input type="checkbox" value="复选框的值" name="名称" checked="checked" />
```

在该语法中，checkbox 参数表示该选项在默认情况下已经被选中，一个选择中可以有多个复选框被选中。

图 3-3　在密码域中输入文字

图 3-4　使用单选按钮

【例 3-4】　使用复选框代码如下：（实例位置：光盘\MR\源码\第 3 章\3-4）

```html
<html>
<head>
<title>在表单中添加复选框</title>
```

```
</head>
<body>
<form action="" name="fxk" method="post">
    <h4>Question: 测验:以下几种方便面你最喜欢哪种?</h4>
    <input type="checkbox" value="A1" name="test"/>鲜虾鱼板面
    <input type="checkbox" value="A2" name="test"/>红烧牛肉面
    <input type="checkbox" value="A3" name="test"/>香菇炖鸡面
    <input type="checkbox" value="A4" name="test"/>梅菜扣肉面
    <input type="checkbox" value="A5" name="test"/>番茄牛肉面
    <input type="checkbox" value="A6" name="test"/>红烧排骨面
</form>
</body>
</html>
```

运行代码,效果如图 3-5 所示。

图 3-5　使用复选框

5. 普通按钮——button

在网页中按钮也很常见,在提交页面、恢复选项时常常用到。普通按钮一般情况下要配合脚本来进行表单处理。

语法

```
<input type="button" value="按钮的取值" name="按钮名" onclick="处理程序"/>
```

value 用来设置按钮上面的文字,而在 button 中可以通过添加 onclink 参数来实现一些特殊的功能,onclick 参数是设置当鼠标按下按钮时所进行的处理。

【例 3-5】 使用按钮代码如下:(实例位置:光盘\MR\源码\第 3 章\3-5)

```
<html>
<head>
<title>在表单中添加普通按钮</title>
</head>
<body>
    下面是几个有不同功能的按钮: <br/><br/>
    <form name="ptan" action="" method="post">
      <!--在页面中添加一个普通按钮-->
      <input type="button" value="普通按钮" name="buttom1" />
      <!--在页面中添加一个关闭当前窗口-->
      <input type="button" value="关闭当前窗口" name="close" onclick="window.close()"/>
      <!--在页面中添加一个打开新窗口的按钮-->
      <input type="button" value="打开窗口" name="opennew" onclick="window.open()" />
    </form>
```

```
</body>
</html>
```

运行这段代码，单击页面中"普通按钮"按钮，页面不会有任何变化，因为在"普通按钮"按钮的代码中没有设置处理程序；如果单击"关闭当前窗口"按钮，会弹出一个关闭选项卡的对话框，如图 3-6 所示。

单击对话框中的"是（Y）"按钮，则会成功关闭当前窗口，否则返回。单击页面中的"打开窗口"按钮，会弹出一个新的窗口，如图 3-7 所示。

图 3-6　单击"关闭当前窗口"按钮后

图 3-7　打开新的窗口

6. 提交按钮——submit

提交按钮是一种特殊的按钮，不需要设置 onclick 参数，在单击该类按钮时可以实现表单内容的提交。

语法

```
<input type="submit" name="按钮名" value="按钮的取值" />
```

在该语法中，value 同样用来设置按钮上显示的文字。

【例 3-6】　使用提交按钮代码如下：（实例位置：光盘\MR\源码\第 3 章\3-6）

```
<html>
<head>
<title>插入表单</title>
</head>
<body>
    <form action="mailto:mingrisoft@mingrisoft.com" method="post"
     name="invest" enctype="text/plain">
   姓名: <input type="text" name="username" size="20" /><br /><br/>
   网址: <input type="text" name="URL" size="20" maxlength="50"
       value="http://" /><br/><br/>
   密码: <input type="password" name="password" size="20" maxlength="8" /><br /><br/>
   确认密码: <input type="password" name="qurpassword" size="20"
           maxlength="8" /><br/><br/>
   请选择你喜欢的音乐:
   <input type="checkbox" name="m1" value="rock"/>摇滚乐
   <input type="checkbox" name="m2" value="jazz"/>爵士乐
```

```
<input type="checkbox" name="m3" value="pop" />流行乐<br/><br/>
请选择你居住的城市:
<input type="radio" name="city" value="beijing"  />北京
<input type="radio" name="city" value="shanghai"  />上海
<input type="radio" name="city" value="nanjing"  />南京<br/><br/>
<input type="submit" name="submit" value="提交表单" />
</form>
</body>
</html>
```

如图 3-8 所示就是提交按钮的显示结果。

单击提交按钮后,由于表单设定的是 Email 方式提交,因此会弹出如图 3-9 所示的对话框,单击"确定"按钮后实现提交。

图 3-8　使用提交按钮

图 3-9　电子邮件提交

7. 重置按钮——reset

单击重置按钮后,可以清除表单的内容,恢复默认的表单内容设定。

语法

```
<input type="reset" name="按钮名" value="按钮的取值" />
```

在该语法中,value 同样用来设置按钮上显示的文字。

实例代码

```
<html>
<head>
<title>插入表单</title>
</head>
<body>
    <form action="mailto:mingrisoft@mingrisoft.com" method="post"
      name="invest" enctype="text/plain">
    姓名: <input type="text" name="username" size="20" /><br /><br />
    网址: <input type="text" name="URL" size="20" maxlength="50"
        value="http://" /><br/><br/>
    密码: <input type="password" name="password" size="20" maxlength="8" /><br /><br/>
    确认密码: <input type="password" name="qurpassword" size="20"
            maxlength="8" /><br/><br/>
    请选择你喜欢的音乐:
```

```
<input type="checkbox" name="m1" value="rock"/>摇滚乐
<input type="checkbox" name="m2" value="jazz"/>爵士乐
<input type="checkbox" name="m3" value="pop" />流行乐<br/><br/>
请选择你居住的城市:
<input type="radio" name="city" value="beijing" />北京
<input type="radio" name="city" value="shanghai" />上海
<input type="radio" name="city" value="nanjing" />南京<br/><br/>
<input type="submit" name="submit" value="提交表单" />
<input type="reset" name="cx" value="重置按钮" />
</form>
</body>
</html>
```

如图 3-10 所示就是重置按钮的使用效果。

8. 图像域——image

图像域是指可以用在提交按钮位置上的图片,这幅图片具有按钮的功能。使用默认的按钮形式往往会让人觉得单调。如果网页使用了较为丰富的色彩,或稍微复杂的设计,再使用表单默认的按钮形式甚至会破坏整体的美感。这时,可以使用图像域,创建和网页整体效果相统一的图像提交按钮。

语法

```
<input type="image" src="图像地址" name="图像域名称" />
```

在该语法中,图像地址可以是绝对地址或相对地址。

【例 3-7】　使用图像域代码如下:(实例位置:光盘\MR\源码\第 3 章\3-7)

```
<html>
<head>
<title>插入表单</title>
</head>
<body>
    <form action="mailto:mingrisoft@mingrisoft.com" method="post"
    name="invest" enctype="text/plain">
姓名: <input type="text" name="username" size="20" /><br /><br/>
网址: <input type="text" name="URL" size="20" maxlength="50"
        value="http://" /><br/><br/>
密码: <input type="password" name="password" size="20" maxlength="8" /><br /><br/>
确认密码: <input type="password" name="qurpassword" size="20"
            maxlength="8" /><br/><br/>
请选择你喜欢的音乐:
<input type="checkbox" name="m1" value="rock"/>摇滚乐
<input type="checkbox" name="m2" value="jazz"/>爵士乐
<input type="checkbox" name="m3" value="pop" />流行乐<br/><br/>
请选择你居住的城市:
<input type="radio" name="city" value="beijing" />北京
<input type="radio" name="city" value="shanghai" />上海
<input type="radio" name="city" value="nanjing" />南京<br/><br/>
<input type="image" src="images/11.png" name="image1" />
<input type="image" src="images/22.png" name="image2" />
</form>
```

```
</body>
</html>
```

图 3-11 所示就是图像域的使用效果。

图 3-10　使用重置按钮

图 3-11　使用图像域

9．隐藏域——hidden

隐藏域在页面中对于用户是不可见的，在表单中插入隐藏域的目的在于收集或发送信息，以便于被处理表单的程序所使用。浏览者单击"发送"按钮发送表单的时候，隐藏域的信息也被一起发送到服务器。

语法

```
<input type="hidden" name="隐藏域名称" value="提交的值" />
```

表单中的隐藏域主要用来传递一些参数，而这些参数不需要在页面中显示。例如隐藏用户的 id 值，写法如下。

```
<input type="hidden" name="user_id" value="10001">
```

其中 user_id 是我们为隐藏域的名称，10001 是用户的 id 值。

实例代码

```
<html>
<head>
<title>插入表单</title>
</head>
<body>
    <form action="mailto:mingrisoft@mingrisoft.com" method="post"
     name="invest" enctype="text/plain">
    姓名：<input type="text" name="username" size="20" /><br /><br/>
    网址：<input type="text" name="URL" size="20" maxlength="50"
     value="http://" /><br/><br/>
    密码：<input type="password" name="password" size="20" maxlength="8" /><br /><br/>
    确认密码：<input type="password" name="qurpassword" size="20"
     maxlength="8" /><br/><br/>
    请选择你喜欢的音乐：
    <input type="checkbox" name="m1" value="rock"/>摇滚乐
    <input type="checkbox" name="m2" value="jazz"/>爵士乐
    <input type="checkbox" name="m3" value="pop"  />流行乐<br/><br/>
    请选择你居住的城市：
```

```
<input type="radio" name="city" value="beijing"  />北京
<input type="radio" name="city" value="shanghai"  />上海
<input type="radio" name="city" value="nanjing"  />南京<br/><br/>
<input type="image" src="images/11.png" name="image1" />
<input type="image" src="images/22.png" name="image2" />
<input type="hidden" name="from" value="invest" />
</form>
</body>
</html>
```

运行这段代码，隐藏域的内容并不显示在页面中，但是在提交表单时，其名称 from 和取值 invest 将会同时传递给处理程序。

20．文件域——file

文件域在上传文件时常常用到，它用于查找硬盘中的文件路径，然后通过表单将选中的文件上传。在设置电子邮件、上传头像、发送文件时常常会看到这一控件。

语法

```
<input type="file" name="文件域的名称" />
```

【例 3-8】　使用文件域代码如下：（实例位置：光盘\MR\源码\第 3 章\3-8）

```
<html>
<head>
<title>插入表单</title>
</head>
<body>
   <form action="mailto:mingrisoft@mingrisoft.com" method="post"
     name="invest" enctype="text/plain">
   姓名: <input type="text" name="username" size="20" /><br /><br />
   网址: <input type="text" name="URL" size="20" maxlength="50"
     value="http://" /><br/><br/>
   密码: <input type="password" name="password" size="20" maxlength="8" /><br /><br/>
   确认密码: <input type="password" name="qurpassword" size="20"
     maxlength="8" /><br/><br/>
   请上传你的照片: <input type="file" name="file" /><br/><br/>
   请选择你喜欢的音乐:
   <input type="checkbox" name="m1" value="rock"/>摇滚乐
   <input type="checkbox" name="m2" value="jazz"/>爵士乐
   <input type="checkbox" name="m3" value="pop"  />流行乐<br/><br/>
   请选择你居住的城市:
   <input type="radio" name="city" value="beijing"  />北京
   <input type="radio" name="city" value="shanghai"  />上海
   <input type="radio" name="city" value="nanjing"  />南京<br/><br/>
   <input type="image" src="images/11.png" name="image1" />
   <input type="image" src="images/22.png" name="image2" />
   </form>
</body>
</html>
```

运行这段代码，可以看到页面中添加了一个"浏览…"按钮，单击这一按钮会打开"选择文件"对话框，如图 3-12 所示。

图 3-12　使用文件域

11．列表/菜单标记

菜单列表类的控件主要用来选择给定答案中的一种，这类选择往往答案比较多，使用单选按钮比较浪费空间。可以说，菜单列表类的控件主要是为了节省页面空间而设计的。菜单和列表都是通过<select>和<option>标记来实现的。

菜单是一种最节省空间的方式，正常状态下只能看到一个选项，单击按钮打开菜单后才能看到全部的选项。

列表可以显示一定数量的选项，如果超出了这个数量，会自动出现滚动条，浏览者可以通过拖动滚动条来观看各选项。

语法

```
<select name="下拉菜单的名称">
    <option value="" selected="selected">选项显示内容</option>
    <option value="选项值">选项显示内容</option>
    ......
</select>
```

这些属性的含义如表 3-4 所示。

表 3-4　　　　　　　　　　　　菜单和列表标记属性

菜单和列表标记属性	描　　述
Name	下拉菜单的名称
Value	代表该选项所对应的固定值
Selected	默认选中

【例 3-9】　使用列表代码如下：（实例位置：光盘\MR\源码\第 3 章\3-9）

```
<html>
<head>
<title>添加列表和菜单</title>
</head>
```

```
<body>
<h3>兴趣调查</h3>
<form action="mailto:mingrisoft@mingrisoft.com" method="post" name="invest">
        请选择你喜欢的音乐：<br /><br />
     <select name="music" size="5" multiple="multiple">
       <option value="rock" selected="selected">摇滚乐 </option>
       <option value="rock">流行乐 </option>
       <option value="rock">爵士乐 </option>
       <option value="rock">民族乐 </option>
       <option value="dj">打击乐 </option>
     </select>
请选择你所在的城市：<br /><br />
     <select name="city">
         <option value="beijing" selected="selected">北京 </option>
       <option value="shanghai" >上海 </option>
       <option value="nangjing">南京 </option>
       <option value="changchun">长春 </option>
      </select>
 <input type="submit" name="submit" value="提交表单" />

</form>
</body>
</html>
```

运行这段代码，可以看到页面中添加了包含 5 个选项的下拉菜单，其中"摇滚乐"选项被设置为默认。在页面定义了默认下拉菜单的选项数量，其中"北京"为默认选项。如图 3-13 所示的就是列表和菜单的效果。

12. 文本域标记 textarea

在 HTML 中还有一种特殊定义的文本样式，称为文字域或文本域。它与文字字段的区别在于可以添加多行文字，从而可以输入更多的文本。这类控件在一些留言板中最为常见。

语法

```
<textarea name="文本域名称" value="文本域默认值" rows="行数" cols="列数">
</textarea>
```

语法中各属性的含义如表 3-5 所示。

表 3-5　　　　　　　　　　　　　　文字域标记属性

文字域标记属性	描　　述
Name	文字域的名称
Rows	文字域的行数
Cols	文字域的列表
Value	文字域的默认值

【例 3-10】　使用文本域代码如下：（实例位置：光盘\MR\源码\第 3 章\3-10）

```
<html>
<head>
<title>添加文本域</title>
</head>
```

```
<body>
用户调查留言: <br /><br />
<form action="mailto:mingrisoft@mingrisoft.com" name="invest" method="post">
    用户名: <input name="username" type="text" size="20" /><br /><br />
    密码: <input name="passworg" type="password" size="20" /><br /><br />
    留言: <textarea name="liuyan"  rows="5" cols="40"><br /><br />
    </textarea>
</form>
</body>
</html>
```

运行代码，可以看到页面上添加了一个行数为 5、列数为 40 的文本域，如图 3-14 所示。

图 3-13　使用列表和菜单

图 3-14　使用文本域的效果

3.3　表单新增元素

在创建 Web 应用程序的时候，免不了会用到大量的表单元素。在 HTML5 标准中，吸纳了 Web Forms2.0 的标准，大幅度强化了针对表单元素的功能，使得关于表单的开发更快、更方便。

3.3.1　新增表单元素与属性

1. placeholder 属性

当用户还没有输入值的时候，输入型控件可以通过 placeholder 特性向用户显示描述性说明或者提示信息。使用 placeholder 特性只需要将说明性文字做为该特性值即可。除了普通的文本输入框外，email、number、url 等其他类型的输入框也都支持 placeholder 特性。Placeholder 属性的使用方法如下所示；

```
<label>text:<input type="text" placeholder="write me"></label>
```

在 Firefox4 等支持 placeholder 特性的浏览器中，特性值会以浅灰色的样式显示在输入框中，当页面焦点切换到输入框中，或者输入框中有值了以后，该提示信息就会消失。如图 3-15 所示。

图 3-15　支持 placeholder 特性的浏览器运行效果

在不支持 placeholder 的浏览器中运行时，此特性会被忽略，以输入型控件的默认方式显示，如图 3-16 所示。

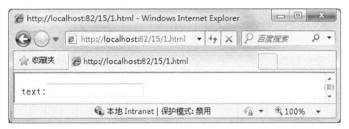

图 3-16　不支持 placeholder 特性的浏览器运行效果

类似地，在输入值的时候，placeholder 文本也不会出现，如图 3-17 所示。

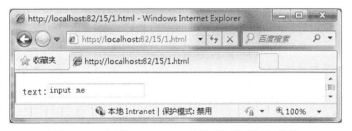

图 3-17　不支持 placeholder 特性的浏览器运行效果

2. autocomplete 属性

浏览器通过 autocomplete 特性能够知晓是否应该保存输入值以备将来使用。例如不保存的代码如下：

```
<input type="text" name="mr" autocomplete="off" />
```

autocomplete 特性应该用来保护敏感用户数据，避免本地浏览器对它们进行不安全地存储。对于 autocomplete 属性，可以指定"on"、"off"与""（不指定）这三种值。不指定时，使用浏览器的默认值（取决于各浏览器的决定）。把该属性设为 on 时，可以显示指定候补输入的数据列表。使用 detailst 元素与 list 属性提供候补输入的数据列表，自动完成时，可以将该 detalist 元素中的数据作为候补输入的数据在文本框中自动显示。autocomplete 属性的使用方法如下所示。

```
<input type="text" name="mr" autocomplete="on" list="mrs"/>
```

3. autofocus

给文本框、选择框或按钮控件加上该属性，当画面打开时，该控件自动获得光标焦点。目前为止要做到这一点需要使用 JavaScript。autofocus 属性的使用方法如下所示。

```
<input type="text" autofocus>
```

一个页面上只能有一个控件具有该属性。从实际角度来说，请不要随便滥用该属性。

只有当一个页面是以使用某个控件为主要目的时，才对该控件使用 autofocus 属性，例如搜索页面中的搜索文本框。

4. list 属性

在 HTML5 中，为单行文本框增加了一个 list 属性，该属性的值为某个 datalist 元素的 id。Datalist 元素也是 HTML5 中新增元素，该元素类似于选择框（select），但是当用户想要设置的值不在选择列表之内时，允许其自行输入。该元素本身并不显示，而是当文本框获得焦点时以提示输入的方式显示。为了避免在没有支持该元素的浏览器上出现显示错误，可以用 CSS 等将它设定为不显示。list 属性的使用方法如下代码。

```
<!DOCTYPE html><head>
<meta charset="UTF-8">
<title>list 属性示例</title>
</head>
text: <input type="text" name="mr" list="mr">
<!--使用 style="display:none;"将 detalist 元素设定为不显示-->
<datalist id="greetings" style="display: none;">
    <option value="明日科技">明日科技</option>
    <option value="欢迎你">欢迎你</option>
    <option value="你好">你好</option>
</datalist>
```

这段代码运行结果如图 3-18 所示。

图 3-18 list 属性实例

为考虑兼容性，在不支持 HTML5 的浏览器中，可以忽略 datalist 元素，以便正常输入及用脚本编程的方式对 input 元素执行其他操作。

到目前为止，只有 Opera 10 浏览器支持 list 属性。

5. min 和 max

通过设置 min 和 max 特性，可以将 range 输入框的数值输入范围限定在最低值和最高值之间。这两个特性既可以只设置一个，也可以两个都设置，当然还可以都不设置，输入型控件会根据设置的参数对值范围做出相应调整。例如，创建一个表示型的 range 控件，值范围从 0% 至 100%，代码如下：

```
<input id="confidence" name="mr" type="range" min="0" max="100" value="0">
```

上述代码会创建一个最小值为 0、最大值为 100 的 range 控件。

默认的 min 为 0，max 为 100。

6. step

对于输入型控件，设置其 step 特性能够制定输入值递增或递减的梯度。例如，按如下方式将表示型 range 控件的 step 特性设置为 5：

```
<input id="confidence" name="mr" type="range" min="0" max="100" step="5" value="0">
```

设置完成后，控件可接受的输入值只能是初始值与 5 的倍数之和。也就是说只能输入 0、5、

10.....100，至于是输入框还是滑动条输入则由浏览器决定。

Step 特性的默认值取决于控件的类型。对于 range 控件，step 默认值为 1。为了配合 step 特性，HTML5 引入了 stepUp 和 stepDown 两个函数对其进行控制。这两个函数的作用分别是根据 step 特性的值来增加或减少控件的值。如此一来，用户不必输入就能够调整输入型控件的值了，这就为开发人员节省了时间。

7. required

一旦为某输入型控件设置了 required 特性，那么此项必填，否则无法提交表单。以文本输入框为例，要将其设置为必填项，按照如下方式添加 required 特性即可：

```
<input type="text" id="firstname" name="mr" required>
```

　　　　required 属性是最简单的一种表单验证方式。

8. email 输入类型

email 类型的 input 元素是一种专门用来输入 email 地址的文本框。提交时如果该文本框中内容不是 email 地址格式的文字则不允许提交，但是它并不检查 email 地址是否存在，和所有的输入类型一样，用户可能将表单中的此字段留空，除非该字段加上了 required 属性。

email 类型的文本框具有一个 multiple 属性，它允许在该文本框中输入一串以逗号隔开的有效 email 地址。当然，这不是要求用户使用该文本框创建 email 地址列表，浏览器可以使用复选框从用户的邮件客户端或手机通讯录中很好地取得用户的联络人列表。email 类型的 input 元素的使用方法如下所示。

```
<input type="email" name="email" value="mingrisoft@yahoo.com.cn"/>
```

email 类型的 input 元素在 Opera10 浏览器中的外观如图 3-19 所示。

9. url 输入类型

url 类型的 input 元素是一种专门用来输入 url 地址的文本框。提交时如果该文本框中内容不是 url 地址的格式，则不允许提交。例如，Opera 显示来自用户的浏览器历史、最近访问过的 url 的一个列表，并且自动地在 url 的 "www" 开始处之前添加 "http://"。url 类型的 input 元素的使用方法如下所示。

```
<input name="url1" type="url" value="http://www.mingribook.com" />
```

url 类型的 input 元素在 Opera 10 浏览器中的外观如图 3-20 所示。

图 3-19　email 类型的 input 元素在 Opera 10　　　　图 3-20　url 类型的 input 元素在 Opera 10
　　　　浏览器中的外观　　　　　　　　　　　　　　　　　　浏览器中的外观

10. date 类型

date 输入类型是比较受开发者欢迎的一种元素，我们经常看到网页中要求我们输入的各种各样的日期，例如生日、购买日期、订票日期等。date 类型的 input 元素以日历的形式方便用户输入。在 Opera 浏览器中，当该文本框获得焦点时，显示日历，可以在日历中选择日期进行输入。Date 类型的 input 元素的使用方法如下所示。

```
<input name="date1" type="date" value="2012-09-25"/>
```

date 类型的 input 元素在 Opera10 浏览器中的外观如图 3-21 所示。

11. time 类型

time 类型的 input 元素是一种专门用来输入时间的文本框，并且在提交时会对输入时间的有效性进行检查。它的外观取决于浏览器，可能是简单的文本框，只在提交时检查是否在其中输入了有效的时间，也可以以时钟形式出现，还可以携带时区。time 类型的 input 元素的使用方法如下所示。

```
<input name="time1" type="time" value="10:00" />
```

time 类型的 input 元素在 Opera 10 浏览器中的外观如图 3-22 所示。

图 3-21　date 类型的 input 元素在 Opera 10
浏览器中的外观

图 3-22　time 类型的 input 元素在 Opera 10
浏览器中的外观

12. datatime 输入类型

datetime 类型的 input 元素是一种专门用来输入 UTC 日期和时间的文本框，并且在提交时会对输入的日期和时间进行有效性检查。datetime 类型的 input 元素的使用方法如下所示。

```
<input name="datetime1" type="datetime" />
```

datetime 类型的 input 元素在 Opera 10 浏览器中的外观如图 3-23 所示。

13. datetime-local 输入类型

datetime-local 类型的 input 元素是一种专门用来输入本地日期和时间的文本框，并且在提交时会对输入的日期和时间进行有效性检查。datetime-local 类型的 input 元素的使用方法如下所示。

```
<input name="datetime-local" type="datetime-local" />
```

datetime-local 类型的 input 元素在 Opera 10 浏览器中的外观如图 3-24 所示。

图 3-23　datetime 类型的 input 元素在 Opera 10
浏览器中的外观

图 3-24　datetime-local 类型的 input 元素在 Opera 10
浏览器中的外观

14. month 输入类型

month 类型的 input 元素是一种专门用来输入月份的文本框,并且在提交时会对输入的月份的有效性进行检查。month 类型的 input 元素的使用方法如下所示。

```
<input name="month1" type="month" value="2012-09" />
```

month 类型的 input 元素在 Opera 10 浏览器中的外观如图 3-25 所示。

15. week 输入类型

Week 类型的 input 元素是一种专门用来输入周号的文本框,并且在提交时会对输入的周号有效性进行检查。它可能是一个简单的输入文本框,允许用户输入一个数字;也可能更复杂。更精确。

Opera 浏览器中提供了一个辅助输入的日历,可以在该日历中选取日期,选取完毕文本框中自动显示周号。Week 类型的 input 元素的使用方法如下所示。

```
<input name="week1" type="week" value="2012-w39" />
```

week 类型的 input 元素在 Opera 10 浏览器中的外观如图 3-26 所示。

图 3-25　month 类型的 input 元素在 Opera 10
　　　　　浏览器中的外观

图 3-26　week 类型的 input 元素在 Opera 10
　　　　　浏览器中的外观

16. number 输入类型

number 类型的 input 元素是一种专门用来输入数字的文本框,并且在提交时会检查其中的内容是否为数字。它与 min、max、step 属性能很好地协作。在 Opera 中,它显示为一个微调器控件,将不能超出最大限制和最小限制(如果指定了的话),并且根据 step 中指定的增量来增加,当然用户也可以输入一个值。number 类型的 input 元素的使用方法如下所示。

```
<input name="number1" type="number" value="54" min="10" max="100" step="5" />
```

number 类型的 input 元素在 Opera 10 浏览器中的外观如图 3-27 所示。

17. range 输入类型

range 类型的 input 元素是一种只允许输入一段范围内数值的文本框,它具有 min 属性与 max 属性,可以设定最小值与最大值(默认为 0 与 100),它还具有 step 属性,可以指定每次拖动的步幅。在 Opera 浏览器中,用滑动条的方式进行值的指定。range 类型的 input 元素的使用方法如下所示。

```
<input name="range1" type="range" value="25" min="0" max="100" step="5" />
```

range 类型的 input 元素在 Opera 10 浏览器中的外观如图 3-28 所示。

图 3-27　number 类型的 input 元素在 Opera 10　　　　图 3-28　range 类型的 input 元素在 Opera 10
浏览器中的外观　　　　　　　　　　　　　　浏览器中的外观

18. search 输入类型

Search 类型的 input 元素是一种专门用来输入搜索关键词的文本框。Search 类型与 text 类型仅仅在外观上有区别。在 Safari4 浏览器中，它的外观为操作系统默认的圆角矩形文本框，但这个外观可以用 CSS 样式表进行改写。在其他浏览器中，它的外观暂与 text 类型的文本框外观相同，但可以用 CSS 样式表进行改写，如下所示：

```
input[type="search"]{-webkit-appearance:textfield;}
```

19. tel 输入类型

tel 类型的 input 元素被设计为用来输入电话号码的专用文本框。它没有特殊的校验规则，它甚至不强调只输入数字，因为很多电话号码常常带有额外的字符，例如 12-89564752。但是在实际开发中可以通过 pattern 属性来指定对于输入的电话号码格式的验证。

20. color 输入类型

color 类型的 input 元素用来选取颜色，它提供了一个颜色选取器。现在，它只在 Black Berry 浏览器中被支持。

3.3.2　验证表单

在 HTML5 中，通过限定元素的某些属性，可以实现在表单提交时的自动验证。下面是在 HTML5 中追加的关于对元素内输入的内容进行限制的属性的指定。

1. 自动验证

● required 属性

required 属性的主要目的是确保表单控件中的值已填写。在提交时，如果元素中内容为空，则不允许提交，同时在浏览器中显示信息提示文字，提示用户这个元素中必须输入内容。如图 3-29 所示。

● pattern 属性

pattern 属性主要目的是根据表单控件上设置的格式规则验证输入是否为有效格式。对 input 元素使用 pattern 属性，并且将属性值设为某个格式的正则表达式，在提交时会检查其内容是否符合给定格式。当输入的内容不符合给定格式时，则不允许提交，同时在浏览器中显示提示信息文字，提示输入的内容必须符合给定格式。如下所示，要求输入的内容必须为一个数字与三个大写字母。

```
<input pattern="[0-9][A-Z]{3}" name="mr" placeholder="输入内容：一个数字与三个大写字母。" />
```

图 3-30 所示为在 Opera 浏览器中 pattern 属性的表现形式。

图 3-29　Opera 10 浏览器中的 required 属性检查示例　　　图 3-30　Opera 10 浏览器中的 pattern 属性检查示例

● min 属性与 max 属性

min 与 max 这两个属性是数值类型或日期类型的 input 元素的专用属性，它们限制了在 input 元素中输入的数值与日期的范围。图 3-31 所示为在 Opera 浏览器中 pattern 属性的表现形式。

● step 属性

step 属性控制 input 元素中的值增加或减少时的步幅。例如当你想让用户输入的值在 0 与 100 之间，且必须是 5 的倍数时，你可以指定 step 为 5。图 3-32 所示为在 Opera 浏览器中 step 属性的表现形式。

图 3-31　在 Opera 浏览器中的 max 属性检查示例　　　图 3-32　在 Opera 浏览器中 step 属性检查示例

2. checkValidity 显式验证法

除了对 input 元素添加属性进行元素内容有效性的自动验证外，所有的表单元素和输入元素（包括 select 和 textarea）在其 DOM 节点上都有一个 checkValidity 方法。当想要覆盖浏览器的默认的验证和反馈过程时，可以使用这个方法。checkValidity 方法根据验证检查成功与否，返回 true 或 false。下面是关于 checkValidity 方法应用的示例，代码如下：

```
<!DOCTYPE html>
<meta charset=UTF-8 />
<title>checkValidity 示例</title>
<script language="javascript">
function check()
{
    var email = document.getElementById("email");
    if(email.value=="")
    {
        alert("请输入 Email 地址");
        return false;
    }
    else if(!email.checkValidity())
        alert("请输入正确的 Email 地址");
```

```
        else
            alert("您输入的 Email 地址有效");
    }
</script>
<form id=testform onsubmit="return check();">
<label for=email>Email</label>
<input name=email id=email type=email /><br/>
<input type=submit value="提交">
</form>
```

如果想要控制验证反馈的显示，那么不建议使用这个方法。

除了有 checkValidity 方法，还有一个有效性 DOM 属性，它返回一个 validitystate 对象。该对象具有很多属性，但最简单也最重要的是 valid 属性，它检查表单内所有元素的内容或单个 input 元素的内容是否有效。

3.3.3 新增和改良的页面元素

1. 新增的 figure 元素与 figcaption 元素

figure 元素代表一个块级图像，还可以包含说明。figure 元素不只可以显示图片。还可以使用它给 audio、video、iframe、object 和 embed 元素加说明。figure 元素用来表示网页上一块独立的内容，将其从网页上移除后不会对网页上的其他内容产生任何影响。

figcaption 元素定义 figure 元素的标题。它从属于 figure 元素，所以其必须书写在 figure 元素内部，其他从属元素的前面或后面。一个 figure 元素内最多只允许放置一个 figcaption 元素，但允许放置多个其他元素。

下面是为一个不带标题的 figure 元素示例。

```
<!DOCTYPE html><head>
<meta charset="UTF-8">
<title>figure 元素示例</title>
</head>
 <figure>
<img src="images/1.png" alt="明日科技">
</figure>
```

运行这段代码，运行效果如图 3-33 所示。

图 3-33　不带标题的 figure 元素实例

下面是将上面这个实例中的 figure 元素加上标题的实例。

```
<!DOCTYPE html><head>
<meta charset="UTF-8">
<title>figure 元素示例</title>
</head>
<figure>
    <img src="images/1.png" alt="明日科技"><br>
    <figcaption>明日科技 logo</figcaption>
</figure>
```

运行这段代码，运行效果如图 3-34 所示。

图 3-34　带标题的 figure 元素实例

2. 新增的 details 元素

details 元素提供了一种替代 JavaScript 的可扩展区域。details 元素的实例代码如下：

```
<details>
    <summary>明日科技</summary>
    <p>明日科技，成立于 1998 年....</p>
</details>
```

从上面的代码中，可以看出 summary 元素从属于 details 元素，用鼠标单击页面上由 summary 元素定界的文字时，details 元素中的其他所有从属元素将会展开或收缩。如果没有找到 summary 元素，浏览器将使用自己默认的控件文本，例如 "details" 或一个本地化版本。浏览器将可能添加某种图标来表示该文本是 "可扩展的"，例如一个向下的箭头。

details 可以可选地接受 open 属性，来确保页面载入的时候该元素是可打开的：

```
<details open>
```

　　　　该元素并没有严格地限制于纯文本标记，即它可以是一个登录表单、一段说明性的视频、以图形为源数据的一个表格，或者提供给使用辅助性技术的用户的一个表格式的说明。

3. 新增的 mark 元素

mark 元素表示页面中需要突出显示或高亮显示的，对于当前用户具有参考价值的一段文字。它通常用于标记引用原文的时候，目的是引起读者的注意。mark 元素的作用相当于使用一支荧光笔在打印的纸张上标出一些文字。它与强调不同，对于强调，我们使用<em>。但是如果有一些已有的文本，并且想要让文本中没有强调的内容处于显眼的位置，可以使用<mark>并将其样式化为斜体等。

能够体现 mark 元素作用的最好的例子就是对网页全文搜索某个关键词时显示的检索结果。

【例 3-11】 下面是一个在浏览器中使用 mark 元素高亮显示对于"明日科技"关键词搜索结果的实例。实例代码如下。（实例位置：光盘\MR\源码\第 3 章\3-11）

```
<!DOCTYPE html>
<meta charset="UTF-8" />
<title> mark 元素应用在网页检索时的示例</title>
<h1>搜索"<mark>HTML 5<mark>",找到相关网页约10,210,000 篇, 用时 0.041 秒</h1>
<section id="search-results">
    <article>
        <h2>
            <a href="http://developer.51cto.com/art/200907/133407.htm">
                专题: <mark>HTML 5</mark> 下一代 Web 开发标准详解_51CTO.COM - 技术成就梦想 ...
            </a>
        </h2>
        <p><mark>HTML 5</mark>是近十年来 Web 开发标准最巨大的飞跃</p>
    </article>
    <article>
        <h2>
            <a href="http://paranimage.com/list-of-html-5/">
                <mark>HTML 5</mark>一览 ｜ 帕兰映像
            </a>
        </h2>
        <p><mark>html 5</mark>最近被讨论的越来越多, 越来越烈...</p>
    </article>
    <article>
        <h2>
            <a href="http://www.chinabyte.com/keyword/HTML+5/">
                <mark>html 5</mark>_比特网
            </a>
        </h2>
        <p><mark>HTML 5</mark>提供了一些新的元素和属性, 反映典型...</p>
    </article>
    <article>
        <h2>
            <a href="http://www.slideshare.net/mienflying/html5-4921810">
                <mark>HTML 5</mark>表单
            </a>
        </h2>
        <p>about <mark>HTML 5</mark> Form,the web form 2.0 tech</p>
    </article>
</section>
```

运行这段代码，效果如图 3-35 所示。

图 3-35　mark 元素应用在网页检索时的实例

除了在检索结果中高亮显示关键词之外，mark 元素的另一个主要作用是在引用原文的时候，为了某种特殊目的而把原文作者没有特别重点表示的内容给标示出来。

【例 3-12】　本实例引用了一篇关于"明日科技"的介绍，在原文中并没有把"编程词典"标示出来，但在网页中为了强调"编程词典"，特意把这个词给高亮显示出来了。具体实例代码如下（实例位置：光盘\MR\源码\第 3 章\3-12）：

```
<!DOCTYPE html>
<meta charset=UTF-8 />
<title>mark 元素应用在文章引用时的示例</title>
明日科技：数字化出版的倡导者
<p>
明日科技成立于 1998 年，多年从事编程图书的开发以及网站和程序的制作。<mark>编程词典</mark>，明日科技是数字化出版的先锋，含有丰富的资源。
</p>
```

运行这段代码，效果如图 3-36 所示。

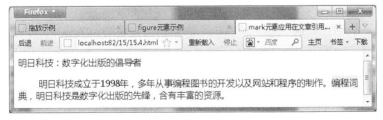

图 3-36　mark 元素应用在文章引用时的实例

最后需要强调一下 mark 和 em 或者 strong 元素的区别。Mark 元素的标示目的与原文作者无关，或者说它不是原文作者用来标示文字的，而是在后来引用时添加上去的，它的目的是吸引当前用户的注意力，提供给用户作参考，希望能对用户有帮助。而 strong 是原文作者用来强调一段文字的重要性的，譬如警告信息、错误信息等。em 元素是作者为了突出文章重点而使用的。

4. 新增的 progress 元素

Progress 元素是 HTML5 标准草案中新增的元素之一。它表示一个任务的完成进度，进度可以是不确定的，只是表示正在进行。也可以用 0 到某个最大数字（例如 100）之间的数字来表示准确的进度完成情况（例如进度百分比）。

该元素主要有两个属性：value 属性表示已经完成了多少工作量，max 属性表示总共有多少工作量。工作量的单位是随意的，不用指定。

 value 和 max 属性的值必须大于 0，value 的值小于或等于 max 属性的值。

【例 3-13】 下面是一个 progress 元素的使用实例。（实例位置：光盘\MR\源码\第 3 章\3-13）

```
<!DOCTYPE html>
<meta charset="GB2312"/>
<title>progress 元素的使用示例</title>
<script>
var progressBar = document.getElementById('p');
function button_onclick()
{
    var progressBar = document.getElementById('p');
    progressBar.getElementsByTagName('span')[0].textContent ="0";
    for(var i=0;i<=100;i++)
        updateProgress(i);
}
function updateProgress(newValue)
{
    var progressBar = document.getElementById('p');
    progressBar.value = newValue;
    progressBar.getElementsByTagName('span')[0].textContent = newValue;
}
</script>
<section>
    <h2>progress 元素的使用实例</h2>
    <p>完成百分比: <progress id="p" max=100><span>0</span>%</progress></p>
    <input type="button" onclick="button_onclick()"  value="请单击"/>
</section>
```

运行这段代码，单击页面上面"请单击"按钮，会发现初始为 0%，变成了 100%效果，如图 3-37 所示。

5. 新增的 meter 元素

<meter>是 HTML5 带来的全新元素标签；根据 W3C 的定义规范：meter 元素标签用来表示规定范围内的数量值，如磁盘使用量比例、关键词匹配程度等。

需要注意的是，<meter>不可以用来表示那些没有已知范围的任意值，例如重量、高度，除非已经设定了它们值的范围。

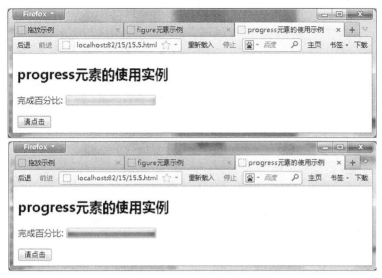

图 3-37　progress 元素的使用实例

<meter>元素共有如下 6 个属性。

- Value：表示当前标量的实际值。如果不作指定，那么<meter>标签中的第一个数字就会被认为是其当前实际值，例如<meter>2 out of 10</meter>中的"2"。如果标签内没有数字，那么标量的实际值就是 0。
- Min：当前标量的最小值。如不做指定则为 0。
- Max：当前标量的最大值，如不做指定则为 1。如果指定的最大值小于最小值，那么最小值会被认为是最大值。
- Low：当前标量的低值区，必须小于或等于标量的高值区数字。如果低值区数字小于标量最小值，那么它会被认为是最小值。
- High：当前标量的高值区。
- Optimum：最佳值。其范围在最小值与最大值区间当中，并且可以处于高值区。

Meter 属性的使用方法如下所示。

```
<p>磁盘使用量: <meter value="50" min="0" max="160">50/160</meter>GB</p>
<p>你得得分是: <meter value="91" min="0" max="100" low="10" high="90" optimum="100">A+</meter>
```

不设定任何属性的时候，也可以使用百分比及分数形式，例如：

```
<meter>80%</meter>
<meter>3/4</meter>
```

6.　改良的 ol 列表

在 HTML5 中，将 ol 列表进行了改良，为它添加了 start 属性与 reversed 属性。如果你不想 ol 元素所代表的列表编号从 1 开始，那么可以使用 start 属性来自定义编号的初始值，如下面的代码所示：

```
<!DOCTYPE html>
<meta charset=UTF-8/>
<title>ol 列表的 star 属性示例</title>
<h3>ol 列表的 star 属性示例</h3>
<ol start=5>
```

```
    <li>列表内容 5</li>
    <li>列表内容 6</li>
    <li>列表内容 7</li>
    <li>列表内容 8</li>
    <li>列表内容 9</li>
    <li>列表内容 10</li>
</ol>
```

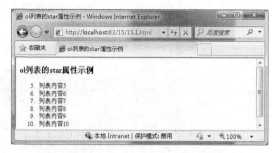

运行这段代码，效果如图 3-38 所示。

如果你想对列表进行反向排序，那么你可以使用 ol 列表的 reversed 属性。但是，现在还没有任何浏览器对该属性提供支持。

图 3-38   ol 列表的 start 属性实例

7. 改良的 dl 列表

在 HTML4 中，dl 元素是一个定义列表，包含了一个术语及其一个或多个定义。这些定义不明确而且容易令人混淆。

在 HTML5 中，该元素被重新定义，重新定义后的 dl 列表包含多个带名字的列表项。每一项包含一条或多条带名字的 dt 元素，用来表示术语，dt 元素后面紧跟一个或多个 dd 元素，用来表示该术语的定义。在一个元素内，不允许有相同名字的 dt 元素，因此也就不允许有重复的术语。

dl 列表可以用来定义文章或网页上的术语解释，实例代码如下：

```
<html>
<head>
<meta http-equiv="Content-Type" content="text/html; charset=utf-8" />
<title>用于术语解释的 dl 列表示例</title>
</head>
<body>
<h3>用于术语解释的 dl 列表示例</h3>
<article>
    <h1>aritcle 元素</h1>
    <p>一块独立的内容，可以用来表示博客中独立的一篇文章......</p>
    <aside>
    <h2>术语解释</h2>
        <dl>
          <dt>博客</dt>
            <dd>博客，又名为网络日志、部落阁等，是一种通常由个人管理......</dd>
        </dl>
    </aside>
</article>
</body>
</html>
```

这段代码的运行效果如图 3-39 所示。

dl 列表页可以用来表示一些页面或 article 元素中内容的辅助信息，例如作者、类别等，代码如下：

```
<dl>
<dt>作者</dt>
<dd>李慧</dd>
```

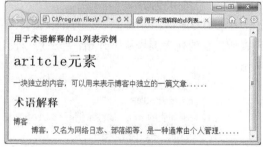

图 3-39   用 dl 列表来做术语解释

```
<dt>类别</dt>
<dd>网络开发</dd>
</dl>
```

8. 加以严格限制的 cite 元素

Cite 元素表示作品（例如一本书、一篇文章、一首歌曲等）的标题。该作品可以在页面中被详细引用，也可以只在页面中提一下。

在 HTML4 中，cite 元素可以用来表示作者，但是在 HTML5 中明确规定了不能用 cite 元素表示包括作者在内的任何人名。因为人的名字不是标题（当然除非标题就是一个人的名字），但是为了与 HTML4 或之前版本的网页兼容，并没有把它当作错误，所以这只是一个规定而已。

下面是一个使用 cite 元素的代码示例。代码如下：

```
<!DOCTYPE html>
<meta charset="UTF-8"/>
<title>cite 元素示例</title>
<h3>cite 元素示例</h3>
<p>我最喜欢的电影是一部法国电影<cite>放牛班的春天</cite>。</p>
```

这段代码的运行结果如图 3-40 所示。

图 3-40　cite 元素示例

9. 重新定义的 small 元素

Small 元素已经完全重新定义了，从仅仅是一个通用的表现性元素，变成了使得文本显示得较小，实际上表示"附属细则"，它通常用来免责、警告、提出法律限制或标记版权。附属细则有时候也用于说明权限，满足许可性需求。同时不允许被应用在页面主内容中，只允许被当做辅助信息用 inline 方式内嵌在页面上。同时，small 元素也不意味着元素中内容字体会变小，如果需要将字体变小，需要配合着 CSS 样式表来使用。

3.4　综合实例——search 搜索类型的 input 元素

本实例使用了 HTML5 中新增的页面元素，利用这些元素将要搜索的内容填入文本框中，通过提交将内容到服务器端，效果如图 3-41 所示。

图 3-41　search 搜索类型的 input 元素

通过 search 类型的 input 元素可以用于标记搜索关键字，便于更好的查找所需要的内容，本实例的代码如下：

```
<html>
<head>
<meta charset="gb2312" />
<title>search 类型的 input 元素</title>
<link href="Css/css1.css" rel="stylesheet" type="text/css">
<script type="text/javascript" language="javascript"  src="Js/js1.js"></script>
</head>
<body>
<form id="frmTmp" onSubmit="return ShowKeyWord();">
 <fieldset>
   <legend>请输入搜索关键字：</legend>
   <input id="kw" type="search"  class="aa">
   <input name="Submit" type="submit"  class="bb" value="提交">
 </fieldset>
 <p id="pp"></p>
</form>
</body>
</html>
```

知识点提炼

（1）表单主要用来收集客户端提供的相关信息，使网页具有交互的功能，它是服务器与浏览器实现交互的重要手段。

（2）表单是网页上的一个特定区域，这个区域是由一对<form>标记定义的。在<form>与</form>之间的一切都属于表单的内容。

（3）当用户还没有输入值的时候，输入型控件可以通过 placeholder 特性向用户显示描述性说明或者提示信息。

（4）figure 元素代表一个块级图像，并可以包含说明。figure 元素不只可以显示图片，还可以使用它给 audio、video、iframe、object 和 embed 元素加说明。

（5）details 元素提供了一种替代 JavaScript 的一个展开/收缩区域。

（6）mark 元素表示页面中需要突出显示或高亮显示的，对于当前用户具有参考作用的一段文字。

（7）<meter>是 HTML5 带来的全新元素标签。根据 W3C 的定义规范：meter 元素标签用来表示规定范围内的数量值，如磁盘使用量比例、关键词匹配程度等。

习　　题

3-1　简述表单的主要作用。

3-2　如果要表单提交信息且不以附件的形式发送，要将表单的"MIME 类型"设置成什么类型？

3-3　如果要在考试系统中设置单选按钮，则需要使用表单中的哪种元素？

3-4　文本域标记 textarea 的主要作用是什么？

3-5　HTML5 中的 number 输入类型和 range 输入类型有什么区别？

3-6　验证表单的方式有几种？分别是什么？

3-7　简述 HTML5 中新增的 mark 元素的主要作用。

第4章
文件与拖放

本章要点：
- file 对象与 filelist 对象的使用方法
- Blob 对象的概念和使用方法
- FileReader 对象以及它的方法、事件触发条件
- 利用拖放 API 使页面中的元素可以互相拖放
- DataTransfer 对象的属性和方法
- 设定拖放时的视觉效果
- 自定义拖放图标

在 HTML5 中新增与表单元素相关的两个 API——文件 API 和拖放 API。其中拖放 API 可以实现一些有趣的功能。这个 API 就像其名称所示的那样，允许开发人员拖动项，并将其放置到浏览器中的任何地方，这很好地体现了 HTML5 作为 Web 应用程序规范的思路，使得开发者可以从桌面计算借用更多的功能。本章将对 HTML5 中的文件与拖放技术进行详细讲解。

4.1 选 择 文 件

在 HTML 5 里，从 Web 网页上访问本地文件系统变的十分的简单，那就是使用 File API。这个规范说明里提供了一个 API 来控制 Web 应用里的文件对象，你可以通过编程来使用它们，访问目的文件的信息。关于文件 API，到目前为止只有部分浏览器对它提供支持，譬如最新版的 Firefox 浏览器。

4.1.1 FileList 对象与 file 对象

FileList 对象容纳用户选择的文件列表。在 HTML4 中，file 控件内只允许放置一个文件，但是到了 HTML5 中，通过添加 multiple 属性，在 file 控件内允许一次放置多个文件。控件内的每一个用户选择的文件都是一个 file 对象，而 FileList 对象为这些 file 对象的列表，代表用户选择的所有文件。File 对象有两个属性，name 属性表示文件名但包括路径，lastModifiedDate 属性表示文件的最后修改日期。

【例 4-1】 下面是一个使用 FileList 对象与 file 对象的实例。在本例中通过单击"浏览"按钮，选择要上传得文件，然后单击"上传文件"按钮，将会弹出一个对话框，在这个对话框中将显示上传文件的名称。本实例的主要代码如下：（实例位置：光盘\MR\源码\第 4 章\4-1）

```
<!DOCTYPE html><head>
<meta charset="UTF-8">
<title>FileList 与 file 示例</title>
</head>
<script language=javascript>
function ShowName()
{
    var file;
    for(var i=0;i<document.getElementById("file").files.length;i++)
     {
        file = document.getElementById("file").files[i]; //file 对象为用户选择的单个文件
        alert(file.name);                                //弹出文件名
     }
}
</script>
选择文件:
<input type="file" id="file" multiple size="50"/>
<input type="button" onclick="ShowName();" value="上传文件"/>
```

本实例的运行效果如图 4-1 所示。

图 4-1　应用 FileList 对象与 file 对象的实例

4.1.2　Blob 对象的属性

Blob 表示二进制原始数据,它提供一个 slice 方法,可以通过该方法访问到字节内部的原始数据块。Blob 对象有两个属性,size 属性表示 blob 对象的字节长度,type 属性表示 blob 的 MIME 类型,如果是未知类型,则返回一个空字符串。

【例 4-2】 下面通过一个实例来对 blob 对象的两个属性作一些解释。在本例中,首先通过单击"浏览"按钮选择文件,然后单击"显示文件信息"按钮,在页面中将显示浏览文件的文件长度与文件类型。本实例的代码如下。(实例位置:光盘\MR\源码\第 4 章\4-2)

```
<!DOCTYPE html><head>
<meta charset="UTF-8">
<title>Blob 对象使用示例</title>
<script language=javascript>
function ShowFileType()
{
    var file;
    file = document.getElementById("file").files[0];     //得到用户选择的第一个文件
    var size=document.getElementById("size");
```

```
        size.innerHTML=file.size;                              //显示文件字节长度
        var type=document.getElementById("type");
        type.innerHTML=file.type;                              //显示文件类型
    }
</script>
选择文件:
<input type="file" id="file" />
<input type="button" value="显示文件信息" onclick="ShowFileType();"/><br/>
文件字节长度:<span id="size"></span><br/>
文件类型: <span id="type"></span>
```

运行这段代码,效果如图 4-2 所示。

图 4-2   blob 对象及两个属性的应用实例

对于图像类型的文件,blob 对象的 type 属性都是以 "image/" 开头的,后面紧跟这图像的类型,利用此特性我们可以在 JavaScript 中判断用户选择的文件是否为图像文件。如果在批量上传时,只允许上传图像文件,就可以利用该属性。如果用户选择的多个文件中有不是图像的文件时,可以弹出错误提示信息,并停止后面的文件上传,或者跳过这个文件,不将该文件上传。

4.1.3   通过类型过滤文件

在上节实例中,对于图像类型的文件,blob 对象的 type 属性都是以 "image/" 开头的。后面紧跟这图像的类型,利用此特性可以在 JavaScript 中判断用户选择的文件是否为图像文件,如果在批量上传时,只允许上传图像文件,就可以利用该属性。如果用户选择的多个文件中有不是图像的文件时,可以弹出错误提示信息,并停止后面的文件上传,或者跳过这个文件,不将该文件上传。

【例 4-3】 下面是对图像类型的判断的实例,在该实例中首先对上传的文件进行判断,如果上传的文件不是图像文件将弹出对话框给出提示,如果是图像文件则显示文件可以上传。本实例代码如下。(实例位置:光盘\MR\源码\第 4 章\4-3)

```
<!DOCTYPE html><head>
<meta charset="UTF-8">
<title>Blob 对象的 type 属性利用示例</title>
<script language=javascript>
function FileUpload()
{
    var file;
    for(var i=0;i<document.getElementById("file").files.length;i++)
    {
        file = document.getElementById("file").files[i];
        if(!/image\/\w+/.test(file.type))
        {
            alert(file.name+"不是图像文件! ");
```

```
        break;
      }
      else
      {
        alert(file.name+"文件可以上传");
      }
    }
  }
</script>
```
选择文件:
```
<input type="file" id="file" multiple/>
<input type="button" value="文件上传" onclick="FileUpload();"/>
```
本例运行效果如图 4-3 所示。

图 4-3　应用 blob 对象的 type 属性对上传文件进行判断

另外，HTML5 中已经对 file 控件添加了 accept 属性，目的就是让 file 控件只能接受某种类型的文件。但是目前各主流浏览器对其的支持都只限于在打开文件选择窗口时，默认选择图像文件而已，如果选择其他类型文件，file 控件也能正常接受。

对 file 控件使用 accept 属性的方法如下所示。
```
<input type="file" id="file" accept="image/*" />
```
图 4-4 为 Firefox 浏览器对 file 控件的 accept 属性目前的支持情况，其他浏览器也与此类似。

图 4-4　Firefox 浏览器对 file 控件的 accept 属性目前的支持情况

4.2 使用 FileReader 对象读取文件

FileReader 接口主要用来把文件读入内存，并且读取文件中的数据。FileReader 接口提供了一个异步 API，使用该 API 可以在浏览器主线程中异步访问文件系统，读取文件中的数据

4.2.1 检测浏览器对 FileReader 对象的支持

检测一个浏览器是否支持 FileReader 很容易做到，支持这一接口的浏览器有一个位于 window 对象下的 FileReader 构造函数，如果浏览器有这个构造函数，那么就可以 new 一个 FileReader 的实例来使用。

```
if ( typeof FileReader === 'undefined' )
{
        alert( " 您的浏览器未实现 FileReader 接口 " );
}
else
{
        var reader = new FileReader();                    // 正常使用浏览器
}
```

4.2.2 FileReader 对象的方法

FileReader 的实例拥有 4 个方法，其中 3 个用以读取文件，另一个用来中断读取。表格 13.1 列出了这些方法以及它们的参数和功能，需要注意的是 ，无论读取成功或失败，方法并不会返回读取结果，这一结果存储在 result 属性中。

表 4-1   FileReade 接口的方法

方 法 名	参 数	描 述
abort	none	中断读取
readAsBinaryString	file	将文件读取为二进制码
readAsDataURL	file	将文件读取为 DataURL
readAsText	file, [encoding]	将文件读取为文本

4.2.3 实现图片的预览

本节中将介绍如何使用 FileReader 接口的 readAsDataURL 方法实现图片的预览。

【例 4-4】 在本例中通过单击"浏览"按钮，选择要预览的图片，然后单击"读取图像"按钮。预览的图片将在页面中显示。本实例的具体步骤如下。（实例位置：光盘\MR\源码\第 4 章\4-4）

首先，创建 html 部分，主要包括两个 input，和一个用来呈现结果的 div，代码如下。

```
<p>
    <label>请选择一个文件: </label>
    <input type="file" id="file" />
    <input type="button" value="读取图像" onclick="readAsDataURL()"/>
</p>
<div name="result" id="result">
    <!-- 这里用来显示读取结果 -->
</div>
```

其次，检测浏览器是否支持 FileReader 接口，对于未实现 FileReader 接口的浏览器将给出一个提示，代码如下。

```
if (typeof FileReader == 'undefined' )
{
  result.innerHTML = "<p>抱歉，你的浏览器不支持 FileReader</p>";
  file.setAttribute( 'disabled','disabled' );
}
```

最后，书写函数 readFile 的代码，当 file input 的 onclick 事件触发时，调用这个函数。首先获取到 file 对象，并通过 file 的 type 属性来检验文件类型，在这里，我们只允许选择图像类型的文件。然后创建一个 FileReader 实例，并且调用 readAsDataURL 方法读取文件，在实例的 onload 事件中，获取到成功读取到的文件内容，并以插入一个 img 节点的方式，显示在页面中，代码如下：

```
function readFile ()
{
  var file = document.getElementById("file").files[0];       //检查是否为图像文件
  if(!/image\/\w+/.test(file.type))
  {
    alert("请确保文件为图像类型");
    return false;
  }
  var reader = new FileReader();
  reader.readAsDataURL(file);                                 //将文件以 Data URL 形式进行读入页面
  reader.onload = function(e)
  {
    var result=document.getElementById("result");
    result.innerHTML = '<img src="'+this.result+'" alt=""/>'  //在页面上显示文件
  }
}
```

运行这个实例，效果如图 4-5 所示，单击"浏览"按钮，选择要显示的图片。然后单击"读取图像"按钮，将显示所选择的图片，运行效果如图 4-6 所示。

图 4-5   读取图像文件效果

图 4-6   显示读取的图像

4.2.4　文本文件的读取

本节中将介绍如何使用 FileReader 接口的 readAsText 方法实现文本文件的预览。

【例 4-5】　在本例中通过单击"浏览"按钮，选择要浏览的文本文件，然后单击"读取文本文件"按钮，文本文件的内容将在页面中显示。本实例的具体步骤如下。（实例位置：光盘\MR\源码\第 4 章\4-5）

首先，创建 html 部分，主要包括两个 input，和一个用来呈现结果的 div，代码如下。

```
<p>
    <label>请选择一个文件: </label>
    <input type="file" id="file" />
    <input type="button" value="读取文本文件" onclick="readAsText()"/>
</p>
<div name="result" id="result">
     <!-- 这里用来显示读取结果 -->
</div>
```

其次，检测浏览器是否支持 FileReader 接口，对于未实现 FileReader 接口的浏览器将给出一个提示，代码如下。

```
if (typeof FileReader == 'undefined' )
{
    result.innerHTML = "<p>抱歉，你的浏览器不支持 FileReader</p>";
    file.setAttribute( 'disabled','disabled' );
}
```

最后，书写函数 readAsText 的代码，当 file input 的 onclick 事件触发时，调用这个函数。首先获取到 file 对象，然后创建一个 FileReader 实例，并且调用 readAsText 方法读取文件，在实例的 onload 事件中，获取到成功读取到的文件内容，显示在页面中，代码如下；

```
function readAsText()
{
    var file = document.getElementById("file").files[0];
    var reader = new FileReader();
    reader.readAsText(file);                        //将文件以文本形式进行读入页面
    reader.onload = function(f)
    {
        var result=document.getElementById("result");
        result.innerHTML=this.result;              //在页面上显示读入文本
    }
}
```

运行这个实例，效果如图 4-7 所示，单击"浏览"按钮，选择要显示的文本文件，然后单击"读取文本文件"按钮，将显示所选择的文本文件的内容，运行效果如图 4-8 所示。

图 4-7　选择要浏览的文本文件

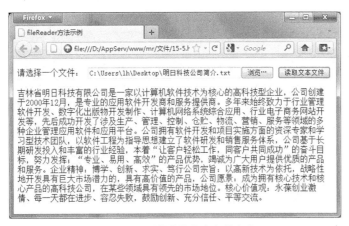

图 4-8　显示浏览的文本文件内容

4.2.5　FileReader 对象中的事件

FileReader 包含了一套完整的事件模型，用于捕获读取文件时的状态，表格 4-2 归纳了这些事件。

表 4-2　　　　　　　　　　　　　　FileReade 接口的事件

事　件	描　述
onabort	中断时触发
onerror	出错时触发
onload	文件读取成功完成时触发
onloadend	读取完成触发，无论成功或失败
onloadstart	读取开始时触发
onprogress	读取中

当 fileReader 对象读取文件时，会伴随着一系列事件，它们表示读取文件时不同的读取状态。

【例 4-6】 在本例中通过单击"浏览"按钮，选择要浏览的文本文件，然后单击"读取文本文件"按钮，文本文件的内容将在页面中显示。本实例的具体步骤如下。（实例位置：光盘\MR\源码\第 4 章\4-6）

```
<!DOCTYPE html><head>
<meta charset="UTF-8">
<title>fileReader 对象的事件先后顺序</title>
</head>
<script language=javascript>
var result=document.getElementById("result");
var input=document.getElementById("input");
if(typeof FileReader=='undefined')
{
    result.innerHTML = "<p class='warn'>抱歉，你的浏览器不支持 FileReader</p>";
    input.setAttribute( 'disabled','disabled' );
}
function readFile()
{
    var file = document.getElementById("file").files[0];
```

```
        var reader = new FileReader();
        reader.onload = function(e)
        {
            result.innerHTML = '<img src="'+this.result+'" alt=""/>'
            alert("load");
        }
        reader.onprogress = function(e)
        {
            alert("progress");
        }
        reader.onabort = function(e)
        {
            alert("abort");
        }
        reader.onerror = function(e)
        {
            alert("error");
        }
        reader.onloadstart = function(e)
        {
            alert("loadstart");
        }
        reader.onloadend = function(e)
        {
            alert("loadend");
        }
        reader.readAsDataURL(file);
    }
</script>
<p>
<label>请选择一个图像文件: </label>
<input type="file" id="file" />
<input type="button" value="显示图像" onclick="readFile()" />
</p>
<div name="result" id="result">
<!-- 这里用来显示读取结果 -->
</div>
```

在这个实例中，通过单击"显示图像"按钮在画面中读入一个图像文件，通过这个过程可以了解程序按顺序触发了哪些事件，并用提示信息的形式报出这些事件的名字。

4.3 拖放 API 的使用

在 HTML5 中，提供了直接支持拖放操作的 API。虽然 HTML5 之前已经可以使用 mousedown、mousemove 或者 mouseup 等事件来实现拖放操作，但是只支持在浏览器内部的拖放，而在 HTML5 中，已经支持在浏览器与其他应用程序之间互相拖动数据，同时也大大简化了有关于拖放功能的代码。

4.3.1　实现拖放的步骤

在 HTML5 中要想实现拖放操作，至少要经过如下两个步骤：

（1）将想要拖放的对象元素的 draggable 属性设为 true(draggable="true")。这样才能将该元素进行拖放。另外，img 元素与 a 元素（必须指定 href），默认允许拖放。

（2）编写与拖放有关的事件处理代码。关于拖放存在如表 4-3 所示的几个事件：

表 4-3　　　　　　　　　　　　　　　　FileReade 接口的事件

事　件	产生事件的元素	描　述
dragstart	被拖放的元素	开始拖放操作
drag	被拖放的元素	拖放过程中
dragenter	拖放过程中鼠标经过的元素	被拖放的元素开始进入本元素的范围内
dragover	拖放过程中鼠标经过的元素	被拖放的元素正在本元素范围内移动
dragleave	拖放过程中鼠标经过的元素	被拖放的元素离开本元素的范围
drop	拖放的目标元素	有其他元素被拖放到了本元素中
dragend	拖放的目标元素	拖放操作结束

4.3.2　拖放实例

【例 4-7】 下面按照上面的步骤实现一个拖放实例。在该实例中，有一个显示"拖放"文字的 div 元素，可以把它拖放到位于它下部的 div 元素中，每次被拖放时，在下部的 div 元素中会追加一次"mr 欢迎你"文字。实现的步骤如下所示。（实例位置：光盘\MR\源码\第 4 章\4-7）

（1）将想要拖放的对象元素的 draggable 属性设为 true，同时在<body>标签中添加 onload="init()"事件，另外，为了让这个示例在所有支持拖放 API 的浏览器中都能正常运行，需要指定"-webkit-user-drag:element"这种 Webkit 特有的 CSS 属性。 代码如下。

```
<body onload="init()">
<h1>拖放欢迎语</h1>
<!-- (7) 把 draggable 属性设为 true -->
<div id="dragme" draggable="true" style="width: 200px; border: 1px solid gray;">
  拖放
</div>
<div id="text" style="width: 200px; height: 200px; border: 1px solid gray;"></div>
</body>
```

（2）在 init()函数中获取 div 标签的 id 的值，代码如下。

```
var source = document.getElementById("dragme");
var dest = document.getElementById("text");
```

（3）dragstart 事件开始实现拖动，把要拖动的数据存入 DataTransfer 对象。DataTransfer 对象专门用来存放拖放时要携带的数据，它可以被设置为拖动事件对象的 dataTransfer 属性。最后，通过 setData()方法实现拖放，该方法中的第一个参数为携带数据的数据各类的字符串，第二个参数为要携带的数据。第一个参数中表示数据各类的字符串里只能填入类似"text/plain"或"text/html"的表示 MIME 类型的文字，不能填入其他文字。代码如下。

```
source.addEventListener("dragstart", function(ev)
    {
        var dt = ev.dataTransfer;    // 向 dataTransfer 对象追加数据
        dt.effectAllowed = 'all';
        dt.setData("text/plain", "明日科技欢迎你");
                                //拖动元素为 dt.setData("text/plain", this.id);
    }, false);
```

（4）针对拖放的目标元素，必须在 dragend 或 dragover 事件内调用"event.preventDefault()"方法。因为默认情况下，拖放的目标元素是不允许接受元素的，为了把元素拖放到其中，必须把默认处理关闭。代码如下。

```
dest.addEventListener("dragend", function(ev)      // dragend: 拖放结束
{
    ev.preventDefault();                            //不执行默认处理（拒绝被拖放）
}, false);
```

（5）要实现拖放过程，还必须在目标元素的 drop 事件中关闭默认处理（拒绝被拖放），否则目标元素不能接受被拖放的元素。目标元素接受到被拖放的元素后，执行 getData()方法从DataTransfer 那里获得数据。getData()方法的参数为 setData()方法中指定的数据种类。 本例中为"text/plain（文本文字）"。代码如下。

```
dest.addEventListener("drop", function(ev)         // drop:被拖放
{
    var dt = ev.dataTransfer;                       // 从 DataTransfer 对象那里取得数据
    var text = dt.getData("text/plain");
    dest.textContent += text;
    ev.preventDefault();                            //不执行默认处理（拒绝被拖放）
    ev.stopPropagation();                           //停止事件传播
}, false);
```

（6）要实现拖放过程，还必须设定整个页面为不执行默认处理（拒绝被拖放），否则拖放也不能实现。因为页面是先于其他元素接受拖放的，如果页面上拒绝拖放，则页面上其他元素就都不能接受拖放了。代码如下。

```
//设置页面属性，不执行默认处理（拒绝被拖放）
document.ondragover = function(e){e.preventDefault();};
document.ondrop = function(e){e.preventDefault();};
```

现在支持拖动处理的 MIME 的类型有："text/plain（文本文字）"、"text/html（HTML文字）"、"text/xml（XML 文字）"、"text/uri-list（URL 列表，每个 URL 为一行）"。

本例运行结果如图 4-9 所示。

图 4-9　拖放示例

4.4　dataTransfer 对象

如果 DataTransfer 对象的属性和方法使用得好，可以实现定制拖放图标，让它只支持特定拖放。下面简单列举 DataTransfer 对象的属性与方法。

- dropEffect 属性：返回已选择的拖放效果，如果该操作效果与起初设置的 effectAllowed 效果不符，则拖曳操作失败。可以设置修改，包含这几个值："none"，"copy"，"link" 和 "move"。
- effectAllowed 属性：返回允许执行的拖拽操作效果，可以设置修改，包含这些值："none"，"copy"，"copyLink"，"copyMove"，"link"，"linkMove"，"move"，"all" 和 "uninitialized"。
- types 属性：返回在 dragstart 事件出发时为元素存储数据的格式，如果是外部文件的拖曳，则返回"files"。
- void clearData(DOMString format)方法：删除指定格式的数据，如果未指定格式，则删除当前元素的所有携带数据。
- void setData(DOMString format, DOMString data)方法：为元素添加指定数据。
- DOMString getData(DOMString format)方法：返回指定数据，如果数据不存在，则返回空字符串。
- void setDragImage(Element image, long x, long y)：制定拖曳元素时跟随鼠标移动的图片，x、y 分别是相对于鼠标的坐标(部分浏览器中可以用 canvas 等其他元素来设置)。

对于 getData 和 setData 两个方法，setData 方法在拖放开始时向 dataTransfer 对象中存入数据，用 types 属性来指定数据的 MIME 类型，而 getData 方法在拖动结束时读取 dataTransfer 对象中的数据。

clearData 方法可以用来清除 DataTransfer 对象内数据，譬如在上例中在 getData()方法前加上 "dt.clearData();"语句，目标元素内就不会放入任何数据了。

4.4.1　设置拖放效果

dropEffect 属性与 effectAllowed 属性结合起来可以设定拖放时的视觉效果。effectAllowed 属性表示当一个元素被拖动时所允许的视觉效果，一般在 ondragstart 事件中设定，允许设定的值为 none、copy、copyLink、copyMove、link、linkMove、move,all,unintialize。dropEffect 属性表示实际拖放时的视觉效果,一般在 ondragover 事件中指定,允许设定的值为 none,copy,link,move。dropEffect 属性所表示的实际视觉效果必须在 effectAllowed 属性所表示的允许的视觉效果范围内。规则如下。

（1）如果 effectAllowed 属性设定为 none，则不允许拖放要拖放的元素。

（2）如果 dropEffect 属性设定为 none，则不允许被拖放到目标元素中。

（3）如果 effectAllowed 属性设定为 all 或不设定，则 dropEffect 属性允许被设定为任何值，并且按指定的视觉效果进行显示。

（4）如果 effectAllowed 属性设定为具体效果（不为 none,all），dropEffect 属性也设定了具体视觉效果，则两个具体效果值必须完全相等，否则不允许将被拖放元素拖放到目标元素中。

以下代码为上例中对 effectAllowed 属性及 dropEffect 属性进行设定的代码片段。

```
source.addEventListener("dragstart", function(ev)
    {
        var dt = ev.dataTransfer;                          // 向 dataTransfer 对象追加数据
        dt.effectAllowed = 'all';
        dt.setData("text/plain", "明日科技欢迎你");
                                    //拖动元素为 dt.setData("text/plain", this.id);
    }, false);
    dest.addEventListener("dragend", function(ev)       //  dragend: 拖放结束
    {
        ev.preventDefault();                              //不执行默认处理 ( 拒绝被拖放 )
    }, false);
```

4.4.2　设置拖放图标

在拖动一个元素时，可以添加自己定制的拖动图标。在 dragstart 事件上，可以使用 setDragImage 方法，该方法有三个参数，第一个参数 image 为设定拖放图标的图标元素，第二个参数 x 为拖放图标离鼠标指针的 x 轴方向的位移量，第三个参数 y 为拖放图标离鼠标指针的 y 轴方向的位移量。

【例 4-8】　以下是调用 setDragImage 方法的代码片段，其余代码请参考例 4-7。(实例位置: 光盘\MR\源码\第 4 章\4-8)

```
var dragIcon = document.createElement('img');              //创建图标元素
dragIcon.src='http://192.168.1.96:82/mr/14/images/2.png';   //设定图标来源
source.addEventListener("dragstart", function(ev)          // 开始拖放
{
    var dt = ev.dataTransfer;                              // 向 dataTransfer 对象追加数据
      dt.setDragImage(dragIcon, -10, -10);
    dt.setData("text/plain", "明日科技欢迎你");
                                //拖动元素为 dt.setData("text/plain", this.id);
}, false);
```

添加定制的拖动图标的运行效果如图 4-10 所示。

图 4-10　添加定制的拖放图标的效果

说明

本例中使用的拖放图标，设置的路径为本地路径。想要使用本例中的图标，需要将图标位置改为本地的路径。

4.5　综合实例——使用拖放 API 将商品拖入购物车

本实例主要实现使用拖放 API 将商品拖入购物车的效果，并且将商品的数量价格、总价等信息显示在下面的列表中，效果如图 4-11 所示。

图 4-11　使用拖放 API 将商品拖入购物车

利用 API 拖放可以将商品直接拖放到购物车中，显示商品的信息内容，本实例的 html 代码如下：

```
<html>
<head>
<meta charset="utf-8" />
<title>使用拖放 API 将商品拖入购物车</title>
<link href="Css/css1.css" rel="stylesheet" type="text/css">
<script type="text/javascript" language="jscript"
        src="Js/js6.js"/>
</script>
</head>
<body onLoad="pageload();">
  <ul>
    <li class="aa">
      <img src="images/2.jpg" id="img02"
          alt="42" title="2009 作品" draggable="true">
    </li>
    <li class="aa">
      <img src="images/1.jpg" id="img03"
          alt="56" title="2012 作品" draggable="true">
    </li>
    <li class="aa">
      <img src="images/2.jpg" id="img04"
          alt="52" title="2010 作品" draggable="true">
    </li>
    <li class="aa">
      <img src="images/1.jpg" id="img05"
```

```
                        alt="59" title="2011 作品" draggable="true">
        </li>
    </ul>
    <ul id="ulCart">
        <li class="bb">
            <span>书名称</span>
            <span>价格</span>
            <span>数量</span>
            <span>总价</span>
        </li>
    </ul>
</body>
</html>
```

上面的代码中用到了 js6.js 文件, 该文件是自定义的 JavaScript 脚本文件, 用来控制商品的拖放, 代码如下:

```
// JavaScript Document
function $$(id) {
    return document.getElementById(id);
}
//自定义页面加载时调用的函数
function pageload() {
    //获取全部的图书商品
    var Drag = document.getElementsByTagName("img");
    //遍历每一个图书商品
    for (var intI = 0; intI < Drag.length; intI++) {
    //为每一个商品添加被拖放元素的 dragstart 事件
        Drag[intI].addEventListener("dragstart",
        function(e) {
            var objDtf = e.dataTransfer;
            objDtf.setData("text/html", addCart(this.title, this.alt, 1));
        },
        false);
    }
    var Cart = $$("ulCart");
    //添加目标元素的 drop 事件
    Cart.addEventListener("drop",
    function(e) {
        var objDtf = e.dataTransfer;
        var strHTML = objDtf.getData("text/html");
        Cart.innerHTML += strHTML;
        e.preventDefault();
        e.stopPropagation();
    },
    false);
}
//添加页面的 dragover 事件
document.ondragover = function(e) {
    //阻止默认方法,取消拒绝被拖放
    e.preventDefault();
}
//添加页面 drop 事件
```

```
document.ondrop = function(e) {
    //阻止默认方法,取消拒绝被拖放
    e.preventDefault();
}
//自定义向购物车中添加记录的函数
function addCart(a, b, c) {
    var strHTML = "<li class='liC'>";
    strHTML += "<span>" + a + "</span>";
    strHTML += "<span>" + b + "</span>";
    strHTML += "<span>" + c + "</span>";
    strHTML += "<span>" + b * c + "</span>";
    strHTML += "</li>";
    return strHTML;
}
```

知识点提炼

（1）FileList 对象表示用户选择的文件列表。

（2）Blob 表示二进制原始数据，它提供一个 slice 方法，可以通过该方法访问到字节内部的原始数据块。

（3）FileReader 接口主要用来把文件读入内存，并且读取文件中的数据。

（4）检测一个浏览器是否支持 FileReader 很容易做到，支持这一接口的浏览器有一个位于 window 对象下的 FileReader 构造函数。

（5）在 HTML5 中要想实现拖放操作，至少要经过如下两个步骤：

① 将想要拖放的对象元素的 draggable 属性设为 true(draggable="true")。这样才能将该元素进行拖放。另外，img 元素与 a 元素（必须指定 href），默认允许拖放。

② 编写与拖放有关的事件处理代码。

（6）DataTransfer 对象可以实现定制拖放图标，比如，可以让它只支持特定拖放。

习　题

4-1　FileList 对象与 file 对象有什么区别？

4-2　要访问字节内部的原始数据块，需要使用 Blob 类的什么方法？

4-3　在 HTML5 之前实现拖放操作，需要使用哪些事件？

4-4　HTML5 中实现拖放操作，需要进行哪两个步骤？

4-5　要在 HTML5 中设置拖放的效果，可以使用 dataTransfer 对象的什么属性？

第5章
绘制图形

本章要点：
- canvas 元素的基本概念
- 如何在页面上放置一个 canvas 元素
- 使用 canvas 元素绘制出一个简单矩形
- 利用路径绘制出图形与多边形
- 在 canvas 画布中使用图像的方法

HTML5 中的一个新增元素——canvas 元素，以及伴随这个元素而来的一套编程接口——canvas API。使用 canvas API 可以在页面上绘制出任何你想要的、非常漂亮的图形与图像，创造出更加丰富多彩、赏心悦目的 Web 页面。本章将对如何使用 canvas 绘制图形进行详细讲解。

5.1 canvas 基础

本节只介绍 HTML5 Canvas 的一些基础知识，并展示一些可以使用画布元素实现的实用内容，例如处理来自画布中的一幅图像的单个像素。

5.1.1 canvas 元素简介

Canvas 元素是 HTML5 中新增的一个重要元素，专门用来绘制图形。在页面上放置一个 canvas 元素，就相当于在页面上放置了一块"画布"，可以在其中进行图形的描绘。

但是，在 canvas 元素里进行绘画，并不是指拿鼠标来作画。在网页上使用 canvas 元素时，它会创建一块矩形区域。默认情况下该矩形区域宽为 300 像素，高为 150 像素，用户可以自定义具体的大小或者设置 canvas 元素的其他特性。在页面中加入了 canvas 元素后，我们便可以通过 JavaScript 来自由地控制它。可以在其中添加图片、线条以及文字，也可以在里面进行绘图设置，还可以加入高级动画。可放到 HTML 页面中的最基本的 canvas 元素代码如下：

```
<canvas></canvas>
```

5.1.2 插入 canvas 元素

首先，看一下在页面上的 HTML 代码中，应该怎样来放置一个 canvas 元素。

在 HTML 页面中插入 canvas 元素是非常直观和简单的，如下的代码就是一段可以被插入到 HTML 页面中的 canvas 代码。

```
<canvas width="200" height="200"> </canvas>
```

以上代码会在页面上显示出一块 200×200 像素的"隐藏"区域。假如要为其增加一个边框，可以用标准 CSS 边框属性来设置，代码如下：

```
<canvas id="djx" style="border: 1px solid;" width="200" height="200"> </canvas>
```

在上面的代码中，不但用 CSS 边框属性设置了边框，而且还增加了一个值为"djx"的 id 特性，这么做主要是为了在开发过程中可以通过 id 来快速找到该 canvas 元素。对于任何 canvas 来说，id 都是尤为重要的，这主要是因为对 canvas 元素的所有操作都是通过脚本代码控制的，如果没有 id 的话，想要找到要操作的 canvas 元素会很难。

带边框的 canvas 元素，在浏览器中的运行效果如图 5-1 所示。

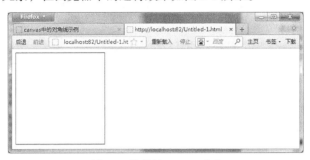

图 5-1　简单的 canvas 元素

【例 5-1】　下面我们在上面的画布上，绘制一条对角线，其实现的主要步骤如下所示。（实例位置：光盘\MR\源码\第 5 章\5-1）

首先，通过引用特定的 canvas id 值来获取对 canvas 对象的访问权。这里引用的 id 为 djx。接着定义一个 context 变量，调用 canvas 对象的 getContext 方法，同时传入使用的 canvas 类型。这里是通过传入"2d"来获取一个二维上下文，这也是到目前为止唯一可用的上下文。具体代码如下：

```
var canvas = document.getElementById('djx');
var context = canvas.getContext('2d');
```

接下来，基于这个上下文执行画线的操作，主要是调用了三个方法——beginpath、moveTo 和 lineTo，传入了这条线的起点和终点的坐标。具体代码如下：

```
context.beginPath();
context.moveTo(70, 140);
context.lineTo(140, 70);
```

最后，在结束 canvas 操作的时候，通过调用 context.stroke()方法完成对角线的绘制。具体代码如下：

```
context.stroke();
window.addEventListener("load", drawDiagonal, true);
```

在 canvas 中绘制的对角线的效果如图 5-2 所示。

图 5-2　在 canvas 中绘制的对角线

5.1.3 绘制矩形实例

【例 5-2】在 canvas 画布中绘制一个矩形。本例调用了脚本文件中的 draw 函数进行图形描绘。该函数需要放置在 body 的属性中,使用 onload="draw('canvas');"语句。draw 函数的功能是把 canvas 画布的背景用浅蓝色涂满,然后画出一个绿色正方形,边框为红色。用 canvas 元素绘制矩形的具体步骤如下所示。(实例位置:光盘\MR\源码\第 5 章\5-2)

(1) document.getElementById 方法取得 canvas 元素,代码如下:

```
var canvas = document.getElementById(id);
```

(2) 使用 canvas 对象的 getContext 方法来获得图形上下文。同时传入使用的 canvas 类型,这里传递的仍然是 "2d",代码如下:

```
var context = canvas.getContext('2d');
```

(3) 填充与绘制边框,用 canvas 元素绘制图形的时候,有两种方式——填充(fill)与绘制边框(stroke)。填充是指填满图形内部;绘制边框是指不填满图形内部,只绘制图形的外框。Canvas 元素结合使用这两种方式来绘制图形。

(4) 设定绘图样式(style),在进行图形绘制的时候,首先要设定好绘图的样式(style),然后调用有关方法进行图形的绘制。所谓绘图的样式,主要是针对图形的颜色而言的,但是并不限于图形的颜色,在后面我们将会介绍如何设定颜色以外的样式。本例中主要是应用了如下两种样式:

● 设定填充图形的样式

fillStyle 属性——填充的样式,在该属性中填入填充的颜色值。

● 设定图形边框的样式

strokeStyle——图形边框的样式。在该属性中填入边框的颜色值。

本例中的样式代码如下:

```
context.fillStyle = "green";
context.strokeStyle = "red";
```

(5) 指定线宽,使用图像上下文对象的 lineWidth 属性设置图形边框的宽度。在绘制图形的时候,任何直线都可以通过 lineWidth 属性来指定直线的宽度。本例中的设置线宽的代码如下:

```
context.lineWidth=1;
```

(6) 指定颜色值,绘图时填充的颜色或边框的颜色分别通过 fillStyle 属性与 strokeStyle 属性来指定。颜色值使用的是普通样式表中使用的颜色值。例如 "red" 与 "blue" 这种颜色名,或 "#EEEEFF" 这种十六进制的颜色值。

另外,也可以通过 rgb(红色值、绿色值、蓝色值)或 rgba(红色值、绿色值、蓝色值、透明度)函数来指定颜色的值。

本例中指定的颜色的值,如下代码所示:

```
context.fillStyle = "green";
context.strokeStyle = "red";
```

(7) 矩形的绘制,分别使用 fillRect 方法与 strokeRect 方法来填充矩形和绘制矩形边框。这两个方法的定义如下所示。

```
context.fillRect(x,y,width,height);
context.strokeRect(x,y,width,height);
```

这里的 context 指的是图形上下文对象,这两个方法使用同样的参数,x 是指矩形起点的横坐标,y 是指矩形起点的纵坐标,坐标原点为 canvas 画布的最左上角,width 是指矩形的长度,height

是指矩形的高度——通过这四个参数，矩形的大小同时也就被决定了。

本例中绘制矩形的代码如下：

```
context.fillRect(50,50,100,100);
context.strokeRect(50,50,100,100);
```

本例中绘制的矩形效果如图 5-3 所示。

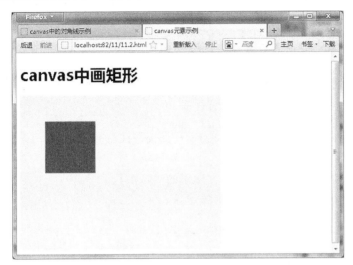

图 5-3　绘制矩形的效果

5.2　使用路径绘制圆形

5.2.1　绘制圆形

要想绘制其他图形，需要使用路径。同绘制矩形一样，绘制开始时还是要取得图形上下文，然后需要执行如下步骤。

● 开始创建路径

● 创建图像的路径

● 路径创建完成后，关闭路径

● 设定绘制样式，调用绘制方法，绘制路径。

从上述步骤，可以看出首先使用路径勾勒图形轮廓，然后设置颜色，进行绘制。

【例 5-3】　用一个实例来对路径的使用方法进行介绍。在该实例中同样是调用 draw 函数，来绘制一个红色的圆形。下面是本例实现的具体过程。（实例位置：光盘\MR\源码\第 5 章\5-3）

（1）使用图形上下文对象的 beginPath()方法，该方法的定义如下所示：

```
context.beginPath();
```

（2）创建圆形路径时，需要使用图形上下文对象的 arc 方法。该方法的定义如下所示：

```
context.arc(x,y,radius, startAngle, endAngle,anticlockwise)
```

该方法使用六个参数，x 为绘制圆形的起点横坐标，y 为绘制圆形的起点纵坐标，radius 为圆形半径，startAngle 为开始角度，endAngle 为结束角度，anticlockwise 为是否按顺时针方向进行绘制。在 canvas API 中，绘制半径与弧时指定的参数为开始弧度与结束弧度，如果习惯使用角度，请使用如下所示的方法将角度转换为弧度。

```
var radians =degrees*math.PI/180
```

其中 math.PI 表示角度为 180 度，math.PI*2 表示角度为 360 度。

arc 方法不仅可以用来绘制圆形，也可以用来绘制圆弧。因此，使用时必须要指定开始角度与结束角度。因为这两个角度决定了弧度。Anticlockwise 参数为一个布尔型的参数，参数值为 true 时，按顺时针绘制；参数值为 false 时，按逆时针方向绘制。

本例中绘制圆形的代码如下：

```
context.arc( 100, 100, 75, 0, Math.PI * 2, true);
```

（3）关闭路径。路径创建完成后，使用图形上下文对象的 closePath 方法将路径关闭。该方法定义如下所示。

```
context.closePath();
```

将路径关闭后，路径的创建工作就完成了，但是需要注意的是，这时只是路径创建完毕而已，还没有真正绘制图形。

（4）进行圆形绘制，并设定绘制样式。实现的代码如下：

```
context.fillStyle = 'rgba(255, 0, 0, 0.25)';
context.fill();
```

绘制完成的圆形在浏览器中的效果如图 5-4 所示。

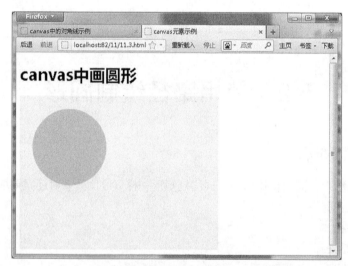

图 5-4　使用路径绘制圆形

5.2.2　绘制火柴人

绘制直线时，一般会用到 moveTo 与 lineTo 两种方法。

1. moveTo

moveTo 方法的作用是将光标移动到指定坐标点，绘制直线的时候以这个坐标点为起点。语法如下：

```
moveTo(x,y);
```

moveTo（x，y）：不绘制，只是将当前位置移动到新的目标坐标（x，y）。

2. lineTo

lineTo 方法在 moveTo 方法中指定的直线起点与参数中指定的直线终点之间绘制一条直线。

语法如下：

```
lineTo(x,y);
```

lineTo（x，y）：不仅将当前位置移动到新的目标坐标（x，y），而且在两个坐标之间画一条直线。

简而言之，上面两个函数的区别在于：moveTo 就像是提起画笔，移动到新位置，而 lineTo 告诉 canvas 用画笔从纸上的旧坐标画条直线到新坐标。需要提醒大家注意的是，不管调用它们哪一个，都不会真正画出图形，因为我们还没有调用 stroke 或者 fill 函数。目前，我们只是在定义路径的位置，以便后面绘制时使用。

下面看一个特殊的路径函数叫作 closePath，这个函数的行为和 lineTo 很像，唯一的差别在于 closePath 会将路径的起始坐标自动作为目标坐标。closePath 还会通知 canvas 当前绘制的图形已经闭合或者形成了完全封闭的区域，这对将来的填充和描边都非常有用。

此时，可以在已有的路径中继续创建其他的子路径，或者随时调用 beginPath 重新绘制新路径并完全清除之前的所有路径。

【例 5-4】 下面将应用 canvas 的 arc、moveTo、lineTo 的方法来绘制一个火柴人。下面是本例实现的具体过程。（实例位置：光盘\MR\源码\第 5 章\5-4）

（1）通过 document.getElementById 方法取得 canvas 元素，然后，使用 canvas 对象的 getContext 方法来获得图形上下文，与此同时传入使用的 canvas 类型 "2d"，代码如下：

```
var canvas = document.getElementById(id);
var context = canvas.getContext('2d');
```

（2）创建一个 300×300，背景为蓝色的画布，代码如下：

```
context.fillStyle = "#EEEEFF";
context.fillRect(0, 0, 300, 300);
```

（3）使用图形上下文对象的 arc 方法，创建 "火柴人的头部" 路径。这里是一个空心的，边框为 3 的红色圆形。其实现的代码如下：

```
context.beginPath();
context.strokeStyle = '#c00';
context.lineWidth = 3;
context.arc(100, 50, 30, 0, Math.PI*2, true);
context.fill();
context.stroke();
```

（4）火柴人的头部绘制好以后，接下来我们来绘制火柴人的脸部。这里主要是绘制红色的眼睛和嘴巴。当绘制面部的时候，我们需要再次使用 beginPath。这主要是为了让脸部的路径与头部的路径分离开。脸部特征中嘴实现的代码如下：

```
context.beginPath();
context.strokeStyle = '#c00';
context.lineWidth = 3;
context.arc(100, 50, 20, 0, Math.PI, false);
context.fill();
context.stroke();
```

（5）接下来再创建一个新的路径来绘制眼睛。先绘制一个左眼睛，也就是绘制一个圆形并通过 fillStyle 方法为其填充为红颜色，然后使用 moveTo 方法 "抬起" 画笔来绘制右眼。其眼睛实现的代码如下：

```
context.beginPath();
context.fillStyle = '#c00';
context.arc(90, 45, 3, 0, Math.PI*2, true);
```

```
context.fill();
context.stroke();
context.moveTo(113, 45);
context.arc(110, 45, 3, 0, Math.PI*2, true);
context.fill();
context.stroke();
```

（6）头部绘制完成后，接下来就是绘制身体的部分，主要是上肢和下肢的绘制。在绘制身体的部分时，多次应用了 moveTo 和 lineTo 方法。具体实现的代码如下：

```
context.beginPath();
context.moveTo(100, 80);
context.lineTo(100, 180);
context.lineTo(75, 250);          // 绘制左腿
context.moveTo(100, 180);
context.lineTo(125, 250);         // 绘制右腿
context.moveTo(100, 90);
context.lineTo(75, 140);          // 绘制左胳膊
context.moveTo(100, 90);
context.lineTo(125, 140);         // 绘制右胳膊
context.stroke();
```

（7）最后关闭路径，路径创建完成后，使用图形上下文对象的 closePath 方法将路径关闭。因为绘制的火柴人的每一部分都是路径的一个独立的子路径，都能独立绘制。因此只要在结尾处关闭路径即可，无需调用 fill 方法或者 stroke 方法来执行绘制。

绘制的火柴人在浏览器中的效果如图 5-5 所示。

图 5-5　使用路径绘制火柴人

5.2.3　绘制贝塞尔曲线

贝塞尔曲线可以是二次或三次方的形式，常用于绘制复杂而有规律的形状。

绘制贝塞尔曲线主要使用 bezierCurveTo 方法，该方法可以说是 lineTo 的曲线版，它将从当前坐标点到指定坐标点中间的贝塞尔曲线追加到路径中。该方法的定义如下所示。

```
bezierCurveTo(cp1x, cp1y, cp2x, cp2y, x, y);
```

该方法使用六个参数。绘制贝塞尔曲线的时候，需要两个控制点，cp1x 为第一个控制点的横

坐标，cp1y 为第一个控制点的纵坐标；cp2x 为第二个控制点的横坐标，cp2y 为第二个控制点的纵坐标；x 为贝塞尔曲线的重点横坐标，y 为贝塞尔曲线的终点纵坐标。

　　绘制二次样条曲线，使用的方法是 quadraticCurveTo。该方法的定义如下所示。

```
quadraticCurveTo(cp1x, cp1y, x, y);
```

　　两种方法的区别如图 5-6 所示。它们都是一个起点一个终点（图中的蓝点），但二次贝塞尔曲线只有一个（红色）控制点而三次贝塞尔曲线有两个。

　　参数 x 和 y 是终点坐标，cp1x 和 cp1y 是第一个控制点的坐标，cp2x 和 cp2y 是第二个的。

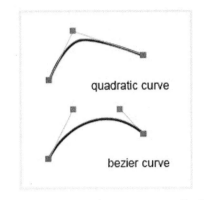

图 5-6　bezierCurve 与 quadraticCurve 的区别

【例 5-5】本例中我们使用 bezierCurveTo 方法绘制一个红色实心的的红心。下面是本例实现的具体过程。（实例位置：光盘\MR\源码\第 5 章\5-5）

```
context.beginPath();
context.fillStyle = '#c00';
context.strokeStyle = '#c00';
context.moveTo(75,40);
context.bezierCurveTo(75,37,70,25,50,25);
context.bezierCurveTo(20,25,20,62.5,20,62.5);
context.bezierCurveTo(20,80,40,102,75,120);
context.bezierCurveTo(110,102,130,80,130,62.5);
context.bezierCurveTo(130,62.5,130,25,100,25);
context.bezierCurveTo(85,25,75,37,75,40);
context.fill();
context.stroke();
```

从上面的代码可以看出，红心的绘制主要是多次使用了三次贝塞尔曲线绘制的。其运行效果如图 5-7 所示。

图 5-7　使用贝塞尔曲线绘制的红心

【例 5-6】下面再来看一下使用 quadraticCurveTo 方法绘制二次贝塞尔曲线的实例。下面是本例实现的具体过程。（实例位置：光盘\MR\源码\第 5 章\5-6）

```
context.beginPath();
context.moveTo(75,25);
context.strokeStyle = '#c00';
context.quadraticCurveTo(25,25,25,62.5);
context.quadraticCurveTo(25,100,50,100);
```

```
context.quadraticCurveTo(50,120,30,125);
context.quadraticCurveTo(60,120,65,100);
context.quadraticCurveTo(125,100,125,62.5);
context.quadraticCurveTo(125,25,75,25);
context.stroke();
context.fill();
```

本例在浏览器中实现的效果如图 5-8 所示。

图 5-8　二次贝塞尔曲线绘制的实例

5.3　运用样式与颜色

在前面的章节里，我们在绘制图形时只用到默认的线条和填充样式。而在这一节里，我们将会探讨 canvas 全部的可选项，来绘制出更加吸引人的内容。

5.3.1　fillStyle 和 strokeStyle 属性

如果想要给图形上色，有两个重要的属性可以做到：fillStyle 和 strokeStyle。这两个属性的定义方法如下。

```
fillStyle = color;
strokeStyle = color;
```

strokeStyle 是用于设置图形轮廓的颜色，而 fillStyle 用于设置填充颜色。color 可以是表示 CSS 颜色值的字符串、渐变对象或者图案对象。渐变和图案对象将在后面的章节中进行讲解。默认情况下，线条和填充颜色都是黑色(CSS 颜色值 #000000)。这里需要注意的是如果自定义颜色则应该保证输入符合 CSS 颜色值标准的有效字符串。下面的代码都是符合标准的颜色表示方式，都表示同一种颜色（橙色）。

```
context.fillStyle = "orange";
context.fillStyle = "#FFA500";
context.fillStyle = "rgb(255,165,0)";
context.fillStyle = "rgba(255,165,0,1)";
```

 　　一旦设置了 strokeStyle 或者 fillStyle 的值，那么这个新值就会成为新绘制的图形的默认值。如果想要给每个图形上不同的颜色，就需要重新设置 fillStyle 或 strokeStyle 的值。

【例 5-7】　下面先来看一下 fillStyle 实例，在本实例里，使用两层 for 循环来绘制方格阵列，

每个方格使用不同的颜色。实例运行效果如图 5-9 所示。（实例位置：光盘\MR\源码\第 5 章\5-7）

图 5-9 利用 fillStyle 属性绘制的调色板

从效果图可以看出色彩很绚丽。但是，实现的代码很简单，只需要两个变量 i 和 j 来为每一个方格产生唯一的 RGB 色彩值。仅修改其中的红色和绿色的值，而保持蓝色的值不变，就可以产生各种各样的色板。其实现的主要的代码如下：

```
function draw(id)
{
    var canvas = document.getElementById(id);
    var context = canvas.getContext('2d');
    for (var i=0;i<6;i++){
    for (var j=0;j<6;j++){
    context.fillStyle = 'rgb(' + Math.floor(255-42.5*i) + ',' + Math.floor(255-42.5*j)
+ ',0)';
        context.fillRect(j*25,i*25,25,25);
        }
    }
}
```

【例 5-8】 下面再来看一下 strokeStyle 实例，这个示例与上面的有点类似，但这次用到的是 strokeStyle 属性，而且画的不是方格，而是用 arc 方法来画圆。实例运行效果如图 5-10 所示。（实例位置：光盘\MR\源码\第 5 章\5-8）

图 5-10 strokeStyle 实例效果

其实现的主要代码如下：

```
function draw(id) {
    var context = document.getElementById('canvas').getContext('2d');
    for (var i=0;i<6;i++){
```

```
        for (var j=0;j<6;j++){
            context.strokeStyle = 'rgb(0,' + Math.floor(255-42.5*i) + ',' +
                        Math.floor(255-42.5*j) + ')';
            context.beginPath();
            context.arc(12.5+j*25,12.5+i*25,10,0,Math.PI*2,true);
            context.stroke();
        }
    }
}
```

5.3.2　globalAlpha 属性

除了可以绘制实色图形，还可以用 canvas 来绘制半透明的图形。通过设置 globalAlpha 属性或者使用一个半透明颜色作为轮廓或填充的样式来绘制透明或半透明的图形。globalAlpha 属性定义代码如下：

```
globalAlpha = transparency value;
```

这个属性影响到 canvas 里所有图形的透明度，其有效的值的范围是 0.0（完全透明）到 1.0（完全不透明），默认是 1.0。

globalAlpha 属性在需要绘制大量拥有相同透明度的图形时相当高效。

【例 5-9】下面通过一个示例来讲解一下 globalAlpha 属性的应用。本例中用四色格作为背景，设置 globalAlpha 为 0.3 后，在上面画一系列半径递增的半透明圆。最终结果是一个径向渐变效果。圆叠加得越多，原先所画的圆的透明度会越低。通过增加循环次数，画更多的圆，背景图的中心部分会完全消失。效果如图 5-11 所示。（实例位置：光盘\MR\源码\第 5 章\5-9）

图 5-11　通过 globalAlpha 属性绘制的径向渐变效果

其实现的主要代码如下：

```
function draw(id) {
    var context = document.getElementById('canvas').getContext('2d');
    context.fillStyle = '#FD0';
    context.fillRect(0,0,75,75);
    context.fillStyle = '#6C0';
    context.fillRect(75,0,75,75);
    context.fillStyle = '#09F';
    context.fillRect(0,75,75,75);
    context.fillStyle = '#F30';
    context.fillRect(75,75,75,75);
    context.fillStyle = '#FFF';
    context.globalAlpha = 0.3;
for (var i=0;i<7;i++){
```

```
        context.beginPath();
        context.arc(75,75,10+10*i,0,Math.PI*2,true);
        context.fill();
    }
}
```

5.3.3　线型 Line styles

线型包括如下属性：

```
lineWidth = value;
lineCap = type;
lineJoin = type;
miterLimit = value;
```

通过这些属性来设置线的样式。下面将结合实例来讲解一下各属性的使用方法及使用后的效果。

● lineWidth 属性

该属性设置当前绘线的粗细，属性值必须为正数。默认值是 1.0。线宽是指给定路径的中心到两边的粗细。换句话说就是在路径的两边各绘制线宽的一半。因为画布的坐标并不和像素直接对应，当需要获得精确的水平或垂直线的时候要特别注意。

【例 5-10】 在下面的例子中，用递增的宽度绘制了 10 条直线。最左边的线宽 1.0 单位。本例实现的主要代码如下：（实例位置：光盘\MR\源码\第 5 章\5-10）

```
for (var i = 0; i < 10; i++){
    context.lineWidth = 1+i;
    context.beginPath();
     context.strokeStyle = '#c00';
    context.moveTo(5+i*14,5);
    context.lineTo(5+i*14,140);
    context.stroke();
}
```

本例运行效果如图 5-12 所示。

图 5-12　设置不同值的 lineWidth 效果

● lineCap 属性

该属性决定了线段端点显示的样子。它可以为下面的三种值之一：butt，round 和 square，默认是 butt。

【例 5-11】 本实例中，绘制了三条直线，分别赋予不同的 lineCap 值。还有两条辅助线，为了可以看清楚它们之间的区别，赋予 lineCap 值的三条线的起点终点都落在辅助线上。效果如图 5-13 所示。（实例位置：光盘\MR\源码\第 5 章\5-11）

图 5-13　lineCap 属性的赋值的三种效果

　　最左边的线用了默认的 butt 。可以注意到它是与辅助线齐平的。中间的是 round 的效果，端点处加上了半径为一半线宽的半圆。右边的是 square 的效果，端点处加上了等宽且高度为一半线宽的方块。其实现的代码如下：

```
context.strokeStyle = '#09f';
context.beginPath();
context.moveTo(10,10);
context.lineTo(140,10);
context.moveTo(10,140);
context.lineTo(140,140);
context.stroke();

context.strokeStyle = 'black';
for (var i=0;i<lineCap.length;i++){
context.lineWidth = 15;
context.lineCap = lineCap[i];
context.beginPath();
context.moveTo(25+i*50,10);
context.lineTo(25+i*50,140);
context.stroke();
}
```

　　● lineJoin 属性

　　该属性值决定了图形中两线段连接处所显示的样子。它可以是以下三种值之一：round, bevel 和 miter。默认是 miter。

　　【例 5-12】 在下面的实例中同样绘制了三条折线，分别设置不同的 lineJoin 值。最上面一条是 round 的效果，边角处被磨圆了，圆的半径等于线宽。中间和最下面一条分别是 bevel 和 miter 的效果。这里需要注意的是当值是 miter 的时候，线段会在连接处外侧延伸直至交于一点，延伸效果受到 miterLimit 属性的制约。本实例运行效果如图 5-14 所示。（实例位置：光盘\MR\源码\第 5 章\5-12）

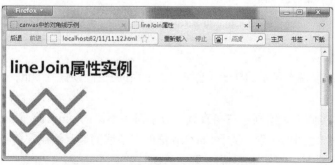

图 5-14　lineJoin 属性的三个值的运行效果

从效果图可以看出应用 miter（最下面的一条）的效果，线段的外侧边缘会延伸交汇于一点上。线段直接夹角比较大的，交点不会太远，但当夹角减少时，交点距离会呈指数级增大。miterLimit 属性就是用来设定外延交点与连接点的最大距离，如果交点距离大于此值，连接效果会变成了 bevel。本例实现的主要代码如下：

```
var lineJoin = ['round','bevel','miter'];
    context.strokeStyle = '#09f';
    context.lineWidth = 10;
  for (var i=0;i<lineJoin.length;i++){
    context.lineJoin = lineJoin[i];
    context.beginPath();
    context.moveTo(-5,5+i*40);
    context.lineTo(35,45+i*40);
    context.lineTo(75,5+i*40);
    context.lineTo(115,45+i*40);
    context.lineTo(155,5+i*40);
    context.stroke();
```

5.4 实现图形的变形

5.4.1 坐标的变换

绘制图形的时候，我们可能经常会对绘制的图形进行变化，例如旋转。使用 canvas API 的坐标轴变换处理功能，可以实现这种效果。

如果对坐标轴使用变换处理，就可以实现图像的变形处理了。对坐标轴的变换处理，有如下三种方式。

● 平移

移动图形的位置主要是通过 translate 方法来实现的，该方法定义如下所示。

```
context. translate(x, y);
```

translate 方法使用两个参数——x 表示将坐标轴原点向左移动多少个单位，默认情况下为像素；y 表示将坐标轴原点向下移动多少个单位。

● 缩放

使用图形上下文对象的 scale 方法将图形缩放。该方法的定义如下所示。

```
context.scale(x,y);
```

scale 方法使用两个参数，x 是水平方向的放大倍数，y 是垂直方向的放大倍数。将图形缩小的时候，将这两个参数设置为 0 到 1 之间的小数就可以了，例如 0.5 是指将图形缩小一半。

● 旋转

使用图形上下文对象的 rotate 方法将图形进行旋转。该方法的定义如下所示。

```
context.rotate(angle);
```

rotate 方法接受一个参数 angle，angle 是指旋转的角度，旋转的中心点是坐标轴的原点。旋转是以顺时针方向进行的，要想逆时针旋转时，将 angle 设定为负数就可以了。

【例 5-13】下面通过实例来具体讲解一下如何利用坐标变换的方法绘制变形的图形。本例中首先绘制了一个矩形，然后在一个循环中反复使用平移坐标轴、图形的缩放、图形旋转这三个技巧，最后绘制出一个非常漂亮的变形图形。本实例运行效果如图 5-15 所示。（实例位置：光盘\MR\源码\第 5 章\5-13）

图 5-15　应用图形的平移、缩放、旋转绘制的变形效果

实现本例的主要代码如下：

```
function draw(id)
{
    var canvas = document.getElementById(id);
    if (canvas == null)
        return false;
    var context = canvas.getContext('2d');
    context.fillStyle = "#FFF";                     //设置背景色为白色
    context.fillRect(0, 0, 400, 300);              //创建一个画布
    // 图形绘制
    context.translate(200,50);
    context.fillStyle = 'rgba(255,0,0,0.25)';
    for(var i = 0;i < 50;i++)
    {
        context.translate(25,25);                  //图形向左、向下各移动 25
        context.scale(0.95,0.95);                  //图形缩放
        context.rotate(Math.PI / 10);             //图形旋转
        context.fillRect(0,0,100,50);
    }
}
```

5.4.2　矩阵变换

Canvas API 中可以使用坐标变换实现图形的变形。当利用坐标变换不能满足我们的需要时，还可以利用矩阵变换的技术。接下来，将介绍利用矩阵变换实现的变形技术。

在介绍矩阵变换之前，首先要介绍一下变换矩阵，这个矩阵是专门用来实现图形变形的，它与坐标一起配合使用，以达到变形的目的。当图形上下文被创建完毕时，事实上也创建了一个默认的变换矩阵。如果不对这个变换矩阵进行修改，那么接下来绘制的图形将以画布的最左上角的坐标原点绘制图形。绘制出来的图形也可以再经过缩放、变形的处理，但是如果对这个变换矩阵进行修改，那么情况将会发生变化。

使用图形上下文对象的 transform 方法修改变换矩阵，该方法的定义如下所示。

```
context.transform(m11, m12, m21, m22, dx, dy);
```

该方法使用一个新的变换矩阵与当前变换矩阵进行乘法运算，该变换矩阵的形式如下所示。

```
m11 m21 dx
m12 m22 dy
0     0   1
```

其中 m11，m21，m12，m22 四个参数用来修改使用这个方法之后绘制图形时的计算方法，以达到变形目的。dx 与 dy 参数移动坐标原点，dx 表示将坐标原点在 x 轴上向右移动 x 个单位，dy 表示将坐标原点在 y 轴上向下移动 y 个单位。默认情况下以像素为单位。

想要了解 m11，m21，m12，m22 四个参数是如何修改变形矩阵以达到变形目的的，就需要掌握矩阵乘法的有关知识。这里由于篇幅有限我们不具体讲述关于矩阵乘法的有关知识，下面将通过几个实例来介绍一下矩形变阵的工作原理。

首先，上一节使用坐标变换进行图像变形的技术中所提到的三个方法，实际上都是隐式地修改了变换矩阵，都可以使用 transform 方法来进行代替：

- translate(x,y)

可以使用 context.transform(1,0,0,1,x,y)或 context.transform(0,1,1,0,x,y)方法进行代替，前面四个参数（1,0,0,1,x,y）或者（0,1,1,0,x,y）表示不对图形进行缩放操作，将 dx 设为 x 表示将坐标原点向右移动 x 个单位，dy 设为 y 表示将坐标原点向下移动 y 个单位。

- scale(x,y)

可以使用 context.transform(x,0,0,y,0,0)或 context.transform(0,y,x,0,0,0)方法进行代替，前面四个参数（x,0,0,y,0,0）或（0,y,x,0,0,0）表示将图形横向扩大 x 倍，纵向扩大 y 倍。dx,dy 为 0 表示不移动坐标原点。

- rotate(x,y)

替换方法如下所示。

```
context.transform(Math.cos(angle*Math.PI/180),
    Math.sin(angle*Math.PI/180),
    -Math.sin(angle*Math.PI/180),
    Math.cos(angle*Math.PI/180),0,0);
```

或者

```
context.transform(-Math.sin(angle*Math.PI/180),
    Math.cos(angle*Math.PI/180),
    Math.cos(angle*Math.PI/180),
    Math.sin(angle*Math.PI/180),0,0);
```

其中前面四个参数以三角函数的形式结合起来，共同完成图形按 angle 角度的顺时针旋转处理，dx，dy 为 0 表示不移动坐标原点。

【例 5-14】下面通过实例来看一下 transform 方法的工作原理。在该实例中，用循环的方法绘制了几个圆弧，圆弧的大小与位置均不变，只是使用了 transform 方法让坐标原点每次向下移动 10 个像素，使得绘制出来的圆弧相互重叠，然后对圆弧设置七彩颜色，使这些圆弧的外观达到彩虹的效果。本实例运行效果如图 5-16 所示。（实例位置：光盘\MR\源码\第 5 章\5-14）

其实现的主要代码如下：

```
function draw(id)
{
    var canvas = document.getElementById(id);
    var context = canvas.getContext('2d');
    /* 定义颜色 */
    var colors = ["red", "orange", "yellow", "green", "blue", "navy", "purple"];
```

```
/* 定义线宽*/
context.lineWidth = 10;
context.transform(1, 0, 0, 1, 100,0)
/*循环绘制圆弧*/
for( var i=0; i<colors.length; i++ )
{
    /* 定义每次向下移动 10 个像素的变换矩阵 */
    context.transform(1, 0, 0, 1, 0, 10);
    /* 设定颜色 */
    context.strokeStyle = colors[i];
    /* 绘制圆弧 */
    context.beginPath();
    context.arc(50, 100, 100, 0, Math.PI, true);
    context.stroke();
}
}
```

图 5-16　transform 方法实现的彩虹

使用 transform 方法后，接下来要绘制的图形都会按照移动后的坐标原点与新的变换矩阵相结合的方法进行计算。必要时可以使用 setTransform 方法将变换矩形进行重置，setTransform 方法定义如下所示。

```
context.setTransform(m11, m12, m21, m22, dx, dy);
```

setTransform 方法的参数及参数的用法与 transform 相同，事实上，该方法的作用为将画布上的最左上角重置为坐标原点，当图形上下文创建完毕时将所创建的初始变换矩阵设置为当前变换矩阵，然后使用 transform 方法。

【例 5-15】 下面通过实例来了解一下 setTransform 的具体的使用方法。在该实例中首先创建一个红色边框的长方形，然后将该长方形顺时针旋转 45°，绘制出一个新的长方形，并且绘制其边框为绿色，然后将红色长方形扩大 2.5 倍绘制新的长方形，边框为蓝色，最后在红色长方形右下方绘制同样大小的长方形，边框为灰色。本实例运行效果如图 5-17 所示。（实例位置：光盘\MR\源码\第 5 章\5-15）

图 5-17　使用 setTransform 方法绘制变形图形

其实现的主要代码如下：

```
function draw(id)
{
    var canvas = document.getElementById(id);
    var context = canvas.getContext('2d');
    /* -------------绘制红色长方形-------- */
    context.strokeStyle = "red";
    context.strokeRect(30, 10, 60, 20);
    /* -----绘制顺时针旋转 45° 后的蓝色长方形------ */
    var rad = 45 * Math.PI / 180;    //绘制 45° 圆弧
  context.setTransform(Math.cos(rad), Math.sin(rad), -Math.sin(rad),
Math.cos(rad), 0, 0);        //定义顺时针旋转 45° 的变换矩阵
    /* -----------绘制图形---- */
    context.strokeStyle = "blue";
    context.strokeRect(30, 10, 60, 20);
    /* ------绘制放大 2.5 倍后的绿色长方形-------- */
    context.setTransform(2.5, 0, 0, 2.5, 0, 0);         //定义放大 2.5 倍的变换矩阵
    /* 绘制图形 */
    context.strokeStyle = "green";
    context.strokeRect(30, 10, 60, 20);
    /* 将坐标原点向右移动 40 像素，向下移动 80 像素后绘制灰色长方形*/
    context.setTransform(1, 0, 0, 1, 40, 80);
                            //定义将坐标原点向右移动 40 像素，向下移动 80 像素的矩阵
    /* 绘制图形 */
    context.strokeStyle = "gray";
    context.strokeRect(30, 10, 60, 20);
}
```

5.5　绘制渐变图形

5.5.1　绘制线性渐变

前面讲过，可以使用 fillStyle 方法在填充时指定填充的颜色。使用该方法，除了指定颜色之外，还可以用来指定填充的对象。

渐变是指在填充时从一种颜色慢慢过渡到另外一种的颜色。渐变分为几种，下面先介绍一下最简单的两点之间的线性渐变。

绘制线性渐变时，需要使用到 LinearGradient 对象。使用图像上下文对象的 createLinearGradient 方法创建该对象。该方法的定义如下所示。

```
context.createLinearGradient(xStart,yStart,xEnd,yEnd);
```

该方法使用四个参数，xStart 为渐变起始地点的横坐标，yStart 为渐变起始地点的纵坐标，xEnd 为渐变结束地点的横坐标，yEnd 为渐变结束地点的纵坐标。

通过使用该方法，创建了一个使用两个坐标点的 LinearGradient 对象。那么，渐变的颜色该怎么设定呢？在 LinearGradient 对象后，使用 addColorStop 方法进行设定，该方法的定义如下所示。

```
context. addColorStop(offset,color);
```
　　使用这个方法可以追加渐变的颜色。该方法使用两个参数——offset 和 color。Offset 为所设定的颜色离开渐变起始点的偏移量。该参数的值是一个范围在 0 到 1 之间的浮点值，渐变起始点的偏移量为 0，渐变结束点的偏移量为 1。

　　【例 5-16】下面通过一个简单的线性渐变的实例来介绍一下绘制渐变的步骤和原理，该实例是由上到下，由黑色渐变到白色的线性渐变。其具体的实现步骤如下所示。(实例位置：光盘\MR\源码\第 5 章\5-16)

　　(1)创建一个像素为 150 的，由上到下的线性渐变。实现的代码如下：
```
var lingrad = context.createLinearGradient(0,0,0,150);
```
　　(2)设置了渐变对象后，接下来就是定义渐变的颜色了。一个渐变可以有两种或更多种的色彩变化。沿着渐变方向颜色可以在任何地方变化。要增加一种颜色变化，需要指定它在渐变中的位置。渐变位置可以在 0 和 1 之间任意取值。本例中定义一个渐变，色调从黑到白过渡，实现的代码如下：
```
lingrad.addColorStop(0, 'black');
lingrad.addColorStop(1, 'white');
```
　　(3)定义了一种渐变后，它只是保存在内存当中，而不会直接在 canvas 上画出任何东西。要让颜色渐变产生实际效果，就需要为这个渐变对象设置图形的 fillStyle 属性，并绘制这个图形，例如画一个矩形或直线。其实现的主要代码如下：
```
context.fillStyle = lingrad;
context.fillRect(10,10,130,130);
```
　　本例中绘制的线性渐变，运行效果如图 5-18 所示。

图 5-18　由上到下的线性渐变

5.5.2　绘制径向渐变

　　使用 canvas API，除了可以绘制线性渐变之外，还可以绘制径向渐变。径向渐变是指沿着圆形的半径方向向外进行扩散的渐变方式。譬如在绘制太阳时，沿着太阳的半径方向向外扩散出去的光晕，就是一种径向渐变。

　　使用图形上下文对象的 createLinearGradient 方法绘制径向渐变，该方法的定义如下所示。
```
context.createRadialGradient(xStart,yStart,radiusStart,xEnd,yEnd,radiusEnd);
```
　　该方法使用六个参数，xStart 为渐变开始圆的圆心横坐标，yStart 为渐变开始圆的圆心纵坐标，radiusStart 为开始圆的半径，xEnd 为渐变结束圆的圆心横坐标，yEnd 为渐变结束圆的坐标，radiusEnd 为结束圆的半径。

在这个方法中，分别指定了两个圆的大小与位置。从第一个圆的圆心处向外进行扩散渐变，一直扩散到第二个圆的外轮廓处。

在设定颜色时，与线性渐变相同，使用的是 addColorStop 方法进行设定。同样是需要设定 0 到 1 之间的浮点数来作为渐变转折点的偏移量。

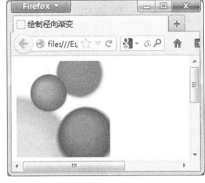

【例 5-17】下面来看一个绘制径向渐变的例子。本例中定义了 4 个不同的径向渐变，设置渐变起点使其稍微偏离终点，并且 4 个径向渐变效果的最后一个色标都是透明色。这样就能制造出球状 3D 效果。本例运行效果如图 5-19 所示。（实例位置：光盘\MR\源码\第 5 章\5-17）

图 5-19　绘制径向渐变产生的类似 3D 效果

实现本例的主要代码如下：

```
function draw(id) {
    var context = document.getElementById('canvas').getContext('2d');
    var radgrad = context.createRadialGradient(45,45,10,52,50,30);
        radgrad.addColorStop(0, '#A7D30C');
        radgrad.addColorStop(0.9, '#019F62');
        radgrad.addColorStop(1, 'rgba(1,159,98,0)');
    var radgrad2 = context.createRadialGradient(105,105,20,112,120,50);
        radgrad2.addColorStop(0, '#FF5F98');
        radgrad2.addColorStop(0.75, '#FF0188');
        radgrad2.addColorStop(1, 'rgba(255,1,136,0)');
    var radgrad3 = context.createRadialGradient(95,15,15,102,20,40);
        radgrad3.addColorStop(0, '#00C9FF');
        radgrad3.addColorStop(0.8, '#00B5E2');
        radgrad3.addColorStop(1, 'rgba(0,201,255,0)');
    var radgrad4 = context.createRadialGradient(0,150,50,0,140,90);
        radgrad4.addColorStop(0, '#F4F201');
        radgrad4.addColorStop(0.8, '#E4C700');
        radgrad4.addColorStop(1, 'rgba(228,199,0,0)');
    context.fillStyle = radgrad4;
    context.fillRect(0,0,150,150);
    context.fillStyle = radgrad3;
    context.fillRect(0,0,150,150);
    context.fillStyle = radgrad2;
    context.fillRect(0,0,150,150);
    context.fillStyle = radgrad;
    context.fillRect(0,0,150,150);
}
```

5.6　绘制阴影和组合图形

5.6.1　绘制阴影

在 HTML5 中，使用 canvas 元素可以给图形添加阴影效果。添加阴影效果时，只需利用图形上下文对象的几个关于阴影绘制的属性即可，这些属性如下：

- shadowOffsetX——阴影的横向位移量

- shadowOffsetY——阴影的纵向位移量
- shadowBlur——阴影的模糊范围
- shadowColor——阴影的颜色

shadowOffsetX 和 shadowOffsetY 用来设定阴影在 X 轴和 Y 轴的延伸距离，它们是不受变换矩阵所影响的。负值表示阴影会往上或左延伸，正值则表示会往下或右延伸，他们默认都是 0。

shadowBlur 用于设定阴影的模糊程度，它表示图形阴影边缘的模糊范围。如果不希望阴影的边缘太清晰，需要将阴影的边缘模糊化时可以使用该属性。设定该属性值时必须要设定为比 0 大的数字，否则将被忽略。一般设定在 0 至 10 之间，开发时可以根据情况调整这个数值，以达到满意效果。

shadowColor 用于设定阴影效果的延伸，值可以是标准的 CSS 颜色值，默认是全透明的黑色。

【例 5-18】 下面这个实例绘制了带阴影效果的文字。本例运行效果如图 5-20 所示。（实例位置：光盘\MR\源码\第 5 章\5-18）

图 5-20　给文字绘制阴影的效果

本例实现的主要代码如下：

```
function draw(id) {
    var context = document.getElementById('canvas').getContext('2d');
        context.shadowOffsetX = 2;
        context.shadowOffsetY = 2;
        context.shadowBlur = 2;
        context.shadowColor = "rgba(0, 0, 0, 0.5)";
        context.font = "20px Times New Roman";
        context.fillStyle = "Black";
        context.fillText("mingrisoft", 5, 30);
}
```

5.6.2　绘制组合图形

在前面的实例中，我们看到使用 Canvas API 可以将一个图形重叠绘制在另一个图形上面，但图形中能够被看到的部分完全取决于以哪种方式进行组合，这时，我们需要使用到 Canvas API 的图形组合技术。

在 HTML5 中，只要用图形上下文对象的 globalCompositeOperation 属性就能自己决定图形的组合方式了，使用方法如下所示。

```
context. globalCompositeOperation = type;
```

下面将以图形组合的方式，来说明 type 值的字符串表现形式。type 的值必须是下面几种字符串之一：

在下面的图形中，黑色方块是先绘制的，即"已有的 canvas 内容"，灰色圆形是后面绘制的，即"新图形"。

- source-over

这是默认设置，表示新图形会覆盖在原有图形之上。效果如下图所示。

● destination-over

表示会在原有图形之下绘制新图形。效果如下图所示。

 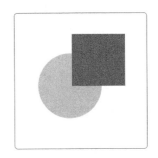

● source-in

新图形会仅仅出现与原有图形重叠的部分。其他区域都变成透明的。效果如下图所示。

● destination-in

原有图形中与新图形重叠的部分会被保留，其他区域都变成透明的。效果如下图所示。

● source-out

只有新图形中与原有内容不重叠的部分会被绘制出来。效果如下图所示。

● destination-out

原有图形中与新图形不重叠的部分会被保留。效果如下图所示。

● source-atop

只绘制新图形中与原有图形重叠的部分与未被重叠覆盖的原有图形，新图形的其他部分变成透明。效果如下图所示。

● destination-atop

只绘制原有图形中被新图形重叠覆盖的部分与新图形的其他部分，原有图形中的其他部分变成透明，不绘制新图形中与原有图形相重叠的部分。效果如下图所示。

 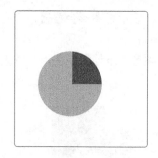

- lighter

两图形中重叠部分作加色处理。效果如下图所示。

- darker

两图形中重叠的部分作减色处理。效果如下图所示。

 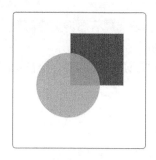

- xor

重叠的部分会变成透明。效果如下图所示。

- copy

只有新图形会被保留，其他都被清除掉。效果如下图所示。

5.7 绘 制 文 字

在 HTML5 中，可以在 Canvas 画布中进行文字的绘制，同时也可以指定绘制文字的字体、大小、对齐方式等，还可以进行文字的纹理填充等。

绘制文字时可以使用 fillText 方法或 strokeText 方法。

fillText 方法用填充方式绘制字符串，该方法的定义如下所示。

```
void fillText(text,x,y,[maxWidth]);
```

该方法接受四个参数，第一个参数 text 表示要绘制的文字，第二个参数 x 表示绘制文字的起点横坐标，第三个参数 y 表示绘制文字的起点纵坐标，第四个参数 maxWidth 为可选参数，表示显示文字时的最大宽度，可以防止文字溢出。

strokeText 方法用轮廓方式绘制字符串，该方法的定义如下所示。

```
void stroke text(text,x,y,[maxWidth]);
```

该方法参数功能与 fillText 方法相同。

在使用 Canvas API 来进行文字的绘制之前，先对该对象的有关文字绘制的属性进行设置，主要有如下几个属性：

- font 属性：设置文字字体。
- textAlign 属性：设置文字水平对齐方式，属性值可以为 start、end、left、right、center。默认值为 start。
- textBaseline 属性：设置文字垂直对齐方式，属性值可以为 top、hanging、middle、alphabetic、ideographic、bottom。默认值为 alphabetic。

【例 5-19】下面应用 fillText 方法和 strokeText 方法来绘制一句欢迎语，通过对比看一下两种方法设置字体样式的区别。本例运行效果如图 5-21 所示。（实例位置：光盘\MR\源码\第 5 章\5-19）

图 5-21　应用 fillText 方法和 strokeText 方法绘制文字

实现的代码如下：

```
<script >
function draw(id)
{
    var canvas = document.getElementById(id);
    if (canvas == null)
        return false;
    var context=canvas.getContext('2d');
    context.fillStyle= '#00f';
    context.font= 'italic 30px sans-serif';
    context.textBaseline = 'top';
    //填充字符串
    context.fillText  ('明日科技欢迎你', 0, 0);
    context.font='bold  30px sans-serif';
    //轮廓字符串
    context.strokeText('明日科技欢迎你', 0, 50);
}
</script>
```

5.8　应 用 图 像

5.8.1　绘制图像

在 HTML5 中，不仅可以使用 canvas API 来绘制图形，还可以读取磁盘或网络中的图像文件，然后使用 canvas API 将图像绘制在画布中。

绘制图像时，需要使用 drawImage 方法，该方法的定义如下所示。

```
drawImage(image, x, y);
drawImage(image, x, y, width, height);
drawImage(image, sx, sy, sWidth, sHeight, dx, dy, dWidth, dHeight)
```

第一种方法只使用三个参数，第一个参数可以是一个 img 元素、一个 video 元素或者一个 JavaScript 中的 image 对象，使用该参数代表的实际对象来装载图像文件。x 与 y 为绘制时该图像在画布中的起始坐标。

第二种方法中前三个参数的使用方法与第一种方法中的使用方法一样，width、 height 是指绘制时的图像的宽度与高度。使用第一种方法绘制出来的图像与原图大小相同，而使用第二种方法可以用来进行图像缩放。

第三种方法可以用来将画布中已绘制的图像的全部或者局部区域复制到画布中的另一个位置上。该方法使用九个参数，image 仍然代表被复制的图像文件，sx 与 sy 分别表示源图像的被复制区域在画布中的起始横坐标与起始纵坐标，sWidth 与 sHeight 表示被复制区域的宽度与高度，dx 与 dy 表示复制后的目标图像在画布中的起始横坐标与起始纵坐标，dWidth 与 dHeight 表示复制后的目标图像的宽度与高度。该方法可以只复制图像的局部，只要将 sx 与 sy 设为局部区域的起始点坐标，将 sWidth 与 sHeight 设为局部区域的宽度与高度就可以了。该方法也可以用来将源图像进行缩放，只要将 dWidth 与 dHeight 设为缩放后的宽度与高度就可以了。

绘制图像时首先使用不带参数的 new 方法创建 image 对象，然后设定该 image 对象的 src 属性为需要绘制的图像文件的路径，具体代码如下：

```
image=new Image();
image.src="image.jpg";                 //设置图像路径
```

然后就可以使用 drawImage 方法绘制该图像文件了。

事实上，即使设定好 Image 对象的 src 属性后，也不一定立刻就能把图像绘制完毕，譬如有时该图像文件是一个来源于网络的比较大的图像文件，这时用户就要有足够的耐心等待图像全部装载完毕才能看见该图像了。

这种情况下，只要使用如下所示的方法，来解决这个问题。

```
image.onload=function(){绘制图像的函数}
```

在 image 对象的 onload 事件中同步执行绘制图像的函数，就可以一边装载一边绘制了。

【例 5-20】 下面通过实例来具体看一下如何应用上述方法装载图像，并绘制图像。在本例中使用与页面同一个目录中的图像文件 imagemr.jpg 进行装载，在一个循环中将同一图像文件绘制在画布的不同位置上。本例运行效果如图 5-22 所示。（实例位置：光盘\MR\源码\第 5 章\5-20）

在实现本例的代码中，首先使用 new Iamge 创建 Iamge 对象，然后指定该 Iamge 对象的图像文件路径，然后使用 onload 方法装载图像，在装载的同时进行绘制。其实现的主要代码如下：

```
function draw(id)
{
    var canvas = document.getElementById(id);
    var context = canvas.getContext('2d');
    context.fillStyle = "red";
    context.fillRect(0, 0, 400, 300);
    image = new Image();
    image.src = "imagemr.jpg";
    image.onload = function()
```

```
    {
        drawImg(context,image);
    };
}
function drawImg(context,image)
{
    for(var i = 0;i < 7;i++)
        context.drawImage(image,0 + i * 50,0 + i * 25,100,100);
}
```

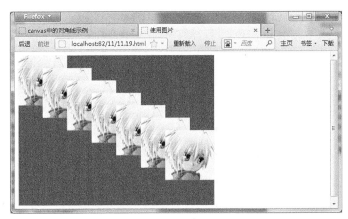

图 5-22　在画布的不同位置装载图片

5.8.2　图像的局部放大

当我们装载完图像以后，想对图像的某一部分进行局部放大时，可以使用如下方法实现。

```
drawImage(image, sx, sy, sWidth, sHeight, dx, dy, dWidth, dHeight);
```

【例 5-21】 下面通过一个实例来具体讲解该方法是如何实现图像的局部放大的。本例中将卡通人物的头部放大。本例运行效果如图 5-23 所示。（实例位置：光盘\MR\源码\第 5 章\5-21）

图 5-23　图像的局部放大效果

本例实现的主要代码如下：

```
function draw(id)
{
    var canvas = document.getElementById(id);
    if (canvas == null)
        return false;
```

```
    var context = canvas.getContext('2d');
    context.fillStyle = "red";
    context.fillRect(0, 0, 400, 300);
    image = new Image();
    image.src = "imagemr.jpg";
    image.onload = function()
    {
        drawImg(context,image);
    };
}
function drawImg(context,image)
{
    var i=0;
    //首先调用该方法绘制原始图像
    context.drawImage(image,0,0,100,100);
    //绘制将局部区域进行放大后的图像
    context.drawImage(image,23,5,57,90,110,0,100,100);
}
```

5.8.3　图像平铺

在讲到绘制图像的时候，有一个非常重要的功能，就是图像平铺技术。所谓图像平铺就是用按一定比例缩小后的图像将画布填满，有两种方法可以实现该技术，一种是使用前面所介绍的 drawImage 方法，另一种是使用图形上下文对象的 createPattern 方法，该方法定义如下所示。

```
context.createPattern(image,type);
```

该方法使用两个参数，image 参数为要平铺的图像，type 参数的值必须是下面的字符串之一：

- no-repeat：不平铺
- repeat-x：横方向平铺
- repeat-y：纵方向平铺
- repeat：全方向平铺

【例 5-22】 下面分别用两种不同的方法来实现图像的平铺，以此来看一下两种方法的不同之处。先来看一下使用 drawImage 方法实现的图像平铺的主要代码如下：（实例位置：光盘\MR\源码\第 5 章\5-22）

```
function draw(id)
{
    var image = new Image();
    var canvas = document.getElementById(id);
    var context = canvas.getContext('2d');
    image.src = "imagemr.jpg";
    image.onload = function()
    {
        drawImg(canvas,context,image);
    };
}
function drawImg(canvas,context,image)
{
    //平铺比例
    var scale=1
    //缩小后图像宽度
    var n1=image.width/scale;
    //缩小后图像高度
    var n2=image.height/scale;
```

```
//平铺横向个数
var n3=canvas.width/n1;
//平铺纵向个数
var n4=canvas.height/n2;
for(var i=0;i<n3;i++)
    for(var j=0;j<n4;j++)
     context.drawImage(image,i*n1,j*n2,n1,n2);
}
```

从上面的代码中，可以看出使用 drawImage 方法需要使用到几个变量以及循环处理，处理的方法相对来说复杂一些。

接下来看一下使用图形上下文对象的 createPattern 方法，实现的图像平铺的实例代码，如下所示。

```
function draw(id)
{
    var image = new Image();
    var canvas = document.getElementById(id);
    if (canvas == null)
        return false;
    var context = canvas.getContext('2d');
    image.src = "imagemr.jpg";
    image.onload = function()
    {
        //创建填充样式，全方向平铺
        var ptrn = context.createPattern(image,'repeat');
        //指定填充样式
        context.fillStyle = ptrn;
        //填充画布
        context.fillRect(0,0,400,300);
    };
}
```

从上述代码中可以看出，使用图形上下文对象的 createPattern 方法实现的图像的平铺相对来说比较简单。只需要简单的几步就可以轻松完成，实现步骤如下；

首先，创建 image 对象并指定图像文件后，使用 createPattern 方法创建填充样式。

其次，将该样式指定给图形上下文对象的 fillStyle 属性。

最后，再填充画布，就可以看到重复填充的效果了。

使用 drawImage 方法和使用 createPattern 方法实现本例的运行效果是一致的，运行效果如图 5-24 所示。

图 5-24　图像的平铺实例

5.8.4　图像裁剪

使用 canvas 绘制图像的时候，有时需要对图像实现裁剪，剪去多余的内容，这时只要使用 canvas API 自带的图像裁剪功能就可以实现图像的裁剪。

canvas API 的图像裁剪功能是指，在画布内使用路径，只绘制该路径所包括区域内的图像，不绘制路径外部的图像。

使用图形上下文对象的不带参数的 clip 方法来实现 canvas 元素的图像裁剪功能。该方法使用路径来对 canvas 画布设置一个裁剪区域。因此，必须先创建好路径。路径创建完成后，调用 clip 方法设置裁剪区域。

5.8.5　处理像素

在 HTML5 中使用 canvas API 所能够做到的图像处理技术中，还有一个更让人惊讶的技术就是像素处理技术。使用 canvas API 能够获取图像中的每一个像素，然后得到该像素颜色的 rgb 值或 rgba 值。

使用图像上下文对象的 getImageData 方法来获取图像中的像素，该方法的定义如下所示。

```
var imagedata = context.getImageData(sx,sy,sw,sh);
```

该方法使用四个参数，sx、sy 分别表示所获取区域的起点横坐标、起点纵坐标，sw、sh 分别表示所获取区域的宽度和高度。

Imagedata 变量是一个 CanvasPixelArray 对象，具有 height，width，data 等属性。data 属性是一个保存像素数据的数组，内容类似于 "[r1,g1,b1,a1, r2,g2,b2,a2, r3,g3,b3,a3,…]"，其中。r1,g1,b1,a1 为第一个像素的红色值，绿色值，蓝色值，透明值。r2,g2,b2,a2 分别为第二个像素的红色值，绿色值，蓝色值，透明值，依此类推。data.length 为所取得像素的数量。

使用 canvas API 获取图像中所有像素的方法如下代码所示。

```
var context = canvas.getContext('2d');
var image = new Image();
image.onload = function()
{
var.imagedata;
context.drawImage(image,0,0);
imagedata = context.getImageData(0,0,image.width,image.height);
};
```

取得了这些像素以后，就可以对这些像素进行处理了，例如可以进行蒙版处理，面部识别等较复杂的图像处理操作。

【例 5-23】　下面给出一个用 canvas API 将图像进行反相操作的示例。（实例位置：光盘\MR\源码\第 5 章\5-23）

所谓的反相操作就是反转图像中的颜色。在对图像进行反相时，通道中每个像素的亮度值都会转换为 256 级颜色值标度上相反的值。例如，原图像中值为 255 的像素会被转换为 0，值为 5 的像素会被转化为 250。在该实例中在得到像素数组后，将该数组中每个像素的颜色进行了反相操作后的图像重新绘制在画布上。该方法的定义如下所示。

```
context.putImageData(imagedata,dx,dy[,dirtyX,dirtyY,dirtyWidth, dirtyHeight]);
```

该方法使用七个参数，imagedata 为前面所述的像素数组，dx、dy 分别表示重绘图像的起点横坐标，起点纵坐标，后面 dirtyX、dirtyY、dirtyWidth、 dirtyHeight 这四个参数为可选参数，给出一个矩形的起点横坐标、起点纵坐标、宽度与高度。如果加上这四个参数，则只绘制像素数组中这个矩形范围内的图像。本例的运行效果如图 5-25 所示。

图 5-25　图像的反相效果

本例实现的主要代码如下：

```
function draw(id)
{
    var canvas = document.getElementById(id);
    var context = canvas.getContext('2d');
    var  image = new Image();
    image.src = "imagemr.jpg";
    image.onload = function()
    {
    context.drawImage(image,0,0);
    var imagedata = context.getImageData(0,0,image.width,image.height);
    for(var i =0, n=imagedata.data.length;i<n;i+=4)
    {
      imagedata.data[i+0]=255-imagedata.data[i+0];   //红色
      imagedata.data[i+1]=255-imagedata.data[i+2];   //绿色
      imagedata.data[i+2]=255-imagedata.data[i+1];   //蓝色
    }
    context.putImageData(imagedata,0,0);
    } ;
}
```

5.9　保存与恢复状态

save 和 restore 方法是用来保存和恢复 canvas 状态的，都没有参数。分别保存与恢复图形上下文的当前绘画状态。这里的绘画状态指前面所讲的坐标原点、变形时的变化矩阵，以及图形上下文对象的当前属性值等很多内容。在需要保存与恢复当前状态时，首先调用 save 方法将当前状态保存到栈中，在完设置的操作后，在调用 restore 从栈中取出之前保存的图形上下文的状态进行恢复。通过这种方法，可以对之后绘制的图像取消裁剪区域。

保存与恢复可以应用到以下场合：

- 图像或图形变形
- 图像裁剪
- 改变图形上下文的以下属性的时候：strokeStyle, fillStyle, globalAlpha, lineWidth, lineCap, lineJoin, miterLimit, shadowOffsetX, shadowOffsetY, shadowBlur, shadowColor, globalCompositeOperation

5.10　文件的保存

在画布上绘制完成一幅图形或图像后，想要对绘制的作品进行保存时，使用 Canvas API 就可以完成保存了。

Canvas API 保存文件的原理实际上是把当前的绘画状态输出到一个 data URL 地址所指向的数据中的过程，所谓 data URL，是指目前大多数浏览器能够识别的一种 base64 位编码的 URL，主要用于小型的、可以在网页中直接嵌入，而不需要从外部文件嵌入的数据，譬如 img 元素中的图像文件等。data URL 的格式类似于"data:image/png;base64,iVBORw0KGgoAAAANSUhEUgAAAAoAAAAK…etc"，它目前得到了大多数浏览器的支持。

Canvas API 使用 toDataURL 方法把绘画状态输出到一个 data URL 中。

toDataURL 的使用方法如下所示。

```
canvas.toDataURL(type);
```

该方法使用一个参数 type，表示要输出数据的 MIME 类型。

【例 5-24】 下面是一个使用 Canvas API 将图像输出到 data URL 的实例。实例运行效果如图 5-26 所示。（实例位置：光盘\MR\源码\第 5 章\5-24）

图 5-26　使用 Canvas API 将图像输出到 data URL 的实例

实现的代码如下：

```
function draw(id)
{
    var canvas = document.getElementById(id);
    var context = canvas.getContext('2d');
    context.fillStyle = "rgb(0, 0, 255)";
    context.fillRect(0, 0, canvas.width, canvas.height);
    context.fillStyle = "rgb(0, 255, 0)";
    context.fillRect(10, 20, 50, 50);
    window.location =canvas.toDataURL("image/jpeg");
}
```

5.11　使用画布绘制动画

由于是用脚本操控 canvas 对象实现动画，要实现一些交互就是相当容易的。只不过，canvas 从来都不是专门为动画而设计的（不像 Flash），这样难免会有些限制。可能最大的限制就是图像一且绘制出来，它就是一直保持那样了。如果需要移动它，我们不得不对所有东西（包括之前的）进行重绘了。

使用画布绘制实现动画的步骤如下：

（1）预先编写好用来绘图的函数，在该函数中先用 clearRect 方法将画布整体或局部擦除。

（2）使用 setInterval 方法设置动画的间隔时间。

setInterval 方法为 HTML 中固有的方法，该方法接受两个参数，第一个参数表示执行动画的函数，第二个参数为时间间隔，单位为毫秒。

在比较复杂的情况下，我们也可以在清除与绘制动画当中插入当前绘制状态的保存与恢复，变成擦除——保存绘制状态——进行绘制——恢复状态的过程。

【例 5-25】下面根据上面的步骤，使用 Canvas API 绘制简单动画示例，该实例将绘制一个蓝色小方块，使其在画布中从左向右缓慢移动。实例运行效果如图 5-27 所示。（实例位置：光盘\MR\源码\第 5 章\5-25）

图 5-27　在画布上绘制的移动小方块

其运行的主要代码如下：

```
var context;
var width,height;
var i;
function draw(id)
{
    var canvas = document.getElementById(id);
    if (canvas == null)
        return false;
    context = canvas.getContext('2d');
 width=canvas.width;
 height=canvas.height;
    i=0;
    setInterval(rotate,100);                    //十分之一秒
}
function rotate()
{
    context.clearRect(0,0,width,height);
    context.fillStyle = "blue";
    context.fillRect(i, 0, 20, 20);
    i=i+20;
}
```

5.12　综合实例——绘制桌面时钟

本节中将综合本章所讲的 canvas API 知识，制作一个桌面时钟。在制作桌面时钟时，应用了图形的路径、变形以及动画制作等。下面将对本实例逐步进行讲解，效果如图 5-28 所示。

图 5-28　桌面时钟

程序开发步骤如下：

（1）在 body 的属性中，使用了 onload="time('canvas');"语句。调用脚本文件中的 time 函数进行图形描画。

（2）使用 setInterval 方法设置动画的时间间隔，同时调用 clock 方法，执行动画。代码如下：

```
function time(){
  clock();
  setInterval(clock,1000); //调用 clock 函数执行动画操作，千分之一秒
}
```

（3）在 clock 方法中，首先实例化时间对象。代码如下：

```
var now = new Date();                 //实例化对象
```

（4）用 document.getElementById 方法取得 canvas 对象。代码如下：

```
var context = document.getElementById('canvas').getContext('2d');
```

（5）先对要绘制的操作进行保存，然后使用 clearRect 方法将画布擦除。接着通过变形操作，设置表盘上用于表示显示时间小线段的样式。实现的代码如下：

```
context.save();                       //保存当前状态
context.clearRect(0,0,150,150);       //擦除画布
context.translate(75,75);             //向左，向下平移 75 个单位
context.scale(0.4,0.4);               //图形缩放 0.4
context.rotate(-Math.PI/2);           //逆时针旋转 90 度
context.strokeStyle = "black";        //设置图形边框的样式颜色为黑色
context.fillStyle = "white";          //填充颜色为白色
context.lineWidth = 8;                //设置线宽为 8
context.lineCap = "round";            //线段端为默认的圆形
```

（6）通过 for 循环设置表示时间段的循环绘制，创建绘制的路径，按照设定的角度绘制表示小时时间段的线段。实现的代码如下：

```
context.save();                       //保存当前状态
  for (var i=0;i<12;i++){             //通过 for 循环设置表盘的小时时间隔
   context.beginPath();               //创建设置小时的路径
   context.rotate(Math.PI/6);         //顺时针旋转 30 度
   context.moveTo(100,0);             //将当前位置移动到指定的位置
   context.lineTo(120,0);
   context.stroke();                  //绘制时钟小时的时间隔
 }
```

（7）通过 for 循环设置表示时间段的循环绘制，创建绘制的路径，按照设定的角度绘制分的时间间隔线段。实现的代码如下：

```
context.save();
  context.lineWidth = 5;
  for (i=0;i<60;i++){                 //通过 for 循环设置表盘的分钟间隔
   if (i%5!=0) {                      //通过 if 语句判断结果，如果相除结果不为 0，则继续执行循环
     context.beginPath();             //创建设置分钟的路径
```

```
        context.moveTo(117,0);
        context.lineTo(120,0);
        context.stroke();
    }
    context.rotate(Math.PI/30);          //顺时针旋转 6 度
  }
  context.restore();
```

（8）设置秒钟、分钟、小时的时间变量，同时利用三元运算符，判断小时数，如果小时大于 12，进行 hr-12 的运算，实现的代码如下：

```
    var sec = now.getSeconds();          //设置秒钟时间变量
    var min = now.getMinutes();          //设置分钟时间变量
    var hr  = now.getHours();            //设置小时时间变量
    hr = hr>=12 ? hr-12 : hr;
```

（9）下面开始绘制表盘上的指针，首先绘制的时针的指针，实现的代码如下：

```
context.save();
context.rotate( hr*(Math.PI/6) + (Math.PI/360)*min + (Math.PI/21600)*sec );
context.lineWidth = 14;
context.beginPath();
context.moveTo(-20,0);
context.lineTo(80,0);
context.stroke();
context.restore();
```

（10）绘制表盘上分针的指针，代码如下：

```
context.save();
context.rotate( (Math.PI/30)*min + (Math.PI/1800)*sec );
context.lineWidth = 10;
context.beginPath();
context.moveTo(-28,0);
context.lineTo(112,0);
context.stroke();
context.restore();
```

（11）绘制表盘上秒针的指针，代码如下：

```
context.save();
context.rotate(sec * Math.PI/30);
context.strokeStyle = "#D40000";
context.fillStyle = "#D40000";
context.lineWidth = 6;
context.beginPath();
context.moveTo(-30,0);
context.lineTo(83,0);
context.stroke();
context.restore();
```

（12）当表盘的时间段和指针绘制完成以后，最后在表盘的外面绘制一个圆形的边框。代码如下：

```
context.beginPath();
context.lineWidth = 14;
context.strokeStyle = '#325FA2';
context.arc(0,0,142,0,Math.PI*2,true);
context.stroke();
context.restore();
```

知识点提炼

（1）Canvas 元素是 HTML5 中新增的一个重要元素，专门用来绘制图形。在页面上放置一个 canvas 元素，就相当于在页面上放置了一块"画布"，可以在其中进行图形的描绘。

（2）moveTo 方法的作用是将光标移动到指定坐标点，绘制直线的时候以这个坐标点为起点。

（3）lineTo 方法在 moveTo 方法中指定的直线起点与参数中指定的直线终点之间绘制一条直线。

（4）bezierCurveTo 方法是 lineTo 的曲线版，将从当前坐标点到指定坐标点中间的贝塞尔曲线追加到路径中。

（5）strokeStyle 是用于设置图形轮廓的颜色，而 fillStyle 用于设置填充颜色。

（6）通过设置 globalAlpha 属性或者使用一个半透明颜色作为轮廓或填充的样式来绘制透明或半透明的图形。

（7）渐变是指在填充时从一种颜色慢慢过渡到另外一种的颜色。

（8）径向渐变是指沿着圆形的半径方向向外进行扩散的渐变方式。

（9）在 HTML5 中使用 canvas API 所能够做到的图像处理技术中，还有一个更让人惊讶的像素处理技术。使用 canvas API 能够获取图像中的每一个像素，然后得到该像素颜色的 rgb 值或 rgba 值。

习　　题

5-1　简单描述 canvas 的主要作用。

5-2　简述使用路径绘制图形的一般步骤。

5-3　moveTo 方法与 lineTo 方法有什么区别？

5-4　对坐标的变换处理有哪几种方式？

5-5　渐变有几种形式，分别是什么？

5-6　如何在 HTML 中绘制阴影？

第6章
HTML5 中的多媒体

本章要点:

- video 元素与 audio 元素概述
- 如何在页面中添加 video 元素与 audio 元素
- video 元素与 audio 元素的属性
- video 元素与 audio 元素的方法
- video 元素与 audio 元素的事件
- 如何捕捉 video 元素与 audio 元素的事件

在 HTML5 出现之前,要在网络上展示视频、音频、动画,除了使用第三方自主开发的播放器之外,使用最多的工具应该是 flash 了,但是它们都需要在浏览器中安装插件才能使用,但是有时速度很慢。HTML5 的出现解决了这个问题。在 HTML5 中,提供了音频视频的标准接口,通过 HTML5 中的相关技术,视频、动画、音频等多媒体播放再也不需要安装插件了,只要一个支持 HTML5 的浏览器就可以了。

6.1 HTML5 页面中的多媒体

在 HTML5 中,新增了两个元素——video 元素与 audio 元素。video 元素专门用来播放网络上的视频或电影,而 audio 元素专门用来播放网络上的音频数据。使用这两个元素,就不再需要使用其他任何插件了,只要使用支持 HTML5 的浏览器就可以了。表中介绍了目前浏览器对 video 元素与 audio 元素的支持情况。

表 6-1   目前浏览器对 video 元素与 audio 元素的支持情况

浏览器	支持情况
Chrome	3.0 及以上版本支持
Firefox	3.5 以上版本支持
Opera	10.5 及以上版本支持
Safari	3.2 及以上版本支持

这两个元素的使用方法都很简单,首先以 audio 元素为例,只要把播放音频的 URL 给指定元素的 src 属性就可以了,audio 元素使用方法如下。

```
<audio src="http://mingri/demo/test.mp3">
您的浏览器不支持 audio 元素!
</audio>
```

通过这种方法，可以把指定的音频数据直接嵌入在网页上，其中"您的浏览器不支持 audio 元素!"为在不支持 audio 元素的浏览器中所显示的替代文字。

video 元素的使用方法也很简单，只要设定好元素的长、宽等属性，并且把播放视频的 URL 地址指定给该元素的 src 属性就可以了，video 元素的使用方法如下:

```
<video width="640" height="360" src=" http://mingri/demo/test.mp3">
您的浏览器不支持 video 元素!
</video>
```

另外，还可以通过使用 source 元素来为同一个媒体数据指定多个播放格式与编码方式，以确保浏览器可以从中选择一种自己支持的播放格式进行播放，浏览器的选择顺序为代码中的书写顺序，它会从上往下判断自己对该播放格式是否支持，直到选择到自己支持的播放格式为止。其使用方法如下:

```
<video width="640" height="360">
<!-- 在 Ogg theora 格式、Quicktime 格式与 MP4 格式之间选择自己支持的播放格式。 -->
<source src="demo/sample.ogv" type="video/ogg; codecs='theora, vorbis'"/>
<source src="demo/sample.mov" type="video/quicktime"/>
</video>
```

source 元素具有以下两个属性:

● src 属性是指播放媒体的 URL 地址。
● type 属性表示媒体类型，其属性值为播放文件的 MIME 类型，该属性中的 codecs 参数表示所使用的媒体的编码格式。

因为各浏览器对各种媒体类型及编码格式的支持情况都各不相同，所以使用 source 元素来指定多种媒体类型是非常有必要的。

● IE9: 支持 H.264 和 VP8 视频编码格式，支持 MP3 和 WAV 音频编码格式。
● Firefox 4 及以上、Opera 10 及以上: 支持 Ogg Theora 和 VP8 视频编码格式，支持 Ogg vorbis 和 WAV 音频格式。
● Chrome 6 及以上: 支持 H.264、VP8 和 Ogg Theora 视频编码格式，支持 Ogg vorbis 和 MP3 音频编码格式。

6.2　多媒体元素的属性

video 元素与 audio 元素所具有的属性大致相同，所以接下来看一下这两个元素都具有哪些属性。

● src 属性和 autoplay 属性
src 属性用于指定媒体数据的 URL 地址。
autoplay 属性用于指定媒体是否在页面加载后自动播放，使用方法如下:

```
<video src="sample.mov" autoplay="autoplay"></video>
```

● preload 属性
该属性用于指定视频或音频数据是否预加载。如果使用预加载，则浏览器会预先将视频或音频数据进行缓冲，这样可以加快播放速度，因为播放时数据已经预先缓冲完毕。该属性有三个可选值，分别是"none"、"metadata"和"auto"，其默认值为"auto"。

> none 值表示不进行预加载；
> metadata 表示只预加载媒体的元数据（媒体字节数、第一帧、播放列表、持续时间等）。
> auto 表示预加载全部视频或音频。

该属性的使用方法如下。

```
<video src="sample.mov" preload="auto"></video>
```

● poster（video 元素独有属性）和 loop 属性

当视频不可用时，可以使用该元素向用户展示一幅替代用的图片。当视频不可用时，最好使用 poster 属性，以免展示视频的区域中出现一片空白。该属性的使用方法如下：

```
<video src="sample.mov" poster="cannotuse.jpg"></video>
```

loop 属性用于指定是否循环播放视频或音频，其使用方法如下：

```
<video src="sample.mov" autoplay="autoplay" loop="loop"></video>
```

● controls 属性、width 属性和 height 属性（后两个 video 元素独有属性）

controls 属性指定是否为视频或音频添加浏览器自带的播放用的控制条。控制条中具有播放、暂停等按钮。其使用方法如下：

```
<video src="sample.mov" controls="controls"></video>
```

图 6-1 所示为 Firefox 3.5 浏览器自带的播放视频时用的控制条的外观。

图 6-1　Firefox3.5 浏览器自带的播放视频时用的控制条

　　　　开发者也可以在脚本中自定义控制条，而不使用浏览器默认的。

width 属性与 height 属性用于指定视频的宽度与高度（以像素为单位），使用方法如下：

```
<video src="sample.mov" width="500" height="500"></video>
```

● error 属性

在读取、使用媒体数据的过程中，在正常情况下，该属性为 null，但是任何时候只要出现错误，该属性将返回一个 MediaError 对象。该对象的 code 属性返回对应的错误状态，其可能的值包括：

> MEDIA_ERR_ABORTED（数值 1）：媒体数据的下载过程由于用户的操作原因而被终止。
> MEDIA_ERR_NETWORK（数值 2）：确认媒体资源可用，但是在下载时出现网络错误，媒体数据的下载过程被终止。
> MEDIA_ERR_DECODE(数值 3)：确认媒体资源可用，但是解码时发生错误。
> MEDIA_ERR_SRC_NOT_SUPPORTED（数值 4）：媒体资源不可用媒体格式不被支持。

error 属性为只读属性。

读取错误状态的代码如下：

```
<video id="videoElement" src="mingri.mov">
<script>
var video=document.getElementById("video Element");
video.addEventListener("error",function(){
```

```
{
    var error=video.error;
    switch (error.code)
        {
            case 1:
                alert("视频的下载过程被中止。");
                break;
            case 2:
                alert("网络发生故障，视频的下载过程被中止。");
                break;
            case 3:
                alert("解码失败。");
                break;
            case 4:
                alert("不支持播放的视频格式。");
                break;
            default:
                alert("发生未知错误。");
        }
    },false);
</script>
```

● networkState 属性

该属性在媒体数据加载过程中读取当前网络的状态，其值包括：

> NETWORK_EMPTY（数值 0）：元素处于初始状态。

> NETWORK_IDLE（数值 1）：浏览器已选择好用什么编码格式来播放媒体，但尚未建立网络连接。

> NETWORK_LOADING（数值 2）：媒体数据加载中。

> NETWORK_NO_SOURCE（数值 3）：没有支持的编码格式，不执行加载。

networkState 属性为只读属性，读取网络状态的实例代码如下：

```
<script>
var video = document.getElementById("video");
video.addEventListener("progress", function(e)
{
    var networkStateDisplay=document.getElementById("networkState");
    if(video.networkState==2)
    {
        networkStateDisplay.innerHTML="加载中...["+e.loaded+"/"+e.total+"byte]";
    }
    else if(video.networkState==3)
    {
        networkStateDisplay.innerHTML="加载失败";
    }
},false);
</script>
```

● currentSrc 属性、buffered 属性

可以用 currentSrc 属性来读取播放中的媒体数据的 URL 地址，该属性为只读属性。

buffered 属性返回一个实现 TimeRanges 接口的对象，以确认浏览器是否已缓存媒体数据。TimeRanges 对象表示一段时间范围，在大多数情况下，该对象表示的时间范围是一个单一的以"0"

开始的范围，但是如果浏览器发出 Range Requests 请求，这时 TimeRanges 对象表示的时间范围是多个时间范围。

TimeRanges 对象具有一个 length 属性，表示有多少个时间范围，多数情况下存在时间范围时，该值为"1"，不存在时间范围时，该值为"0"。该对象有两个方法：start(index) 和 end(index)，多数情况下将 index 设置为"0"就可以了。当用 element.buffered 语句来实现 TimeRanges 接口时，start(0) 表示当前缓存区内从媒体数据的什么时间开始进行缓存，end(0) 表示当前缓存区内的结束时间。buffered 属性为只读属性。

● readyState 属性

该属性返回媒体当前播放位置的就绪状态，其值包括：

> HAVE_NOTHING（数值 0）：没有获取到媒体的任何信息，当前播放位置没有可播放数据。
> HAVE_METADATA（数值 1）：已经获取到了足够的媒体数据，但是当前播放位置没有有效的媒体数据（也就是说，获取到的媒体数据无效，不能播放）。
> HAVE_CURRENT_DATA（数值 2）：当前播放位置已经有数据可以播放，但没有获取到可以让播放器前进的数据。当媒体为视频时，意思是当前帧的数据已获得，但还没有获取到下一帧的数据，或者当前帧已经是播放的最后一帧。
> HAVE_FUTURE_DATA（数值 3）：当前播放位置已经有数据可以播放，而且也获取到了可以让播放器前进的数据。当媒体为视频时，意思是当前帧的数据已获取，而且也获取到了下一帧的数据，当前帧是播放的最后一帧时，readyState 属性不可能为 HAVE_FUTURE_DATA。
> HAVE_ENOUGH_DATA（数值 4）：当前播放位置已经有数据可以播放，同时也获取到了可以让播放器前进的数据，而且浏览器确认媒体数据以某一种速度进行加载，可以保证有足够的后续数据进行播放。

readyState 属性为只读属性。

● seeking 属性和 seekable 属性

seeking 属性返回一个布尔值，表示浏览器是否正在请求某一特定播放位置的数据，true 表示浏览器正在请求数据，false 表示浏览器已停止请求。

seekable 属性返回一个 TimeRanges 对象，该对象表示请求到的数据的时间范围。当媒体为视频时，开始时间为请求到视频数据第一帧的时间，结束时间为请求到视频数据最后一帧的时间。

这两个属性均为只读属性。

● currentTime 属性、startTime 属性和 duration 属性

currentTime 属性用于读取媒体的当前播放位置，也可以通过修改 currentTime 属性来修改当前播放位置。如果修改的位置上没有可用的媒体数据时，将抛出 INVALID_STATE_ERR 异常；如果修改的位置超出了浏览器在一次请求中可以请求的数据范围，将抛出 INDEX_SIZE_ERR 异常。

startTime 属性用来读取媒体播放的开始时间，通常为"0"。

duration 属性来读取媒体文件总的播放时间。

● played 属性、paused 属性和 ended 属性

played 属性返回一个 TimeRanges 对象，从该对象中可以读取媒体文件的已播放部分的时间段。开始时间为已播放部分的开始时间，结束时间为已播放部分的结束时间。

paused 属性返回一个布尔值，表示是否暂停播放，true 表示媒体暂停播放，false 表示媒体正在播放。

ended 属性返回一个布尔值，表示是否播放完毕，true 表示媒体播放完毕，false 表示还没有播放完毕。

● defaultPlaybackRate 属性和 playbackRate 属性

defaultPlaybackRate 属性用来读取或修改媒体默认的播放速率。

playbackRate 属性用于读取或修改媒体当前的播放速率。

● volume 属性和 muted 属性

volume 属性用于读取或修改媒体的播放音量，范围为"0"到"1"，"0"为静音，"1"为最大音量。

muted 属性用于读取或修改媒体的静音状态，该值为布尔值，true 表示处于静音状态，false 表示处于非静音状态。

6.3 多媒体元素的方法

6.3.1 媒体播放时的方法

● 使用 media.play()播放视频，并会将 media.paused 的值强行设为 false。

● 使用 media.pause()暂停视频，并会将 media.paused 的值强行设为 true。

● 使 用 media.load() 重 新 载 入 视 频 ， 并 会 将 media.playbackRate 的 值 强 行 设 为 media.defaultPlaybackRate 的值，且强行将 media.error 的值设为 null。

【例 6-1】 下面来看一个媒体播放的示例。在本例中通过 video 元素加载一段视频文件，为了展示视频播放时所使用的方法，在控制视频的播放时，并没有使用浏览器自带的控制条来控制视频的播放，而是通过添加"播放"与"暂停"按钮来控制视频文件的播放与暂停。实例代码如下。（实例位置：光盘\MR\源码\第 6 章\6-1）

```
<html>
<head>
<meta charset="UTF-8"></meta>
<title>媒体播放示例</title>
<script>
var video;                              //声明变量
function init()
{
    video = document.getElementById("video1");
    video.addEventListener("ended", function()   //监听视频播放结束事件
    {
      alert("播放结束。");
    }, true);
}
function play()
{

    video.play();                         // 播放视频
}
function pause()
{
```

```
            video.pause();                              //暂停播放
    }
    </script>
    </head>
    <body onload="init()">
        <!—可以添加 controls 属性来显示浏览器自带的播放用的控制条。 -->
        <video id="video1"  src="2.ogv" >
        </video><br/>
        <button onclick="play()">播放</button>
        <button onclick="pause()">暂停</button>
    </body>
    </html>
```

本例的运行效果如图 6-2 所示。

图 6-2　媒体播放实例

6.3.2　canPlayType 方法

使用 canPlayType 方法测试浏览器是否支持指定的媒介类型，该方法的定义如下。

```
var support=videoElement.canPlayType(type);
```

videoElement 表示页面上的 video 元素或 audio 元素。该方法使用一个参数 type，该参数的指定方法与 source 元素的 type 参数的指定方法相同，都用播放文件的 MIME 类型来指定，可以在指定的字符串中加上表示媒体编码格式的 codes 参数。

该方法返回 3 个可能值（均为浏览器判断的结果）。

● 空字符串：浏览器不支持此种媒体类型；

- maybe：浏览器可能支持此种媒体类型；
- probably：浏览器确定支持此种媒体类型。

6.4 多媒体元素的事件

6.4.1 事件处理

在利用 video 元素或 audio 元素读取或播放媒体数据的时候，会触发一系列的事件，如果 JavaScript 脚本能够捕捉这些事件，就可以对这些事件进行处理了。对于这些事件的捕捉及其处理，可以按两种方式来进行。

一种是监听的方式：addEventListener("事件名",处理函数,处理方式)方法用来对事件的发生进行监听，该方法的定义如下。

```
videoElement.addEventListener(type,listener,useCapture);
```

videoElement 表示页面上的 video 元素或 audio 元素。type 为事件名称，listener 表示绑定的函数，useCapture 是一个布尔值，表示该事件的响应顺序，该值如果为 true，则浏览器采用 Capture 响应方式，如果为 false，浏览器采用 bubbing 响应方式，一般采用 false，默认情况下也为 false。

另一种是直接赋值的方式。事件处理方式为 JavaScript 脚本中常见的获取事件句柄的方式，如下例所示。

```
<video id="video1" src="mrsoft.mov" onplay="begin_playing()"></video>
function begin_playing()
{
    (中间环节略)
};
```

6.4.2 事件介绍

接下来，将介绍浏览器在请求媒体数据、下载媒体数据、播放媒体数据一直到播放结束这一系列过程中，到底会触发哪些事件。

- loadstart 事件：浏览器开始请求媒介。
- progress 事件：浏览器正在获取媒介。
- suspend 事件：浏览器非主动获取媒介数据，但没有加载完整个媒介资源。
- abort 事件：浏览器在完全加载前中止获取媒介数据，但是并不是由错误引起的。
- error 事件：获取媒介数据出错。
- emptied 事件：媒介元素的网络状态突然变为未初始化；可能引起的原因有两个：（1）载入媒体过程中突然发生一个致命错误；（2）在浏览器正在选择支持的播放格式时，又调用了 load 方法重新载入媒体。
- stalled 事件：浏览器获取媒介数据异常。
- play 事件：即将开始播放，当执行了 play 方法时触发，或数据下载后元素被设为 autoplay（自动播放）属性。
- pause 事件：暂停播放，当执行了 pause 方法时触发。
- loadedmetadata 事件：浏览器获取完媒介资源的时长和字节。

- loadeddata 事件：浏览器已加载当前播放位置的媒介数据。
- waiting 事件：播放由于下一帧无效（例如未加载）而已停止（但浏览器确认下一帧会马上有效）。
- playing 事件：已经开始播放。
- canplay 事件：浏览器能够开始媒介播放，但估计以当前速率播放不能直接将媒介播放完（播放期间需要缓冲）。
- canplaythrough 事件：浏览器估计以当前速率直接播放可以直接播放完整个媒介资源（期间不需要缓冲）。
- seeking 事件：浏览器正在请求数据（seeking 属性值为 true）。
- seeked 事件：浏览器停止请求数据（seeking 属性值为 false）。
- timeupdate 事件：当前播放位置（currentTime 属性）改变，可能是播放过程中的自然改变，也可能是被人为地改变，或由于播放不能连续而发生的跳变。
- ended 事件：播放由于媒介结束而停止。
- ratechange 事件：默认播放速率（defaultPlaybackRate 属性）改变或播放速率（playbackRate 属性）改变。
- durationchange 事件：媒介时长（duration 属性）改变。
- volumechange 事件：音量（volume 属性）改变或静音（muted 属性）。

6.5　综合实例——用 timeupdate 事件动态显示媒体文件播放时间

本实例通过 timeupdate 事件动态显示媒体文件播放时间，效果如图 6-3 所示。

图 6-3　timeupdate 事件显示媒体文件播放

程序开发步骤如下：

（1）新建一个 js3.js 脚本文件，该文件中定义控制媒体播放的函数，代码如下：

```
function $$(id) {
    return document.getElementById(id);
}
function v_move(v){
```

```
        $$("pTip").style.display=(v)?"block":"none";
    }
    function v_loadstart() {
        $$("spnPlayTip").innerHTML="开始加载";
    }
    function v_palying(){
        $$("spnPlayTip").innerHTML="正在播放";
    }
    function v_pause(){
        $$("spnPlayTip").innerHTML="已经暂停";
    }
    function v_ended(){
        $$("spnPlayTip").innerHTML="播放完成";
    }
    function v_timeupdate(e){
        var strCurTime=RuleTime(Math.floor(e.currentTime/60),2)+":"+
                    RuleTime(Math.floor(e.currentTime%60),2);
        var strEndTime=RuleTime(Math.floor(e.duration/60),2)+":"+
                    RuleTime(Math.floor(e.duration%60),2);
        $$("spnTimeTip").innerHTML=strCurTime+" / "+strEndTime;
    }
    //转换时间显示格式
    function RuleTime(num, n) {
        var len = num.toString().length;
        while(len < n) {
            num = "0" + num;
            len++;
        }
        return num;
    }
```

（2）新建一个 html 文件，调用 js3.js 脚本文件中 JavaScript 函数控制媒体文件的播放，代码如下：

```
<html>
<head>
<meta charset="utf-8" />
<title>通过 timeupdate 事件动态显示媒体文件播放时间</title>
<link href="Css/css1.css" rel="stylesheet" type="text/css">
<script type="text/javascript" language="jscript"
        src="Js/js3.js"/>
</script>
</head>
<body>
<div>
  <video id="vdoMain" src="Video/6-test_1.mov"
        width="360px" height="220px" controls="true"
        onMouseOut="v_move(0)" onMouseOver="v_move(1)"
        onPlaying="v_palying()" onPause="v_pause()"
        onLoadStart="v_loadstart();"
        onEnded="v_ended();"
        onTimeUpdate="v_timeupdate(this)"
        poster="Images/1.jpg">
        你的浏览器不支持视频
  </video>
```

```
    <p id="pTip">
      <span id="spnPlayTip" class="spnL"></span>
      <span id="spnTimeTip" class="spnR">00:00 / 00:00</span>
    </p>
  <div>
  </body>
</html>
```

知识点提炼

（1）video 元素专门用来播放网络上的视频或电影。

（2）audio 元素专门用来播放网络上的音频数据。

（3）使用 source 元素可以为同一个媒体数据指定多个播放格式与编码方式，以确保浏览器可以从中选择一种自己支持的播放格式进行播放。

（4）使用 media.play() 播放视频，并会将 media.paused 的值强行设为 false。

（5）使用 media.pause() 暂停视频，并会将 media.paused 的值强行设为 true。

（6）使用 media.load() 重新载入视频，并会将 media.playbackRate 的值强行设为 media.default PlaybackRate 的值，且强行将 media.error 的值设为 null。

习　　题

6-1　用于控制播放媒体音量大小的属性的是什么？

6-2　简单描述 canPlayType 方法的主要作用。

6-3　可以通过哪个元素来为同一个媒体数据指定多个播放格式与编码方式？

6-4　捕捉并处理 video 元素或 audio 元素触发事件的方式有几种？

6-5　play 事件和 playing 事件有什么区别？

第7章
HTML5 的数据存储

本章要点：

- Web Storage 的基本概念
- sessionStorage 和 localStorage 两者之间的区别
- sessionStorage 和 localStorage 的使用方法
- 使用 sessionStorage 和 localStorage 进行复杂数据的存储
- sessionStorage 和 localStorage 进行 JavaScript 对象的存储
- 使用 transactoin 方法进行事务的处理

Web Storage 存储机制是对 HTML4 中 cookies 存储机制的一个改善。由于 cookies 存储机制有很多缺点，HTML5 中不再使用它，转而使用改良后的 Web Storage 存储机制。本地数据库是 HTML5 中新增的一个功能，使用它可以在客户端本地建立一个数据库——原本必须要保存在服务器端数据库中的内容现在可以直接保存在客户端本地了，这大大减轻了服务器端的负担，同时也加快了访问数据的速度。

7.1　Web Storage

7.1.1　Web Storage 简介

在 HTML5 中，除了 Canvas 元素之外，另一个新增的非常重要的功能是可以在客户端本地保存数据的 Web Storage 功能。Web 应用的发展，使得客户端存储使用得也越来越多，而实现客户端存储的方式则是多种多样。最简单而且兼容性最佳的方案是 Cookie，但是作为真正的客户端存储，cookie 还是有些不足：

- 大小：cookies 的大小被限制在 4KB。
- 带宽：cookies 是随 HTTP 事物一起发送的，因此会浪费一部分发送 cookies 时使用的带宽。
- 复杂性：cookies 操作起来比较麻烦，所有的信息要被拼到一个长字符串里面。
- 对 cookies 来说，在相同的站点与多事务处理保持联系不是很容易。

在这种情况下，在 HTML5 中重新提供了一种在客户端本地保存数据的功能，它就是 Web Storage 功能。

Web Storage 功能，顾名思义，就是在 Web 上存储数据的功能，而这里的存储，是针对客户端本地而言的。它包含两种不同的存储类型：Session Storage 和 Local Storage。不管是 Session

Storage 还是 Local Storage，它们都能支持在同域下存储 5MB 数据，这相比 cookies 有着明显的优势。

● sessionStorage

将数据保存在 session 对象中。所谓 session，是指用户在浏览某个网站时，从进入网站到浏览器关闭所经过的这段时间，也就是用户浏览这个网站所花费的时间。Session 对象可以用来保存在这段时间内所要求保存在任何数据。

● localStorage

将数据保存在客户端本地的硬件设备中，即使浏览器被关闭了，该数据仍然存在，下次打开浏览器访问网站时仍然可以继续使用。

这两种不同的存储类型区别在于，sessionStorage 为临时保存，而 localStorage 为永久保存。

7.1.2　WebStorage 的 API

下面讲解如何使用 WebStorage 的 API，目前 WebStorage 的 API 有如下这些：

● Length：获得当前 webstorage 中的数目。
● key(n)：返回 webstorage 中的第 N 个存储条目。
● getItem(key)：返回指定 key 的存储内容，如果不存在则返回 null。注意，返回的类型是 String 字符串类型。
● setItem(key, value)：设置指定 key 的内容的值为 value。
● removeItem(key)：根据指定的 key，删除键值为 key 的内容。
● clear：清空 webstorate 的内容。

可以看到，webstorage API 的操作机制实际上是对键值对进行的操作。下面是一些相关的应用：

1．数据的存储与获取

在 localStorage 中设置键值对数据可以应用 setItem()，代码如下：

```
localStorage.setItem("key", "value);
```

获取数据可以应用 getItem()，代码如下；

```
var val = localStorage.getItem("key");
```

当然也可以直接使用 localStorage 的 key 方法，而不使用 setItem 和 getItem 方法，如下：

```
localStorage.key = "value";
var val = localStorage.key;
```

HTML5 存储是基于键值对（key/value）的形式存储的，每个键值对称为一个项（item）。

存储和检索数据都是通过指定的键名，键名的类型是字符串类型。值可以是包括字符串、布尔值、整数，或者浮点数在内的任意 JavaScript 支持的类型。但是，最终数据是以字符串类型存储的。

调用结果是将字符串 value 设置到 sessionStorage 中，这些数据随后可以通过键 key 获取。调用 setItem()时，如果指定的键名已经存在，那么新传入的数据会覆盖原先的数据。调用 getItem()时，如果传入的键名不存在，那么会返回 null，而不会抛出异常。

2．数据的删除和清空

removeItem()用于从 Storage 列表删除数据代码如下：

```
var val = sessionStorage.removeItem(key);
```

也可以通过传入数据项的 key 从而删除对应的存储数据代码如下：

```
var val = sessionStorage.removeItem(1);
```

数字 1 会被转换为 string，因为 key 的类型就是字符串。

clear()方法用于清空整个列表的所有数据，代码如下：

```
sessionStorage.clear();
```

同时可以通过使用 length 属性获取 Storage 中存储的键值对的个数：

```
var val = sessionStorage.length;
```

removeItem 可以清除给定的 key 所对应的项，如果 key 不存在则"什么都不做"。clear 会清除所有的项，如果列表本来就是空的就"什么都不做"。

7.1.3 两种不同存储类型的实例——计数器

【例 7-1】 本节通过一个实例来具体看一下 sessionStorage 和 localStorage 的区别。本例主要是通过 sessionStorage 和 localStorage 对页面的访问量进行计数。当在文本框内输入数据后，分别可以单击"session 保存"按钮和"local 保存"按钮对数据进行保存，还可以通过"session 读取"按钮和"local 读取"按钮对数据进行读取。但是两种方法对数据的处理方式不一样，使用 sessionStorage 方法时，如果关闭了浏览器，这个数据就丢失了，下一次打开浏览器，点击读取数据按钮时，读取不到任何数据。使用 localStorage 方法时，即使浏览器关闭了，下次打开浏览器时仍然能够读取保存的数据。但是，数据保存是按不同的浏览器分别进行的，也就是说，如果打开别的浏览器，是读取不到在这个浏览器中保存的数据的。实现本例的具体步骤如下：（实例位置：光盘\MR\源码\第 7 章\7-1）

（1）首先，需要准备一个用来保存数据的网页。在本例网页中，在页面上放置的控件如表所示 7-1 所示。

表 7-1 Web Storage 示例的页面中元素

元　素	id	用　途
input type="text"	text-1	输入数据
p	msg_1	显示数据
button	btn-1	session 保存
button	btn-2	session 读取
button	btn-3	local 保存
button	btn-4	local 读取
span	session_count	session 计数
span	local_count	local 计数

该实例的 HTML 页面代码如下。

```
<p class="msg" id="msg_1"> </p>
<p class="form_item">
<label for="">要保存的数据: </label>
<input type="text" name="text-1" value="" id="text-1"/></p>
<p class="form_item">
<input type="button" name="btn-1" value="session 保存" id="btn-1"/>
```

```
<input type="button" name="btn-2" value="session 读取" id="btn-2"/>
</p>
<p class="form_item">
 <input type="button" name="btn-3" value="local 保存" id="btn-3"/>
 <input type="button" name="btn-4" value="local 读取" id="btn-4"/>
</p>
    <p class="count_wrap">
    session 计数: <span class="count" id='session_count'></span>  
    local 计数: <span class="count" id='local_count'></span></p>
```

（2）在 javascript 脚本中分别使用了 sessionStorage 和 localStorage 两种方法。这两种方法都是当用户在 input 文本框中输入内容时"session 保存"按钮和"local 保存"按钮对数据进行保存，通过"session 读取"按钮和"local 读取"按钮对数据进行读取。实现的代码如下。

```
function getE(ele){    //自定义一个 getE()函数
    //返回并调用 document 对象的 getElementById 方法输出变量
    return document.getElementById(ele);
        }
        var text_1 = getE('text-1'),          //声明变量并为其赋值
            mag = getE('msg_1'),
            btn_1 = getE('btn-1'),
            btn_2 = getE('btn-2'),
            btn_3 = getE('btn-3'),
            btn_4 = getE('btn-4');
        btn_1.onclick = saveSessionStorage;
        btn_2.onclick = loadSessionStorage;
        btn_3.onclick = saveLocalStorage;
        btn_4.onclick = loadLocalStorage;

        function saveSessionStorage(){
            sessionStorage.setItem('msg',text_1.value + 'session');
        }
        function loadSessionStorage(){
            mag.innerHTML = sessionStorage.getItem('msg');
        }
        function saveLocalStorage(){
            localStorage.setItem('msg',text_1.value + 'local');
        }
        function loadLocalStorage(){
            mag.innerHTML = localStorage.getItem('msg');
        }
```

（3）最后，通过三元运算符来定义记录页面的次数，然后通过 setItem 方法对数据进行保存，代码如下。

```
var local_count = localStorage.getItem('a_count')?localStorage.getItem('a_count'):0;
getE('local_count').innerHTML = local_count;
localStorage.setItem('a_count',+local_count+1);

var session_count = sessionStorage.getItem('a_count')?sessionStorage.getItem('a_count'):0;
getE('session_count').innerHTML = session_count;
sessionStorage.setItem('a_count',+session_count+1);
```

本例在 Opera10 浏览器中的运行结果如图 7-1 所示。

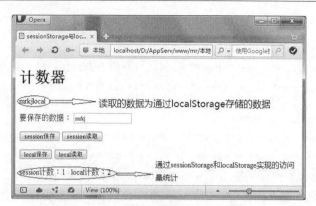

图 7-1　Opera10 浏览器中的 WebStorage 示例

7.1.4　JSON 对象的存储实例——用户信息卡

虽然 HTML5 Web Storage 规范允许将任意类型的对象保存为键值对形式，实际情况却是一些浏览器将数据限定为文本字符串类型。不过，既然现代浏览器原生支持 JSON，这就解决了这个问题。JSON 格式是 Javascript Object Notation 的缩写，是将 Javascript 中的对象作为文本形式来保存时使用的一种格式。

JSON 是一种将对象与字符串相互自由转换的数据转换标准。JSON 一直是通过 HTTP 将对象从浏览器传送到服务器一种常用格式。现在，可以通过序列化复杂对象将 JSON 数据保存在 Storage 中，以实现复杂数据类型的持久化。

【例 7-2】该实例中，将用户的信息使用 JSON 格式进行保存。使用 JSON 的格式作为文本保存来保存对象，获取该对象时再通过 JSON 格式来获取，可以保存和读取具有复杂结构的数据。本例实现的具体过程如下。（实例位置：光盘\MR\源码\第 7 章\7-2）

（1）编写显示页面用的 HTML 代码部分。在该页面中，除了输入数据用的文本框与显示数据用的 p 元素之外，还放置了"保存"与"按姓名查询"按钮，点击"保存按钮"来保存数据，点击"按姓名查询"按钮来查询用户信息，实现的代码如下。

```
<table>
    <tr><td align="right">姓名:</td><td><input type="text" id="name"></td></tr>
    <tr><td align="right">EMAIL:</td><td><input type="text" id="email"></td></tr>
    <tr><td align="right">电话号码:</td><td><input type="text" id="tel"></td></tr>
    <tr><td align="right">备注:</td><td><input type="text" id="memo"></td></tr>
    <tr>
        <td colspan="2" align="center"><input type="button" value=" 保存" onclick=
"saveStorage();"></td>
    </tr>
</table>
<hr>
<p>查询: :
<input type="text" id="find">
<input type="button" value="按姓名查询" onclick="findStorage('msg');">
</p>
<p id="msg"></p>
```

（2）在 HTML 页面中调用 saveStorage 函数来对数据实现保存，在这个函数中首先从各输入文本框中获取数据，然后创建对象，将获取的数据作为对象的属性进行保存。为了将数据保存在一个对象中，使用 new Object 语句创建了一个对象，将各种数据保存在该对象的各个属性中，为了将对象转换成 JSON 格式的文本数据，使用了 JSON 对象的 stringify 方法。该方法的使用方法如下。

```
var str = JSON.stringify(data);
```

该方法接受一个参数 data，该参数表示要转换成 JSON 格式文本数据的对象。这个方法的作用是将对象转换成 JSON 格式的文本数据，并将其返回。

最后将文本数据保存在 localStorage 中，实现的代码如下。

```
function saveStorage()
{
    var data = new Object;
    data.name = document.getElementById('name').value;
    data.email = document.getElementById('email').value;
    data.tel = document.getElementById('tel').value;
    data.memo = document.getElementById('memo').value;
    var str = JSON.stringify(data);
    localStorage.setItem(data.name,str);
    alert("数据已保存。");
}
```

（3）在 HTML 页面中调用 findStorage 函数，对数据进行查询。在该函数中，首先从 localStorage 中，将查询用的姓名作为键值，获取对应的数据。将获取的数据转换成 JSON 对象。该函数的关键是使用 JSON 对象的 parse 方法，将从 localStorage 中获取的数据转换成 JSON 对象。该方法的使用方法如下。

```
var data = JSON.parse(str);
```

该方法接受一个参数 str，此参数表示从 localStorage 中取得的数据，该方法的作用是将传入的数据转换为 JSON 对象，并且将该对象返回。

在取得 JSON 对象的各个属性值之后，创建要输出的内容，最后将要输出的内容在页面上输出。实现的代码如下。

```
function findStorage(id)
{
    var find = document.getElementById('find').value;
    var str = localStorage.getItem(find);
    var data = JSON.parse(str);
    var result = "姓名: " + data.name + '<br>';
    result += "EMAIL: " + data.email + '<br>';
    result += "电话号码: " + data.tel + '<br>';
    result += "备注: " + data.memo + '<br>';
    var target = document.getElementById(id);
    target.innerHTML = result;
}
```

用户信息卡分为姓名、E-mail 地址、电话号码、说明这几列，把它们保存在 localStorage 中。在查询中以用户的姓名进行检索，可以获取这个用户的所有联系信息。用户信息卡的运行效果如图 7-2 所示。

图 7-2　使用 JSON 对象实现的用户信息卡

7.2　Web SQL 数据库

7.2.1　Web SQL 数据库简介

在 HTML5 中，大大丰富了客户端本地可以存储的内容，添加了很多功能来将原本必须要保存在服务器上的数据转为保存在客户端本地，从而大大提高了 Web 应用程序的性能，减轻了服务器端的负担。

在这其中，一项非常重要的功能就是数据库的本地存储功能。在 HTML5 中内置了一个可以通过 SQL 语言来访问数据库。在 HTML4 中，数据库只能放在服务器端，只能通过服务器来访问数据库，但是在 HTML5 中，可以就像访问本地文件那样轻松地对内置数据库进行直接访问了。

现在，像这种不需要存储在服务器上的，被称为"SQLite"的文件型 SQL 数据库已经得到了很广泛的利用，所以 HTML5 中也采用了这种数据库来作为本地数据库。因此，如果先掌握了 SQLite 数据库的基本知识的话，接着再学如何使用 HTML5 的数据库也就不是很难了。

7.2.2　Web SQL Database API 的使用

典型的数据库 API 的用法，涉及打开数据库，然后执行一些 SQL。但是需要注意的是如果使用服务器端的一个数据库的话，通常还要关闭数据库连接。

1.　打开和创建数据库

通过初次打开一个数据库，就会创建数据库。在任何时间，在该域上只能拥有指定数据库的一个版本，因此如果你创建了版本 1.0，那么应用程序在没有特定地改变数据库的版本时，将无法打开 1.1。

打开和创建数据库必须使用 openDatabase 方法来创建一个访问数据库的对象。该方法的使用方法如下。

```
var db=openDatabase( 'db', '1.0' , 'first database',2*1024*1024);
```

该方法使用四个参数，第一个参数为数据库名，第二个参数为版本号，第三个参数为数据库的描述，第四个参数为数据库的大小。该方法返回创建后的数据库访问对象，如果该数据库不存在，则创建该数据库。

为了确保应用程序有效，并且检测对 Web SQL 数据库 API 的支持，还应该测试浏览器对数据库的支持，所以要进行测试，测试代码如下。

```
var db;
if(window.openDatabase){
    db = openDatabase('mydb', '1.0' , 'My first database',2*1024*1024);
}
```

2. 创建数据表

实际访问数据库的时候，还需要使用 transaction 方法，用来执行事务处理。使用事务处理，可以防止在对数据库进行访问及执行有关操作的时候受到外界的打扰。因为在 Web 上，同时会有许多人都在对页面进行访问。如果在访问数据库的过程中，正在操作的数据被别的用户给修改掉的话，会引起很多意想不到的后果。因此，可以使用事务来达到在操作完了之前，阻止别的用户访问数据库的目的。

transaction 方法的使用方法如下。

```
db.transaction(function(tx)){
    tx.executeSql('CREATE TABLE tweets(id,date,tweet)');
});
```

transaction 方法使用一个回调函数为参数。在这个函数中，执行访问数据库的语句。

要创建数据表（以及数据库上的任何其他事务），必须启动一个数据库"事务"，并且在回调中创建该表。事务回调接受一个参数，其中包含了事务对象，这就是允许运行 SQL 语句并且运行 executeSql 方法（在下面的例子中，就是 tx）的内容。这通过使用从 openDatabase 返回的数据库对象来完成，并且调用事物的方法如下。

```
var db;
if(window.openDatabase){
    db = openDatabase('mydb', '1.0' , 'My first database',2*1024*1024);
    db.transaction(function(tx)){
    tx.executeSql('CREATE TABLE tweets(id,date,tweet)');
    });
}
```

3. 插入和查询数据

接下来，我们来看一下在 transaction 的回调函数内，到底是怎样访问数据库的。这里，使用了作为参数传递给回调函数的 transaction 对象的 executeSql 方法。

executeSql 方法的完整定义如下。

```
transaction.executeSql(sqlquery,[],dataHandler,errorHandler);
```

该方法使用四个参数，第一个参数为需要执行的 SQL 语句。

第二个参数为 SQL 语句中所有使用到的参数的数组。在 executeSql 方法中，将 SQL 语句中所要使用到的参数先用"？"代替，然后依次将这些参数组成数组放在第二个参数中，如下。

```
transaction.executeSql("UPDATE user set age=? where name=?;",[age,name]);
```

第三个参数为执行 sql 语句成功时调用的回调函数。该回调函数的传递方法如下。

```
function dataHandler(transaction,results){//执行 SQL 语句成功时的处理};
```

该回调函数使用两个参数，第一个参数为 transaction 对象，第二个参数为执行查询操作时返回的查询到的结果数据集对象。

第四个参数为执行 SQL 语句出错时调用的回调函数。该回调函数的传递方法如下。

```
function errorHandler(transaction,errmsg){//执行 SQL 语句出错时的处理};
```

该回调函数使用两个参数，第一个参数为 transaction 对象，第二个参数为执行发生错误时的错误信息文字。

下面我们来看一下，当执行查询操作时，如何从查询到的结果数据集中，依次把数据取出到页面上来，最简单的方法是使用 for 语句循环。结果数据集对象有一个 rows 属性，其中保存了查询到的每条记录，记录的条数可以用 rows.length 来获取。可以用 for 循环，用 row[index]或 rows.Item（[index]）的形式来依次取出每条数据。在 JavaScript 脚本中，一般采用 row[index]的形式。这里需要注意的是在 google Chrome5 浏览器中，不支持 rows.Item（[index]）的形式。

7.3　跨文档消息通信

HTML5 提供了在网页文档之间互相接收与发送信息的功能。使用这个功能，只要获取到网页所在窗口对象的实例，不仅同源（域+端口号）的 Web 网页之间可以互相通信，甚至可以实现跨域通信。

7.3.1　postMessageAPI 的使用

首先，要想接受从其他的窗口那里发过来的信息，就必须对窗口对象的 message 时间进行监视，代码如下。

```
window.addEventListener("message",function(){...},false);
```

使用 window 对象的 postMessage 方法向其他窗口发送信息，该方法的定义如下。

```
otherWindow.postMessage(message,targetOrigin);
```

该方法使用两个参数；第一个参数为所发送的消息文本，但也可以是任何 javascript 对象（通过 JSON 转换对象为文本）；第二个参数为接收信息的对象窗口的 URL 地址（例如 http://localhost:8080/）。可以在 URL 地址字符串中使用通配符"*"指定全部地址，不过，建议使用准确的 URL 地址。otherWindow 为要发送窗口对象的引用，可以通过 window.open 返回该对象，或通过对 window.iframes 数组指定序号（index）或名字的方式来返回单个 iframe 所属的窗口对象。

7.3.2　跨文档消息传输

【例 7-3】为了让读者更好的理解跨文档消息传输，下面编写一个实例，实现主页面与子页面中框架之间的相互通信。其基本思路是：首先，创建主页面向 iframe 子页面发送消息，iframe 子页面接受消息，显示在本页面中，然后向主页面返回消息。最后，主页面接受并输出消息。（实例位置：光盘\MR\源码\第 7 章\7-3）

要完成这个示例，必须先建立两个虚拟的网站，将主页面与子页面分别置于不同的网站中，才能够达到跨域通信的效果。

这里介绍一种在 Apache 服务器下创建虚拟主机的方法，并且将主页面和子页面分别存储于这两个虚拟主机下，以此完成跨域通信的示例。

（1）安装配置 Apache 服务器（建议采用 AppServ 集成化安装包来搭建一个 PHP 的开发环境，通过其中的 Apache 服务器来测试我们的程序）。

（2）定位到 Apache2.2\conf\httpd.conf 文件，打开该文件，并在其最后的位置，添加如下内容，完成虚拟主机的配置。其代码如下：

```
<VirtualHost *:80>
    ServerAdmin any@any.com
    DocumentRoot "F:\wamp\webpage\cxkfzyk\html"
    ServerName 192.168.1.59
    ErrorLog "logs/phpchina1.com-error.log"
    CustomLog "logs/phpchina1.com-access.log" common
</VirtualHost>
```

第一行，定义虚拟服务器的标签，指定端口号；

第二行，指定一个邮箱地址，可以随意指定；

第三行，定义要访问的项目在 Apache 服务器中的具体路径；

第四行，指定服务器的访问名称，即与项目绑定的域名；

第五、六行，定义 Apache 中日志文件的存储位置。

第七行，定义虚拟服务器的结束标签。

上述七行代码即完成一个虚拟服务器的配置操作。如果存在多个域名，并且需要绑定 Apache 服务器下的多个项目，那么就以此类推，重复上述操作，为每个域名绑定不同的项目文件，即修改 DocumentRoot 和 ServerName 指定的值即可。

（3）在完成虚拟主机的配置之后，需要保存 httpd.conf 文件，重新启动 Apache 服务器。

（4）然后，编写示例内容，首先创建一个 index.html 文件，其代码如下：

```
<!DOCTYPE html>
<html>
<head>
<meta charset="UTF-8">
<title>跨域通信示例</title>
<script type="text/javascript">
// 监听 message 事件
window.addEventListener("message", function(ev) {
    //忽略指定 URL 地址之外的页面传过来的消息
    if(ev.origin != "http://192.168.1.189") {
    return;
    }
    //显示消息
    alert("从"+ev.origin + "那里传过来的消息:\n\"" + ev.data + "\"");
}, false);
function hello(){
    var iframe = window.frames[0];
    //传递消息
    iframe.postMessage("您好！", "http://192.168.1.189");
}
</script>
</head>
<body>
<h1>跨域通信示例</h1>
<iframe width="400" src="http://192.168.1.189" onload="hello()">
```

```
</iframe>
</body>
</html>
```

将其存储于服务器的访问名称为 192.168.1.59 的虚拟主机下，具体位置由 DocumentRoot 的值决定。

（5）在 IP 为 192.168.1.189 的主机下，重新创建一个虚拟主机，设置其服务器访问地址为 192.168.1.189，将子页面 2.html 存储于该服务器指定的位置。2.html 的完整代码如下：

```
<!DOCTYPE html>
<html>
<head>
<meta charset="UTF-8">
<script type="text/javascript">
window.addEventListener("message", function(ev){
    if(ev.origin != "http://192.168.1.59"){
        return;
    }
    document.body.innerHTML = "从"+ev.origin + "那里传来的消息。<br>\""+ ev.data + "\"";
    //向主页面发送消息
    ev.source.postMessage("明日科技欢迎您！这里是" + this.location, ev.origin);
}, false);
</script>
</head>
<body></body>
</html>
```

至此，已经完成虚拟主机的配置和跨域通信示例内容的创建，下面则可以通过指定的浏览器访问主页面（http://192.168.1.59/），其运行效果如图 7-3 所示。

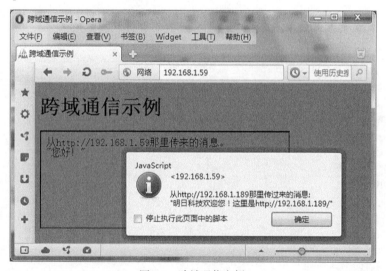

图 7-3　跨域通信实例

7.4　综合实例——简单的 Web 留言本

本实例将使用 HTML5 存储技术实现一个简单的 Web 留言本，具体实现时，使用一个多行文本框输入数据，单击按钮时，将文本框中的数据保存到 localStorage 中，然后在表单下部放置一个 P 元素来显示保存后的数据。程序在 Opera 10 浏览器中的运行结果如图 7-4 所示。

图 7-4　简单的 Web 留言本

程序开发步骤如下：

（1）首先，编写显示页面用的 HTML 代码部分。在该页面中，除了输入数据用的文本框与显示数据用的 p 元素之外，还放置了"添加按钮"与"全部清除"按钮，点击"添加按钮"来保存数据，点击"全部清除"按钮来消除全部数据，实现的代码如下。

```
<h1>简单 Web 留言本</h1>
<textarea id="memo" cols="60" rows="10"></textarea><br>
<input type="button" value="添加" onclick="saveStorage('memo');">
<input type="button" value="全部清除" onclick="clearStorage('msg');">
<hr>
<p id="msg"></p>
```

（2）接下来在 javascript 脚本中，编写点击"添加"按钮时调用的 saveStorage 函数，在这个函数中使用"new Date().getTime()"语句得到了当前的日期和时间戳，然后调用 localStorage.setItem 方法，将得到的时间戳作为键值，并将文本框中的数据作为键名进行保存。保存完毕后，重新调用脚本中的 loadStorage 函数在页面上重新显示保存后的数据。实现的代码如下。

```
function saveStorage(id)
{
    var data = document.getElementById(id).value;
    var time = new Date().getTime();
    localStorage.setItem(time,data);
    alert("数据已保存。");
    loadStorage('msg');
}
```

（3）获取保存数据主要是先用 loadStorage.length 属性获取保存数据的条数，然后做一个循环，在循环内用一个变量，从 0 开始将该变量作为 index 参数传入 loadStorage.key（index）属性，每次循环时该变量加 1，以此取得保存在 loadStorage 中的所有数据。实现的代码如下。

```
function loadStorage(id)
{
```

```
var result = '<table border="1">';
for(var i = 0;i < localStorage.length;i++)
{
    var key = localStorage.key(i);
    var value = localStorage.getItem(key);
    var date = new Date();
    date.setTime(key);
    var datestr = date.toGMTString();
    result += '<tr><td>' + value + '</td><td>' + datestr + '</td></tr>';
}
result += '</table>';
var target = document.getElementById(id);
target.innerHTML = result;
}
```

（4）单击"全部清除"按钮时，调用 clearStorage 函数对数据进行全部清除，在这个函数中只有一句语句"localStorage.clear()"，调用 localStorage 的 clear 方法时，所有保存在 localStorage 中的数据会全部被清除，实现代码如下。

```
function clearStorage()
{
    localStorage.clear();
    alert("全部数据被清除。");
    loadStorage('msg');
}
```

知识点提炼

（1）Web Storage 功能，顾名思义，就是在 Web 上存储数据的功能，而这里的存储，是针对客户端本地而言的。它包含两种不同的存储类型：Session Storage 和 Local Storage。

（2）所谓 session，是指用户在浏览某个网站时，从进入网站到浏览器关闭所经过的这段时间，也就是用户浏览这个网站所花费的时间。

（3）localStorage 将数据保存在客户端本地。即使浏览器被关闭了，该数据仍然存在，下次打开浏览器访问网站时仍然可以继续使用。

（4）JSON 格式是 Javascript Object Notation 的缩写，是将 Javascript 中的对象作为文本形式来保存时使用的一种格式，它是一种将对象与字符串可以相互表示的数据转换标

（5）打开和创建数据库必须使用 openDatabase 方法来创建一个访问数据库的对象。

（6）实际访问数据库的时候，还需要使用 transaction 方法，用来执行事务处理。

习　题

7-1　Web Storage 存储技术分为哪两种？

7-2　Session Storage 和 Local Storage 有什么区别？

7-3　简单描述 JSON 的主要作用。

7-4　Web SQL 数据库技术中主要用到的是哪种数据库？

7-5　如何在 HTML5 中实现跨文档消息通信？

第8章
离线 Web 应用和地理定位

本章要点:

- 离线 Web 应用程序的基本概念
- 进行本地缓存时所使用到的 applicationCache 对象
- 浏览器与服务器的交互过程
- Geolocation API 的基础知识

在 HTML5 中,提供了一个供本地缓存使用的 API。使用这个 API,可以实现离线 Web 应用程序的开发,离线 Web 应用程序是指:当客户端本地与 Web 应用程序的服务器没有建立连接时,也能正常在客户端本地使用该 Web 应用程序进行有关操作。另外,HTML5 中还提供了 Geolocation API,用来获取地理位置信息。本章将对 HTML5 中离线 Web 应用和地理定位进行简单介绍。

8.1 HTML5 离线 Web 应用

8.1.1 HTML5 离线 Web 应用概述

在 Web 应用中使用缓存的原因之一是为了支持离线应用。在全球互联的时代,离线应用仍有其实用价值。当无法上网的时候,你会做什么呢? 你可能会说如今网络无处不在,而且非常稳定,不存在没有网络的情况。但事实果真如此吗? 下面这些问题,你考虑到了吗?

- 我们乘坐火车过隧道的时候信号好吗?
- 我们使用移动网络设备的信息好吗?
- 我们要去给客户做演示的时候,一定能有信号吗?

越来越多的应用移植到了 Web 上,我们倾向于认为用户拥有 24 小时不间断的网络连线。但事实上,网络连接中断时有发生,例如在乘坐飞机的情况下,可预见的中断时间一次就可能达到好几个小时。

间断性的网络连接一直是网络计算系统致命的弱点,如果应用程序依赖于与远程主机的通信,而这些主机又无法连接时,用户就无法正常使用应用程序了。不过当网络连接正常时,Web 应用程序可以保证及时更新,因为用户每次使用,应用程序都会从远程位置更新加载相关数据。

如果应用程序只需要偶尔进行网络通信,那么只要在本地存储了应用资源,无论是否连接网络它都可用。随着完全依赖于浏览器的设备的出现,Web 应用程序在不稳定的网络状态下的持续工作能力就变得更加重要。在这方面,不需要持续连接网络的桌面应用程序历来被认为比 Web 应用程序更有优势。

HTML5 的缓存控制机制综合了 Web 应用和桌面应用两者的优势：基于 Web 技术构建的 Web 应用程序，可在浏览器中运行并在线更新，也可在脱机情况下使用。然而，因为目前的 Web 服务器不为脱机应用程序提供任何默认的缓存行为，所以要想使用这一新的离线应用功能，你必须在应用中明确声明。

HTML5 的离线应用缓存使得在无网络连接状态下运行应用程序成为可能，这类应用程序用处很多，比如在书写电子邮件草稿时就无需连接因特网。HTML5 中引入了离线应用缓存，有了它 Web 应用程序就可以在没有网络连接的情况下运行。

应用程序开发人员可以指定 HTML5 应用程序中，具体哪些资源（HTML、CSS、JavaScript 和图像）脱机时可用。离线应用的适用场景很多，例如：

- 阅读和撰写电子邮件；
- 编辑文档；
- 编辑和显示演示文档；
- 创建待办事宜列表。

使用离线存储，避免了加载应用程序时所需的常规网络请求。如果缓存清单文件是最新的，浏览器就知道自己无需检查其他资源是否最新。大部分应用程序可以非常迅速地从本地应用缓存中加载完成。此外，从缓存中加载资源（而不必用多个 HTTP 请求确定资源是否已经更新）可节省流量，这对于移动 Web 应用是至关重要的。

缓存清单文件中标识的资源构成了应用缓存（applicationcache），它是浏览器持久性存储资源的地方，通常在硬盘上。有些浏览器向用户提供了查看应用程序缓存中数据的方法。例如，在最新版本的 Firefox 中，about:cache 页面会显示应用程序缓存的详细信息，提供了查看缓存中的每个文件的办法，如图 8-1 所示。

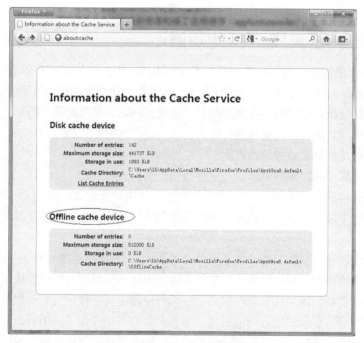

图 8-1　在 Firefox 中查看离线缓存

8.1.2　创建 HTML5 离线应用

创建 HTML5 离线应用主要有 3 个步骤，分别是创建缓存清单、配置 IIS 服务器和浏览缓存清单，下面分别进行介绍。

1. 创建缓存清单（manifest）

Web 应用程序的本地缓存是通过每个页面的 manifest 文件来管理的。manifest 文件是一个简单文本文件，在该文件中以清单的形式列举了需要被缓存或不需要被缓存的资源文件的文件名称，以及这些资源文件的访问路径。你可以每一个页面单独指定一个 manifest 文件，也可以对整个 Web 应用程序指定一个总的 manifest 文件。下面为 manifest 文件的一个示例，该文件为 mr.html 网页的 manifest 文件，通过这个示例来对 manifest 文件做一个详细介绍。

```
CACHE MANIFEST
#文件的开头必须要书写CACHE MANIFEST
#这个manifest文件的版本号
#version 9
CACHE:
other.html
mr.js
images/mrphoto.jpg
NETWORK:
http://192.168.1.96:82/mr
mr.php
*
FALLBACK:
online.js locale.js
CACHE:
newmr.html
newmr.js
```

在 manifest 文件中，第一行必须是"CACHE　MANIFEST"文字，以把本文件的作用告知给浏览器，即对本地缓存中的资源文件进行具体设置。

在 manifest 文件中，可以加上注释来进行一些必要的说明或解释，注释行以"#"文字开头。注释前面可以有空格，但是必须是单独的一行。

在 manifest 文件中最好加上一个版本号，以表示这个 manifest 文件的版本。版本号可以是任何形式，譬如"version 201011211108"，更新 manifest 文件的时候一般也会对这个版本号进行更新。

接下来，指定资源文件，文件路径可以是相对路径，也可以是绝对路径。指定时每个资源文件为一行。

在指定资源文件的时候，可以把资源文件分为三类，分别是 CACHE、NETWORK、FALLBACK。

- 在 CACHE 类别中指定需要被缓存在本地的资源文件。为某个页面指定需要本地缓存的资源文件时，不需要把这个页面本身指定在 CACHE 类别中，因为如果一个页面具有 manifest 文件，浏览器会自动对这个页面进行本地缓存。
- NETWORK 类别为显示指定不进行本地缓存的资源文件，这些资源文件只有当客户端与服务器建立连接的时候才能访问。这些资源文件只有当客户端与服务器端建立连接的时候才能访问。本示例该类别中的"*"为通配符，表示没有在本 manifest 文件中指定的资源文件都不进行本地缓存。

- FALLBACK 类别中的每行中指定两个资源文件，第一个资源文件为能够在线访问时使用的资源文件，第二个资源文件为不能在线访问时使用的备用资源文件。

每个类别都是可选的。但是如果文件开头没有指定类别而直接书写资源文件的时候，浏览器把这些资源文件视为 CACHE 类别，直到看见文件中第一个被书写出来的类别为止。例如下面的清单中，浏览器会把 NETWORK 类别之前的文件都视为 CACHE 类别。

```
CACHE MANIFEST
#此处没有写明 CACHE 类别
other.html
mr.js
images/mrphoto.jpg
NETWORK:
http://192.168.1.96:82/mr
mr.php
```

允许在同一个 manifest 文件中重复书写同一类别，如下面的 manifest 清单。

```
CACHE MANIFEST
CACHE:
other.html
mr.js
NETWORK:
http://192.168.1.96:82/mr
mr.php
#追加 CACHE 类别中的内容
CACHE:
images/mrphoto.jpg
```

2．配置 IIS 服务器

在应用程序完全离线之前，还有最后一步。需要正确地提供清单文件。清单文件必须有扩展名.manifest 和正确的 mine-type。

如果使用 Apache 这样的通用 Web 服务器，需要找到在 AppServ/Apache2.2/conf 文件夹中的 mine.types 文件并向其添加如下的内容：

```
text/cache-manifest manifest
```

这确保当你请求任何扩展名为.manifest 的文件时，Apache 将发送 text/cache-manifest 文件头部。

在微软的 IIS 服务器中的步骤如下：

（1）右键选择默认网站或需要添加类型的网站，弹出属性对话框。

（2）选择"HTTP 头"标签。

（3）在 MIME 映射下，单击文件类型按钮。

（4）在打开的 MIME 类型对话框中单击新建按钮。

（5）在关联扩展名文本框中输入"manifest"，在内容类型文本框中输入"text/cache-manifest"，然后单击确定按钮。

3．浏览缓存清单

为了让浏览器能够正常阅读该文本文件，需要在 Web 应用程序页面上的 html 标签的 manifest 属性中指定 manifest 文件的 URL 地址。指定方法如下：

```
<!--可以为每个页面单独指定一个 manifest 文件-->
```

```
<html manifest="mr.manifest">
...
</html>
<!--也可以为整个 Web 应用程序指定一个总的 manifest 文件-->
<html manifest="mrsoft.manifest">
...
</html>
```

通过以上步骤，将资源文件保存到本地缓存区的基本操作就完成了。当要对本地缓存区的内容进行修改时，只要修改 manifest 文件就可以了。文件被修改后，浏览器可以自动检查 manifest 文件，并自动更新本地缓存区中的内容。

8.1.3　浏览器与服务器的交互

当使用离线应用程序时，理解浏览器和服务器之间的通信过程很有用。例如，一个 http://localhost:82/mr/网站，以 index.html 为主页，该主页使用 index. manifest 文件为 manifest 文件，在该文件中请求本地缓存 index.html、mr.js、mr1.jpg、mr2.jpg 这几个资源文件。首次访问 http://localhost:82/mr/网站时，它们的交互过程如下：

（1）浏览器：请求访问 http://localhost:82/mr/。

（2）服务器：返回 index.html 网页。

（3）浏览器：解析 index.html 网页，请求页面中所有资源，包括 HTML 文件、图像文件、CSS 文件、javascript 脚本文件，以及清单文件。

（4）服务器：返回所有请求的资源。

（5）浏览器：处理清单并请求清单中的所有项，包括 index.html 页面本身，即使刚才已经请求过这些文件。如果你要求本地缓存所有文件，这将是一个比较大的重复的请求过程。

（6）服务器：返回所有要求本地缓存的文件。

（7）浏览器：对本地缓存进行更新，存入包括页面本身在内的所有要求本地缓存的资源文件，并且触发一个事件，通知本地缓存被更新。

现在，浏览器使用清单中列出的文件完全载入了缓存。如果再次打开浏览器访问 http://localhost:82/mr/网站，而且 manifest 文件没有被修改过，它们的交互过程如下：

（1）浏览器：再次请求访问 http://localhost:82/mr/。

（2）浏览器：发现这个页面被本地缓存，于是使用本地缓存中 index.html 页面。

（3）浏览器：解析 index.html 网页，使用所有本地缓存中的资源文件。

（4）浏览器：向服务器请求 manifest 文件。

（5）服务器返回一个 304 代码，通知浏览器 manifest 没有发生变化。

只要页面上的资源文件被本地缓存过，下次浏览器打开这个页面时，总是先使用本地缓存中的资源，然后请求 manifest 文件。

如果再次打开浏览器时 manifest 文件已经被更新过了，那么浏览器与服务器之间的交互过程如下：

（1）浏览器：再次请求访问 http://localhost:82/mr/。

（2）浏览器：发现这个页面被本地缓存，于是使用本地缓存中 index.html 页面。

（3）浏览器：解析 index.html 网页，使用所有本地缓存中的资源文件。

（4）浏览器：向服务器请求 manifest 文件。

（5）服务器：返回更新过的 manifest 文件。

（6）浏览器处理 manifest 文件，发现该文件已被更新，于是请求所有要求进行本地缓存的资源文件，包括 index.html 页面本身。

（7）浏览器返回要求进行本地缓存的资源文件。

（8）浏览器对本地缓存进行更新，存入所有新的资源文件。并且触发一个事件，通过本地缓存被更新。

需要注意的是，即使资源文件被修改过了，任何之前载入的资源都不会变化。例如，图像不会突然改变，旧的 Javascript 函数不会改变。这就是说，这时更新过后的本地缓存中的内容还不能被使用，只有重新打开这个页面的时候才会使用更新过后的资源文件。另外，如果你不想修改 manifest 文件中对于资源文件的设置，但是你对服务器上请求缓存的资源文件进行了修改，那么你可以通过修改版本号的方式来让浏览器认为 manifest 文件已经被更新过了，以便重新下载修改过得资源文件。

8.1.4　applicationCache 对象

applicationCache 对象代表了本地缓存，可以用它来通知用户本地缓存中已经被更新，也允许用户手工更新本地缓存。只有在清单已经修改时，applicationCache 才会接受一个事件表明它已经更新。

在前面讲到的浏览器与服务器的交互过程中，一旦浏览器使用清单中的文件完成了缓存的载入，就在 applicationCache 上触发更新事件。你可以使用这个事件来告诉用户，他们正在使用的应用程序已经升级，并且他们应该重新载入浏览器窗口以获得应用程序的最新、最好的版本。这部分代码如下：

```
applicationCache.onUpdateReady = function(){
//本地缓存已被更新，通知用户。
alert("本地缓存已被更新，您可以刷新页面来得到本程序的最新版本。");
};
```

另外，你可以通过 applicationCache 的 swapCache 方法来控制如何进行本地缓存的更新及更新的时机。

1. swapCache 方法

swapCache 方法用来手工执行本地缓存的更新，它只能在 applicationCache 对象的 updateReady 事件被触发时调用，updateReady 事件只有服务器上的 manifest 文件被更新，并且把 manifest 文件中所要求的资源文件下载到本地后触发。顾名思义，这个事件的含义是"本地缓存准备被更新"。当这个事件被触发后，我们可以用 swapCache 方法来手工进行本地缓存的更新。接下来我们看一下在什么场合应用该方法。

首先，如果本地缓存的容量非常大，本地缓存的更新工作将需要相对较长的时间，而且还会把浏览器给锁住。这时，我们就需要一个提示，告诉用户正在进行本地缓存的更新，该部分代码如下：

```
applicationCache.onUpdateReady = function(){
//本地缓存已被更新，通知用户。
alert("正在更新本地缓存");
applicationCache.swapCache();
alert("本地缓存已被更新，您可以刷新页面来得到本程序的最新版本。");
};
```

在上面的代码中，如果不调用 swapCache 方法也能实现更新，但是，更新的时间不一样。不调用 swapCache 方法，本地缓存将在下一次打开本页面时被更新；如果调用 swapCache 方法的话，本地缓存将会被立刻更新。因此，你可以使用 confirm 方法让用户自己选择更新的时间——是立刻更新，还是在下次打开页面时再更新，还是在下次打开页面时再更新。

需要注意的是，尽管使用 swapCache 方法立刻更新了本地缓存，但是并不意味着我们页面上的图像和脚本文件也会被立刻更新，它们都是在重新打开本页面时才会生效。

【例 8-1】　下面来看一个完整的使用 swapCache 方法的实例。在该实例中，使用到了 applicationCache 对象的另一个方法 applicationCache.update，该方法的作用是检查服务器上的 manifest 文件是否有更新。在打开画面时设定了 3 秒钟执行一次该方法，检查服务器上的 manifest 文件是否有更新。如果有更新，浏览器会自动下载 manifest 文件中所有请求本地缓存的资源文件，当这些资源文件下载完毕时，会触发 updateReady 事件，询问用户是否立刻刷新页面以使用最新版本的应用程序，如果用户选择立刻刷新，则调用 swapCache 方法手工更新本地缓存，更新完毕后刷新页面。其中画面的 HTML 代码如下：（实例位置：光盘\MR\源码\第 8 章\8-1）

```
<!DOCTYPE HTML>
<html manifest="swapCache.manifest">
<head>
<meta charset="UTF-8">
<title> swapCache 方法示例</title>
<script src="script.js"></script>
</head>
<body onload="init()">
<p>swapCache 方法示例</p>
</body>
</html>
```

该 HTML 中嵌入了一个 script.js 脚本文件，在这个脚本中的函数 init 内编写手工检查更新的代码。该脚本文件中的代码如下：

```
function init() {
    setInterval(function()
     {
       applicationCache.update();              // 手工检查是否有更新
    }, 3000);
    applicationCache.addEventListener("updateready", function(){
       if(confirm("本地缓存已被更新,需要刷新画面来获取应用程序最新版本, 是否刷新? ")){
          applicationCache.swapCache();        //手工更新本地缓存
          location.reload();                   // 重载画面
          }
    }, true);
}
```

该实例中使用的 swapCache.manifest 文件内容比较简单，代码如下：

```
CACHE MANIFEST
#version 7.20
CACHE:
script.js
```

本例运行的效果如图 8-2 所示。

图 8-2　swapCache 方法实例运行效果

2．applicationCache 对象的事件

applicationCache 对象除了具有 update 方法与 swapCache 方法之外，还具有一系列的事件，我们再通过前面讲过的浏览器与服务器的交互过程来看一下在这个过程中这些事件是如何被触发的。

首次访问 http://localhost:82/mr/网站：

（1）浏览器：请求访问 http://localhost:82/mr/。

（2）服务器：返回 index.html 网页。

（3）浏览器：发现该网页具有 manifest 属性，触发 checking 事件，检查 manifest 文件是否存在。不存在时，触发 error 事件，表示 manifest 文件未找到，同时也不执行步骤 6 开始的交互过程。

（4）浏览器：解析 index.html 网页，请求页面上所有资源文件。

（5）服务器：返回所有资源文件。

（6）浏览器：处理 manifest 文件，请求 manifest 中所有要求本地缓存的文件，包括 index.html 页面本身，即使刚才已经请求过该文件。如果你要求本地缓存所有文件，这将是一个比较大的重复的请求过程。

（7）服务器：返回所有要求本地缓存的文件。

（8）浏览器：触发 downloading 事件，然后开始下载这些资源。在下载的同时，周期性地触发 progress 事件，开发人员可以用编程的手段获取多少文件已被下载，多少文件仍然处于下载队列等信息。

（9）下载结束后触发 cached 事件，表示首次缓存成功，存入所有要求本地缓存的资源文件。

再次访问 http://localhost:82/mr/网站，步骤 1～步骤 5 同上，在步骤 5 执行完之后，浏览器将核对 manifest 文件是否被更新，若没有被更新，触发 noupdate 事件，步骤 6 开始的交互过程不会被执行。如果被更新了，将继续执行后面的步骤，在步骤 9 中不触发 cached 事件，而是触发 updateReady 事件，这表示下载结束，可以通过刷新页面来使用更新后的本地缓存，或调用 swapCache 方法来立刻使用更新后的本地缓存。

另外，在访问缓存名单时如果返回一个 HTTP404 错误（页面未找到），或者 410 错误（永久消失），则触发 obsolete 事件。

在整个过程中，如果任何与本地缓存有关的处理中发生错误的话，都会触发 error 事件。可能会触发 error 事件的情况分为以下几种。

- 缓存名单返回一个 HTTP404 错误（页面未找到），或者 410 错误（永久消失）。
- 缓存名单被找到且没有更改，但引用缓存名单的 HTML 页面不能正确下载。
- 缓存名单被找到且被更改，但浏览器不能下载某个缓存名单中列出的资源。
- 开始更新本地缓存时，缓存名单再次被更改。

【例 8-2】　为了说明这个事件流程，在下面的代码中，将浏览器与服务器在交互过程中所触发的一系列事件用文字的形式显示在页面上，这个页面中可以看出这些事件发生的先后顺序。其主要代码如下：（实例位置：光盘\MR\源码\第 8 章\8-2）

```html
<!DOCTYPE HTML>
<html manifest="applicationCacheEvent.manifest">
<head>
<meta charset="UTF-8">
<title>applicationCache 事件流程示例</title>
<script>
function drow()
{
    var msg=document.getElementById("mr");
    applicationCache.addEventListener("checking", function() {
        mr.innerHTML+="checking<br/>";
    }, true);
    applicationCache.addEventListener("noupdate", function() {
        mr.innerHTML+="noupdate<br/>";
    }, true);
    applicationCache.addEventListener("downloading", function() {
        mr.innerHTML+="downloading<br/>";
    }, true);
    applicationCache.addEventListener("progress", function() {
        mr.innerHTML+="progress<br/>";
    }, true);
    applicationCache.addEventListener("updateready", function() {
        mr.innerHTML+="updateready<br/>";
    }, true);
    applicationCache.addEventListener("cached", function() {
        mr.innerHTML+="cached<br/>";
    }, true);
    applicationCache.addEventListener("error", function() {
        mr.innerHTML+="error<br/>";
    }, true);
}
</script>
</head>
<body onload="drow()">
<h1>applicationCache 事件流程示例</h1>
<p id="mr"></p>
</body>
</html>
```

这段代码运行结果分为以下三种情况。

在 Opera 10 浏览器中首次打开网页时的页面如图 8-3 所示。

图 8-3　applicationCache 事件流程（首次打开页面时）

在 Opera 10 浏览器中再次打开网页（且 manifest 文件没有更新时）的页面如图 8-4 所示。

图 8-4　applicationCache 事件流程（再次打开网页且 manifest 文件没有更新时）

在 Opera 10 浏览器中再次打开网页（且 manifest 文件已被更新时）的页面如图 8-5 所示。

图 8-5　applicationCache 事件流程（再次打开网页且 manifest 文件已被更新时）

8.2　获取地理位置

8.2.1　Geolocation API 概述

在 HTML5 中，为 window.navigator 对象新增了一个 geolocation 属性，可以使用 Geolocation API

来对该属性进行访问。

可以使用 getCurrentPosition 方法来取得用户当前的地理位置信息，该方法的定义如下：

```
void getCurrentPosition(onSuccess,onError,options);
```

其中，第一个参数为获取当前地理位置信息成功时所执行的回调函数，第二个参数为获取当前地理位置信息失败时所执行的回调函数，第三个参数为一些可选属性的列表。其中第二、三个参数为可选属性。

getCurrentPosition 方法中的第一个参数为获取当前地理位置信息成功时所执行的回调函数。该参数的使用方法如下：

```
navigator.geolocation.getCurrentPosition(function(position)){
//获取成功时的处理
}
```

在获取地理位置信息成功时执行的回调函数中，用到了一个参数 position，它代表的是一个 position 对象。

getCurrentPosition 方法中的第二个参数为获取当前地理位置信息失败时所执行的回调函数。如果获取地理位置信息失败，你可以通过该回调函数把错误信息提示给用户。当在浏览器中打开使用了 Geolocation API 来获得用户当前位置信息的页面时，浏览器会询问用户是否共享位置信息，如图 8-6 所示。

图 8-6　在 Opera10 浏览器询问用户是否共享位置信息

如果在该画面中拒绝共享的话，也会引起错误的发生。

该回调函数使用一个 error 对象作为参数，该对象具有以下两个属性：

● code 属性

code 属性有以下属性值：

> PERMISSION_DENIED(1):用户点击了信息条上的"不共享"的按钮或者直接拒绝被获取位置信息。

> POSITION_UNAVAILABLE(2):网络不可用或者无法连接到获取位置信息的卫星。

> TIMEOUT(3):网络可用但是花了太长得时间再计算用户的位置上。

> UNKNOWN_ERROR(0):发生其他未知错误。

● message 属性

message 属性为一个字符串，在该字符串中包含了错误信息，这个错误信息在开发和调试时将很有用。但是需要注意的是有些浏览器是不支持 message 属性的，譬如 Firefox3.6 以上。

在 getCurrentPosition 方法中使用第二个参数来捕获错误信息的具体使用方法如下：

```
navigator.geolocation.getCurrentPosition(
    function(position)){
        var coords = position.coords;
    showMap(coords.latitude,coords.longitude,coords.accuracy);
    },
```

```
//捕获错误信息
function(error){
 var errorTypes = {
      1:'位置服务被拒绝',
       2:'获取不到位置信息',
       3:'获取信息超时'
    };
    alert(errorTypes[error.code]+":,不能确定你的当前地理位置");
    }
};
```

getCurrentPosition 方法中的第三个参数可以省略，它是一些可选属性的列表，这些可选属性如下：

● enableHighAccuracy（布尔型，默认为 false）

是否要求高精度的地理位置信息，这个参数在很多设备上设置了都没用，因为使用在设备上时需要结合设备电量、具体地理情况来结合考虑。因此，多数情况下把该属性设为默认，由设备自身来调整。

● timeout（单位为毫秒，默认值为 infinity/0）

对地理位置信息的获取操作做一个超时限制（单位为毫秒）。如果在该时间内未获取到地理位置信息，则返回错误。

● maximumAge（单位为毫秒，默认值为 0）

对地理位置信息进行缓存的有效时间（单位为毫秒）。例如 maximumAge：120000（1 分钟是 60000）。如果 11 点整得时候获取过一次地理位置信息，11:01 的时候，再次调用 navigator.geolocation.getCurrentPosition 重新获取地理位置信息，则返回的依然为 11:00 时的数据（因为设置的缓存有效时间为 2 分钟）。超过这个时间后缓存的地理位置信息被废弃，尝试重新获取地理位置信息。如果该值被指定为 0，则无条件重新获取新的地理位置信息。

对于这些可选属性的具体设置方法如下：

```
navigator.geolocation.getCurrentPosition(
    function(position)){
        //获取地理位置信息成功时所做处理
    },
    function(error){
     //获取地理位置信息失败时所做处理
    },
    //以下为可选属性
    {
      //设置缓存有效时间为 2 分钟
      maximumAge:60*1000*2,
      //5 秒钟内获取到地理位置信息则返回错误
      timeout:5000
    }
};
```

8.2.2 position 对象

如果获取地理位置信息成功，则可以在获取成功后的回调函数中通过访问 position 对象的属性来得到这些地理位置信息。Position 对象具有如下这些属性。

● latitude

当前地理位置的纬度。

● longitude

当前地理位置的经度。

● altitude

当前地理位置的海拔高度（不能获取时为 null）。

● accuracy

获取到的纬度或经度的精度（以米为单位）。

● altitudeAccurancy

获取到的海拔高度的精度（以米为单位）。

● heading

设备的前进方向。用面朝正北方向的顺时针旋转角度来表示（不能获取时为 null）。

● speed

设备的前进速度（以米/秒为单位，不能获取时为 null）。

● timestamp

获取地理位置信息时的时间。

【例 8-3】 在本例中使用 getCurrentPosition 方法获取当前位置的地理信息，并且在页面中显示 Position 对象中当前地理位置的纬度和经度。（实例位置：光盘\MR\源码\第 8 章\8-3）

其实现的主要代码如下：

```
<html>
<head>
<meta charset="utf-8">
<title>获取地理位置的经度与纬度</title>
</head>
<body>
<p id="geo_loc"><p>
<script>
   function getElem(id) {
     return typeof id === 'string' ? document.getElementById(id) : id;
   }
   function show_it(lat, lon) {
      var str = '您当前的位置，纬度：' + lat + '，经度：' + lon;
      getElem('geo_loc').innerHTML = str;
   }
   if (navigator.geolocation) {
        navigator.geolocation.getCurrentPosition
          (function(position) {
           show_it(position.coords.latitude, position.coords.longitude); },
            function(err) {
           getElem('geo_loc').innerHTML = err.code + "\n" + err.message; });
   } else {
       getElem('geo_loc').innerHTML = "您当前使用的浏览器不支持 Geolocation 服务";   }
</script>
</body>
</html>
```

这段代码在 Opera 10 浏览器中的运行结果如图 8-7 所示。另外，这个运行结果在不同设备的浏览器上也各不相同，具体运行结果取决于运行浏览器的设备。

图 8-7　Opera 10 浏览器中获取地理位置信息的示例

8.3　综合实例——在页面上使用 google 地图

本实例主要实现在页面上显示一幅 google 地图，并且把用户的当前地理位置标注在地图上面。如果用户的位置发生改变，将把之前在地图上的标记自动更新到新的位置上。程序运行结果如图 8-8 所示。

图 8-8　页面上使用 google 地图的实例

程序开发步骤如下：

（1）要在页面中使用 google 地图，需要使用到 Google Map API。使用时再页面中导入 Google Map API 的脚本文件，导入方法如下：

```
<script type="text/javascript" src=http://maps.google.com/maps/api/js?sensor=false />
```

（2）设定地图的参数，设定的方法如下：

```
//设定地图参数，将用户的当前位置的纬度、经度设定为地图的中心点。
var latlng = new google.maps.LatLng(coords.latitude, coords.longitude);
var myOptions = {
zoom: 14,
    center: latlng,
    mapTypeId: google.maps.MapTypeId.ROADMAP
};
```

在本例中，将用户当前位置的纬度、经度设定为页面打开时 google 地图的中心点。

（3）创建地图，并让其在页面中显示，代码如下：

```
var map1;                    //创建地图并在"map"div 中显示
map1= new google.maps.Map(document.getElementById("map"), myOptions);
```

本例中将地图显示在"map"的 div 元素中。

（4）在地图上创建标记，方法如下：

```
var marker = new google.maps.Marker({
position: latlng,            //将前面指定的坐标点标注出来
map: map1                    //设置在 map1 变量代表的地图中标注
});
```

（5）设置标注窗口并指定标注窗口中注释文字，代码如下：

```
//设定标注窗口，并指定该窗口中的注释文字
var infowindow = new google.maps.InfoWindow({
content: "我在这里!"
});
```

（6）打开标注窗口，代码如下：

```
//打开标注窗口
infowindow.open(map1, marker);
```

知识点提炼

（1）离线 Web 应用程序是指：当客户端本地与 Web 应用程序的服务器没有建立连接时，也能正常在客户端本地使用该 Web 应用程序进行有关操作。

（2）HTML5 的缓存控制机制综合了 Web 应用和桌面应用两者的优势：基于 Web 技术构建的 Web 应用程序，可在浏览器中运行并在线更新，也可在脱机情况下使用。

（3）manifest 文件是一个简单文本文件，在该文件中以清单的形式列举了需要被缓存或不需要被缓存的资源文件的文件名称，以及这些资源文件的访问路径。

（4）applicationCache 对象代表了本地缓存，可以用它来通知用户本地缓存中已经被更新，也允许用户手工更新本地缓存。

（5）swapCache 方法用来手工执行本地缓存的更新，它只能在 applicationCache 对象的 updateReady 事件被触发时调用，updateReady 事件只有服务器上的 manifest 文件被更新，并且把 manifest 文件中所要求的资源文件下载到本地后触发。

（6）可以使用 getCurrentPosition 方法来取得用户当前的地理位置信息。

（7）如果获取地理位置信息成功，则可以在获取成功后的回调函数中通过访问 position 对象

的属性来得到这些地理位置信息。

习　　题

8-1　创建 HTML5 离线应用主要分为几个步骤？

8-2　简单描述在 IIS 服务器中提供清单文件的步骤。

8-3　首次加载一个网页时，浏览器与服务器如何进行交互？

8-4　如果浏览器已经使用清单中列出的文件对一个网页进行了缓存，那么，再次浏览该网页时，浏览器与服务器如何进行交互？

8-5　要在 HTML5 中获取用户当前的地理位置信息，需要使用什么方法？

第9章
CSS3 基础

本章要点:

- 什么是 CSS3
- CSS3 的新特性
- CSS3 的选择器
- 属性选择器的使用
- 结构性伪类选择器的使用
- UI 元素状态伪类选择器的使用
- 通用兄弟元素选择器的使用

CSS3 是早在几年前就问世的下一代样式表语言,至今还没有完成所有规范化草案的制订。虽然最终的、完整的、规范权威的 CSS3 标准还没有尘埃落定,但是各主流浏览器已经开始支持其中的绝大部分特性。如果想成为前卫的高级网页设计师,那么就应该从现在开始积极去学习和实践,本章将对 CSS3 的新特性及常用的几种 CSS3 选择器进行详细讲解。

9.1 CSS3 概述

20 世纪 90 年代初,HTML 语言诞生,各种形式的样式表也开始出现。各种不同的浏览器结合自身的显示特性,开发了不同的样式语言,以便于读者自己调整网页的显示效果。注意。此时的样式语言仅供读者使用,而非供设计师使用。

早期的 HTML 语言只含有很少量的显示属性,用来设置网页和字体的效果。随着 HTML 的发展,为了满足网页设计师的要求,HTML 不断添加了很多用于显示的标签和属性。由于 HTML 的显示属性和标签比较丰富,其他的用来定义样式的语言就越来越没有意义了。

下面从总体上看一下 CSS 的发展历史。

- CSS1

1996 年 12 月,CSS1(Cascading Style Sheets,level 1)正式推出。在这个版本中,已经包含了 font 的相关属性、颜色与背景的相关属性、文字的相关属性、box 的相关属性等。

- CSS2

1998 年 5 月,CSS2(Cascading Style Sheets,level 2)正式推出。在这个版本中开始使用样式表结构。

● CSS2.1

2004 年 2 月，CSS2.1（Cascading Style Sheets，level 2 revision 1）正式推出。它在 CSS2 的基础上略微做了改动，删除了许多诸如 text-shadow 等不被浏览器所支持的属性。

现在所使用的 CSS 基本上是在 1998 年推出的 CSS2 的基础上发展而来的。10 年前在 Internet 刚开始普及的时候，就能够使用样式表来对网页进行视觉效果的统一编辑，确实是一件可喜的事情。但是在这 10 年间 CSS 可以说是基本上没有什么很大的变化，一直到 2010 年终于推出了一个全新的版本——CSS3。

9.2 CSS3 新特性

与 CSS 以前的版本相比较，CSS3 的变化是革命性的，而不是仅限于局部功能的修订和完善。尽管 CSS3 的一些特性还不能被很多浏览器支持，或者说支持得还不够好，但是它依然让我们看到了网页样式的发展方向和使命。

简单地说，CSS3 使得很多以前需要使用图片和脚本才能实现的效果，如今只需要几行代码就能实现，这不仅简化了设计师的工作，而且还能加快页面载入速度。下面就来领略一下 CSS3 的主要新特性。

1. 功能强大的选择器

CSS3 的选择器在 CSS2.1 的基础上进行了增强，它允许设计师在标签中指定特定的 HTML 元素而不必使用多余的类、ID 或者 JavaScript 脚本。

选择器是 CSS3 中一个重要的内容。使用它可以大幅度提高开发人员书写或修改样式表时的工作效率。选择器的使用可以避免在标签中添加大量的 class 和 id 属性，并让设计师更方便地维护样式表。

2. 半透明效果的实现

RGBA 和 HSLA 不仅可以设定色彩，还能设定元素的透明度。另外，还可以使用 opacity 属性定义元素的不透明度。

3. 多栏布局

CSS3 让网页设计师不必使用多个 div 标签就能实现多栏布局。浏览器能解释多栏布局属性并生成多栏，让文本实现纸质报纸的多栏结构。

4. 多背景图

CSS3 允许背景属性设置多个属性值，如 background-image、background-repea、background-size、background-position、background-originand、background-clip 等，这样就可以在一个元素上添加多层背景图片。如果要设计复杂的网页效果（如圆角、背景重叠等），就不用再为 HTML 文档添加多个无用的标签了，使用该属性还可以优化网页文档的结构。

5. 文字阴影

text-shadow 在 CSS2 中就已经存在，但并没有被广泛应用。CSS3 采用了该特性，并重新进行了定义。该属性提供了一种新的跨浏览器的方案使文字看起来更醒目。

6. 开放字体类型

@font-face 是最被期待的 CSS3 特性之一，它在 CSS2 中就已经被引入了，但是它在网站上仍然没有像其他 CSS3 属性那样被广泛普及，这主要受阻于字体授权和版权问题，嵌入的字体很容易从网站上下载到，这是字体厂商的主要顾虑。

7. 开放字体类型

Border-radius 属性可以实现不使用背景图片也能给 HTML 元素添加圆角。它可能是现在使用的最多的 CSS3 属性，之所以这么受欢迎，其主要是因为使用圆角比较美观，而且不会与设计和可用性产生冲突。它不同于添加 JavaScript 或多个 HTML 标签，仅需要添加一些 CSS 属性。这个方案简洁而有效，可以让开发人员免于花费更多得时间来寻找精巧的浏览器方案和基于 JavaScript 圆角。

8. 边框图片

Border-image 属性允许在元素的边框上设定图片，这使得原本单调的边框样式变得丰富起来。该属性给设计师提供了一个很好的工具，用它可以方便地定义和设计元素的边框样式，比 background-image 属性和一些枯燥的默认边框样式更好用。有了 border-image 属性以后可以明确地定义一个边框应该如何缩放或平铺。

9. 盒子阴影

box-shadow 属性可以为 HTML 元素添加阴影而不需要使用额外的标签或背景图片。

10. 媒体查询

CSS3 中加入了 Media Queries 模块，该模块中允许添加媒体查询（media query）表达式，用以指定媒体类型，然后根据媒体类型来选择应该使用的样式。简单说，就是允许在不改变内容的情况下在样式表中选择一种页面的布局以精确地适应不同的设备，从而改善用户体验。

9.3　CSS3 选择器

选择器是 W3C 在 CSS 3 工作草案中独立引入的一个概念，但是，实际上，在 CSS 1 和 CSS 2 已经非系统性地定义了很多常用的选择器，这些选择器基本上能够满足 Web 设计师常规的设计需求。

9.3.1　选择器概述

为了便于初学者了解选择器的一个发展方向，这里先简单介绍一下 CSS 1 以及 CSS 2 中的选择器。下面先来看一下在 CSS 1 中增加了哪些选择器。CSS 1 中定义的选择器如表 9-1 所示。

表 9-1　　　　　　　　　　　　　　CSS 1 中定义的选择器

选 择 器	类　　型	说　　明
E{…}	类型选择器	指定该 CSS 样式对所有 E 元素起作用
E#myid	ID 选择器	选择匹配 E 的元素，且匹配元素的 id 属性值等于 myid。注意，E 选择符可以省略，表示选择指定 id 属性值等于 myid 的任意类型的元素
E.warning	类选择器	选择匹配 E 的元素，且匹配元素的 class 属性值等于 warning。注意，E 选择符可以省略，表示选择指定 class 属性值等于 warning 的任意类型的任意多个元素
E F	包含选择器	选择匹配 F 的元素，且该元素被包含在匹配 E 的元素内。注意，E 和 F 不仅仅是指类型选择器，可以任意合法的选择符组合

选 择 器	类 型	说 明
E:link	链接伪类选择器	选择匹配 E 的元素，且匹配元素被定义了超链接并未被访问。例如，a:link 选择器能够匹配已定义 URL 的 a 元素
E:visited	链接伪类选择器	选择匹配 E 的元素，且匹配元素被定义了超链接并已被访问。例如，a:visited 选择器能够匹配已被访问的 a 元素
E:active	用户操作伪类选择器	选择匹配 E 的元素，且匹配元素被激活
E:hover	用户操作伪类选择器	选择匹配 E 的元素，且匹配元素正被鼠标经过
E:focus	用户操作伪类选择器	选择匹配 E 的元素，且匹配元素获取了焦点
E::first-line	伪元素选择器	选择匹配 E 的元素内的第一行文本
E::first-letter	伪元素选择器	选择匹配 E 的元素内的第一个字符

CSS 1 中的选择器的功能是非常弱的，覆盖范围也非常有限。例如，上表最后 3 个选择器在 CSS 2 中已经被重新定义，目前的是规范和增强这些选择器的功能。升级到 CSS 2 后，选择器类型和功能都获得了极大的扩充和增强，以便 Web 设计师在复杂结构中能自由渲染页面。CSS 2 中定义的选择器如表 9-2 所示。

表 9-2　　　　　　　　　　　CSS 2 中定义的选择器

选 择 器	类 型	说 明
*	通配选择器	选择文档中所有的元素
E[foo]	属性选择器	选择匹配 E 的元素，且该元素定义了 foo 属性。 注意，E 选择符可以省略，表示选择定义了 foo 属性的任意类型的元素
E[foo="bar"]	属性选择器	选择匹配 E 的元素，且该元素将 foo 属性值定义为了"bar"注意 E 选择器可以省略，用法与上一个选择器类似
E[foo|="en"]	属性选择器	选择匹配 E 的元素，且该元素定义了 foo 属性，foo 属性值时一个用连字符（-）分割的列表，值开头的字符为"en"注意 E 选择符可以省略，用法与上一个选择器类似。
E:first-child	结构伪类选择器	选择匹配 E 的元素，且该元素为父元素的第一个子元素
E:lang(fr)	:lang()伪类选择器	选择匹配 E 的元素，且该元素显示内容的语言类型为 fr
E::before	伪元素选择器	在匹配 E 的元素前面插入内容
E::after	伪元素选择器	在匹配 E 的元素后面插入内容
E > F	子包含选择器	选择匹配 F 的元素，且该元素为所匹配 E 的元素的子元素。注意，E 和 F 不仅仅是指类型选择器，可以是任意合法的选择符组合
E + F	相邻兄弟选择器	选择匹配 F 的元素，且该元素位于所匹配 E 的元素后面相邻的位置。注意，E 和 F 不仅仅是指类型选择器，可以使任意合法的选择符组合

9.3.2　属性选择器

在 CSS 3 中，增加了如下的 3 个属性选择器，使得属性选择器有了通配符的概念。

- [att^="val"]
- [att$="val"]

● [att*="val"]

1. [att^="val"]属性选择器

[att^="val"]属性选择器的含义是：如果元素用 att 表示的属性之属性值的开头字符为 val 的话，则该元素使用这个样式。例如，可以将属性选择器"[id=mr1]"修改成"[id^=mr1]"。

如果将使用的[att=val]属性选择器改为使用如下的[att^=val]属性选择器，并且将 val 指定为"mr"，则页面中 id 为"mr1"、"mr2"的 div 元素的背景色都变为红色，这主要是因为这些元素的 id 属性的开头字符都为"mr"字符。

```
<style type="text/css">
[id^=mr]{
    background-color:red;
    }
</style>
```

使用这个[att^=val]属性选择器的运行结果如图 9-1 所示。

2. [att$="val"]属性选择器

[att$="val"]属性选择器的含义是：如果元素用 att 表示的属性之属性值的结尾字符为 val 的话，则该元素使用这个样式。例如，可以将属性选择器"[id=mr1]"修改成"[id$=mr1]"

如果将使用的[att=val]属性选择器改为使用如下的[att$=val]属性选择器，并且将 val 指定为"-1"，则页面中 id 为"jlmr1-1"、"jlmr2-1"的 div 元素的背景色都变为红色，这主要是因为这些元素的 id 属性的结尾字符都为"-1"字符。另外需要注意的是该属性选择器中必须在指定匹配字符前加上"\"这个转义字符。

```
<style type="text/css">
[id$=\-1]{
    background-color:red;
    }
</style>
```

使用这个[att$=val]属性选择器的运行结果如图 9-2 所示。

图 9-1　使用[att^=val]属性选择器的示例　　图 9-2　使用[att$=val]属性选择器的示例

3. [att*="val"]属性选择器

[att*="val"]属性选择器的含义是：如果元素用 att 表示的属性之属性值中包含 val 字符的话，则该元素使用这个样式。例如，将属性选择器"[id=mr1]"修改成"[id*=mr1]"。

如果将使用的[att=val]属性选择器改为使用如下的[att*=val]属性选择器，则页面中 id 为"mr1"、"jlmr1-1"、"jlmr1-2"的 div 元素的背景色都变为红色，这主要是因为这些元素的 id 属性中都包含"mr1"字符。

```
<style type="text/css">
[id*=mr1]{
```

```
    background-color:red;
}
</style>
```

使用这个[att*=val]属性选择器的运行结果如图 9-3 所示。

图 9-3　使用[att*=val]属性选择器的示例

9.3.3　结构性伪类选择器

结构性伪类选择器指的是根据 HTML 元素之间的结构关键进行筛选的伪类选择器。结构性伪类选择器如表 9-3 所示。

表 9-3　　　　　　　　　　　　　　CSS 3 新增的结构性伪类选择器

结构性伪类选择器名称	说明
E:root	匹配 E 元素在文档的根元素。在 HTML 中，根元素永远是 HTML。
E:first-child	匹配父元素的第一个子元素 E，而且必须是其父元素的第一个子节点的元素
E:last-child	匹配父元素的最后一个子元素 E，而且必须是其父元素的最后一个子节点的元素
E:nth-child(n)	匹配父元素的第 n 个子元素 E，而且必须是其父元素的第 n 个子节点的元素
E:nth-last-child(n)	匹配父元素的倒数第 n 个子元素 E，而且必须是其父元素的倒数第 n 个子节点的元素
E:only-child	匹配父元素仅有的一个子元素 E，而且必须是其父元素的唯一子节点的元素
E:first-of-type	匹配同类型中的第一个同级兄弟元素 E
E:last-of-type	匹配同类型中的最后一个同级兄弟元素 E
E:nth-of-type(n)	匹配同类型中的第 n 个同级兄弟元素 E
E:nth-last-of-type	匹配同类型中的倒数第 n 个同级兄弟元素 E
E:only-of-type	匹配同类型中的唯一的一个同级兄弟元素 E
E:empty	匹配没有任何子元素（包括 text 节点）的元素 E

下面对几种比较重要的结构性伪类选择器进行讲解。

1．:root 伪类选择器

:root 伪类选择器将样式绑定到页面的根元素中，所谓根元素，是指位于文档树中最顶层结构的元素，在 HTML 页面中就是制定包含着整个页面的"<html>"部分。

【例 9-1】　下面是一个:root 选择器的一个实例，在该实例中:root 选择器匹配的元素（HTML 文档的根元素）指定了一个较浅的背景色，为<body.../>元素指定了一个较深的背景色。其实现代

码如下。(实例位置：光盘\MR\源码\第 9 章\9-1)

```
<!DOCTYPE html>
<html>
<head>
    <meta name="author" content="Yeeku.H.Lee(CrazyIt.org)" />
    <meta http-equiv="Content-Type" content="text/html; charset=GBK" />
    <title> :root 伪选择器 </title>
    <style type="text/css">
        :root {
            background-color: #ccc;
        }
        body {
            background-color: #888;
        }
    </style>
</head>
<body>
明日科技<br/>数字出版的倡导者<br/>
编程词典<br/>程序员的私人专家<br/>
明日图书<br/>编程扫盲宝典<br/>
</body>
</html>
```

图 9-4   :root 选择器

在浏览器中浏览该页面,将看到如图 9-4 所示的效果。

注意

从图 9-5 可以看出,HTML 文档的根元素和<body.../>元素表示的范围是不同的,显然 HTML 文档的根元素的范围更大。需要指出的是,如果没有显示为 HTML 文档根元素指定样式,那么<body.../>元素的样式将对整个文档起作用。

2. first-child、last-child、nth-child 和 nth-last-child

first-child 选择器、last-child 选择器、nth-child 选择器与 nth-last-child 选择器,利用这几个选择器,能够特殊针对一个父元素中的第一个子元素、最后一个子元素、指定序号的子元素、甚至第偶数个、第奇数个子元素进行样式的指定。

● 单独指定第一个子元素、最后一个子元素的样式

【例 9-2】 下面来看一个实例,该实例对 ul 列表中的 li 列表项目进行样式的指定,在样式中对第一个列表项目于最后一个列表项目分别指定不同的背景色。这里主要是使用 first-child 选择器与 last-child 选择器将第一个列表项目的背景色指定为浅红色,将最后一个列表项目的背景色设定为浅灰色。其实现的代码如下:(实例位置：光盘\MR\源码\第 9 章\9-2)

```
<html xmlns="http://www.w3.org/1999/xhtml">
<head>
<meta http-equiv="Content-Type" content="text/html;charset=gb2312" />
<title>first-child选择器与last-child选择器使用示例</title>
<style type="text/css">
li:first-child{
    background-color: #F60
}
li:last-child{
    background-color: #CCC
}
</style>
</head>
```

```
<body>
<h2>金缕衣</h2>
<ul>
<li>劝君莫惜金缕衣</li>
<li>劝君惜取少年时</li>
<li>花开堪折直须折</li>
<li>莫待无花空折枝</li>
</ul>
</body>
</html>
```

在浏览器单独指定第一个子元素、最后一个子元素的样式中浏览该页面，将看到如图 9-5 所示的效果。

如果页面中具有多个 ul 列表，则该 first-child 选择器与 last-child 选择器对所有 ul 列表都适用。

● 对指定序号的子元素使用样式

如果使用 nth-child 选择器与 nth-last-child 选择器，不仅可以指定某个元素中第一个子元素以及最后一个子元素的样式，还可以针对父元素中某个指定序号的子元素来指定样式。这两个选择器的样式指定方法如下。

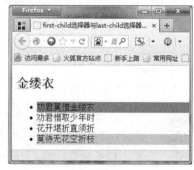

图 9-5　first-child 选择器与 last-child 选择器的使用示例

```
nth-child(n){
//指定样式
}
<子元素>:nth-last-child(n){
//指定样式
}
```

将指定序号书写在"nth-child"或"nth-last-child"后面的括号中，例如"nth-child(3)"表示第 3 个子元素，"nth-last-child(3)"表示倒数第 3 个子元素。

【例 9-3】 下面是使用 nth-child 选择器与 nth-last-child 选择器的实例，在该实例中，指定 ul 列表中第二个 li 列表项目的背景色为黄色，倒数第二个列表项目的背景色为浅蓝色，其实现的代码如下。（实例位置：光盘\MR\源码\第 9 章\9-3）

```
<html xmlns="http://www.w3.org/1999/xhtml">
<head>
<meta http-equiv="Content-Type" content="text/html;charset=gb2312" />
<title>nth-child选择器与nth-last-child选择器使用示例</title>
<style type="text/css">
li:nth-child(2){
    background-color: yellow;
}
li:nth-last-child(2){
    background-color: skyblue;
}
</style>
</head>
<body>
<h2>出塞</h2>
<ul>
```

```
<li>作者：王之涣</li>
<li>黄河远上白云间</li>
<li>一片孤城万仞山</li>
<li>羌笛何须怨杨柳</li>
<li>春风不度玉门关</li>
</ul>
</body>
</html>
```

运行本例的效果如图 9-6 所示。

● 对所有第奇数个子元素或第偶数个子元素使用样式

除了对指定序号的子元素使用样式以外，nth-child 选择器与 nth-last-child 选择器还可以用来对某个父元素中所有第奇数个子元素或第偶数个子元素使用样式。使用方法如下。

图 9-6　nth-child 选择器与 nth-last-child
选择器使用示例

```
nth-child(odd){
//指定样式
}
//所有正数下来的第偶数个子元素
<子元素>: nth-child(even){
//指定样式
}
//所有倒数上去的第奇数个子元素
<子元素>:nth-last-child(odd){
//指定样式
}
//所有倒数上去的第偶数个子元素
<子元素>:nth-last-child(even){
//指定样式
}
```

【例 9-4】 下面来看一个实例，在该实例中使用 nth-child 选择器来分别针对 ul 列表的第奇数个列表项目与第偶数个列表项目指定不同背景色的实例。在该实例中将所有第奇数个列表项目的背景色设为黄色，将所有第偶数个列表项目的背景色设为浅蓝色。其实现的代码如下。（实例位置：光盘\MR\源码\第 9 章\9-4）

```
<html xmlns="http://www.w3.org/1999/xhtml">
<head>
<meta http-equiv="Content-Type" content="text/html;charset=gb2312" />
<title>使用nth-child对第奇数个、第偶数个子元素使用不同样式示例</title>
<style type="text/css">
li:nth-child(odd){
    background-color: yellow;
}
li:nth-child(even){
    background-color: skyblue;
}
</style>
</head>
<body>
<h2>登楼</h2>
```

```
<ul>
<li>花近高楼伤客心， 万方多难此登临。</li>
<li>锦江春色来天地， 玉垒浮云变古今。</li>
<li>北极朝庭终不改， 西山寇盗莫相侵。</li>
<li>可怜后主还祠庙， 日暮聊为梁父吟。</li>
</ul>
</body>
</html>
```

运行本例的效果如图 9-7 所示。

图 9-7 使用 nth-child 对第奇数个、第偶数个子元素使用不同样式的示例

3. nth-of-type 和 nth-last-of-type

【例 9-5】 这里看一个使用这两个选择器的实例，在这个实例中建立一个 HTML 页面，在该页面中，存在一个 div 元素，在该 div 元素中，给出新闻的标题及新闻内容，为了让第奇数篇文章的标题与第偶数篇文章的标题的背景色不一样，使用 nth-child 选择器进行指定，指定第奇数篇文章的标题背景色为黄色，第偶数篇文章的标题被接受为浅蓝色，其实现的代码如下。（实例位置：光盘\MR\源码\第 9 章\9-5）

```
<html xmlns="http://www.w3.org/1999/xhtml">
<head>
<meta http-equiv="Content-Type" content="text/html;charset=gb2312" />
<title>nth-of-type 选择器与 nth-last-of-type 选择器使用示例</title>
<style type="text/css">
h2:nth-child(odd){
    background-color: yellow;
}
h2:nth-child(even){
    background-color: skyblue;
}
</style>
</head>
<body>
<div>
<h2>公司秋季旅游计划</h2>
<p>文章正文。</p>
<h2>上班迟到通报批评</h2>
<p>文章正文。</p>
<h2>公司午餐调查</h2>
<p>文章正文。</p>
<h2>放假通知</h2>
<p>文章正文。</p>
</div>
</body>
</html>
```

图 9-8 在 HTML 页面中使用 nth-child 选择器

运行本例效果如图 9-8 所示。

运行结果并没有如预期的那样，让第奇数篇文章的标题背景色为黄色，第偶数篇文章的标题背景色为浅蓝色，而是所有的新闻标题都变成了黄色。产生这个问题的原因是，nth-child 选择器在计算子元素的第奇数个元素还是第偶数个元素的时候，是连同父元素中的所有子元素一起计算的。也就是说"h2:nth-child(odd)"这句话的含义，并不是指"针对 div 元素中第奇数个 h2 子元素

来使用"，而是指"当 div 元素中的第奇数个子元素如果是 h2 子元素的时候使用"。

所以在上面这个示例中，因为 h2 元素与 p 元素相互交错，所有 h2 元素都处于奇数位置，所以所有 h2 元素的背景色都变成了黄色，而处于偶数位置的 p 元素，因为没有指定第偶数个位置的子元素的背景色，所以没有发生变化。

当父元素是列表的时候，因为列表中只可能有列表项目一种子元素，所以不会有问题，而当父元素是 div 的时候，因为 div 元素中有了不止一种子元素，所以引起了问题的产生。

【例 9-6】在 CSS 3 中，使用 nth-of-type 选择器与 nth-last-of-type 选择器可以避免这类问题的发生。使用这两个选择器的时候，CSS 3 在计算子元素时第奇数个子元素还是第偶数个子元素的时候，就只针对同类型的子元素进行计算了。下面使用 nth-of-type 选择器和 nth-last-of-type 选择器对上例中的代码进行重新编译，编译后的代码如下：（实例位置：光盘\MR\源码\第 9 章\9-6）

```
<html xmlns="http://www.w3.org/1999/xhtml">
<head>
<meta http-equiv="Content-Type" content="text/html;charset=gb2312" />
<title>nth-of-type 选择器与 nth-last-of-type 选择器使用示例</title>
<style type="text/css">
h2:nth-of-type(odd){
    background-color: yellow;
}
h2:nth-of-type(even){
    background-color: skyblue;
}
</style>
</head>
<body>
<div>
<h2>公司秋季旅游计划</h2>
<p>文章正文。</p>
<h2>上班迟到通报批评</h2>
<p>文章正文。</p>
<h2>公司午餐调查</h2>
<p>文章正文。</p>
<h2>放假通知</h2>
<p>文章正文。</p>
</div>
</body>
</html>
```

图 9-9　在 HTML 页面中使用 nth-of-type 选择器
与 nth-last-of-type 选择器

运行本例效果如图 9-9 所示。

说明　　如果计算奇数还是偶数的时候需要从下往上倒过来计算，可以使用 nth-last-of-type 选择器来代替 nth-last-child 选择器，进行倒序计算。

4. 循环使用样式

- nth-child(xn+y)：匹配符合的选择器，而且必须是其父元素的第 xn+y 个子节点的元素。
- nth-last-child(xn+y)：匹配符合的选择器，而且必须是其父元素的倒数第 xn+y 个子节点的元素。

【**例 9-7**】本实例在页面中的 CSS 样式对作为其父元素的 3n+1（1、4、7...）个子节点的<li.../>元素定义了实线边框，对作为其父元素的偶数个子节点的 li 元素定义了实线边框。实现代码如下：（实例位置：光盘\MR\源码\第 9 章\9-7）

```html
<html xmlns="http://www.w3.org/1999/xhtml">
<head>
    <meta name="author" content="Yeeku.H.Lee(CrazyIt.org)" />
    <meta http-equiv="Content-Type" content="text/html; charset=GBK" />
    <title> child </title>
    <style type="text/css">
        /* 定义对作为其父元素的倒数第 3n+1 个（1、4、7）子节点
            的 li 元素起作用的 CSS 样式 */
        li:nth-last-child(3n+1) {
            border: 1px solid black;
        }
    </style>
</head>
<body>
<ul>
    <li >PHP 编程词典</li>
    <li >C#编程词典</li>
    <li >ASP.NET 编程词典</li>
    <li >JAVA 编程词典</li>
    <li >VC 编程词典</li>
    <li >VB 编程词典</li>
</ul>
</body>
</html>
```

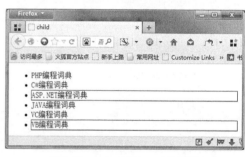

图 9-10 :nth-child(xn+y)的用法

在浏览器中浏览该页面，将看到如图 9-10 所示的效果。

5. only-child 选择器

如果采用如下的方法结合运用 nth-child 选择器与 nth-last-child 选择器的话，可以指定当某个父元素中只有一个子元素时才使用的样式。

```
<子元素>: nth-child(1):nth-last-child(1){
//指定样式
}
```

【**例 9-8**】本实例中有两个 ul 列表，一个 ul 列表里有几个列表项目，另一个 ul 列表里只有一个列表项目。在样式中指定 li 列表的背景色为黄色，但是由于采用了结合运用 nth-child 选择器与 nth-last-child 选择器并且将序号都设定为 1 的方式，所以显示中只有拥有唯一列表项目的那个 ul 列表中的列表项目背景色为黄色。其实现代码如下：（实例位置：光盘\MR\源码\第 9 章\9-8）

```html
<html xmlns="http://www.w3.org/1999/xhtml">
<head>
<meta http-equiv="Content-Type" content="text/html;charset=gb2312" />
<title>只对唯一列表项目使用样式示例</title>
<style type="text/css">
li:nth-child(1):nth-last-child(1){
    background-color: yellow;
}
</style>
</head>
<body>
```

```
<h2>ul 列表 A</h2>
<ul>
<li>列表项目 A01</li>
</ul>
<h2>ul 列表 B</h2>
<ul>
<li>列表项目 B1</li>
<li>列表项目 B2</li>
<li>列表项目 B3</li>
</ul>
</body>
</html>
```

图 9-11　只对唯一列表项目使用样式示例

在浏览器中浏览该页面，将看到如图 9-11 所示的效果。

另外，可以使用 only-child 选择器代替使用"nth-child(1):nth-last-child(1)"的实现方法。譬如在上面这个实例中，可以将样式指定中的代码改成如下的指定方法。

```
<style type="text/css">
li:only-child{
    background-color: yellow;
}
</style>
```

读者可自行将上面实例中的样式指定代码用这段代码进行替代，然后在浏览器中重新查看运行结果。另外，也可使用 only-of-type 选择器替代"nth-of-type(1):nth-last-of-type(1)"这种结合 nth-of-type 选择器与 nth-last-of-type 选择器来让样式只对唯一子元素起作用的实现方法。nth-of-type 选择器与 nth-last-of-type 选择器的作用与使用方法在前面已经介绍，此处不赘述。

9.3.4　UI 元素状态伪类选择器

在 CSS 3 选择器中，除了结构性伪类选择器外，还有一种 UI 元素状态伪类选择器。

这些选择器的共同特征是：指定的样式只有当元素处于某种状态下时才起作用，在默认状态下不起作用。

在 CSS 3 中，共有 10 种 UI 元素状态伪类选择器，分别是 E:hover、E:active、E:focus、E:enabled、E:disabled、E:read-only、E:read-write、E:checked、E:default 及 E::selection。

1. E:hover、E:active、E:focus 选择器

E:hover 选择器用来指定当鼠标指针移动到元素上面时元素所使用的样式；E:active 选择器用来指定元素被激活（鼠标在元素上按下还没有松开）时使用的样式；E:focus 选择器用来指定元素获得光标焦点时使用的样式，主要是在文本框控件获得焦点并进行文字输入的时候使用。

【例 9-9】下面来看一个实例，在该实例中使用了这 3 个选择器，在该实例中有两个文本框控件，使用这 3 个选择器来指定当鼠标指针移动到文本框控件上面时，文本框控件被激活时以及光标焦点落在文本框之内时的样式。其实现的主要代码如下：（实例位置：光盘\MR\源码\第 9 章\9-9）

```
<html xmlns="http://www.w3.org/1999/xhtml">
<head>
<meta http-equiv="Content-Type" content="text/html; charset=gb2312" />
<title>E:hover 选择器、E:active 选择器与 E:focus 选择器使用示例</title>
</head>
<style type="text/css">
input[type="text"]:hover{
```

```
        background-color: red;
    }
    input[type="text"]:focus{
        background-color: skyblue;
    }
    input[type="text"]:active{
        background-color: yellow;
    }
    </style>
    <body>
    <form>
    <p>姓名: <input type="text" name="name" /></p>
    <p>地址: <input type="text" name="address" /></p>
    </form>
    </body>
    </html>
```

没有对文本框控件进行任何操作时，文本框背景色为白色，如图 9-12 所示。

鼠标指针移动到某一个文本框控件上面时，文本框背景色为红色，如图 9-13 所示。

图 9-12　没有对文本框控件进行任何操作时

图 9-13　鼠标指针移动到姓名文本框控件上时

文本框控件被激活时文本框背景色为黄色，效果如图 9-14 所示。

文本框控件获得光标焦点后文本框背景色为浅蓝色，效果如图 9-15 所示。

图 9-14　姓名文本框控件被激活时

图 9-15　姓名文本框控件获得光标焦点时

2. E:enabled 伪类选择器与 E:disabled 伪类选择器

E:enabled 伪类选择器用来指定当元素处于可用状态时的样式；E:disabled 伪类选择器用来指定当元素处于不可用状态时的样式。

【例 9-10】下面是一个将 E:enabled 伪类选择器与 E:disabled 伪类选择器结合使用的实例，在该实例中放置一张表单，在表单中有一个 ul 列表，该列表项是以文本框的形式放置的并将后两个列表项的 disabled 属性设置为"disabled"，并应用 E:enabled 伪类选择器与 E:disabled 伪类选择器为列表项使用不同的样式。其实现的代码如下：（实例位置：光盘\MR\源码\第 9 章\9-10）

```
<html xmlns="http://www.w3.org/1999/xhtml">
<head>
```

```
<meta http-equiv="Content-Type" content="text/html;charset=gb2312" />
<title>E: disabled 伪类选择器与 E:enabled 伪类选择器结合使用示例</title>
<style>
li{
    padding:3px;
}
input[type="text"]:enabled{
    border:1px solid #090;
    background:#fff;color:#000;
}
input[type="text"]:disabled{
    border:1px solid #ccc;
    background:#eee;color:#ccc;
}
</style>
</head>
<body>
<form method="post" action="">
<fieldset>
    <ul>
        <li><input type="text" value="可用状态" /></li>
        <li><input type="text" value="可用状态" /></li>
        <li><input type="text" value="禁用状态" disabled="disabled" /></li>
        <li><input type="text" value="禁用状态" disabled="disabled" /></li>
    </ul>
</fieldset>
</form>
</body>
</html>
```

在浏览器中浏览该页面，将看到如图 9-16 所示的
效果。

3. E:read-only 伪类选择器与 E:read-write 伪类选择器

E:read-only 伪类选择器用来指定当元素处于只读
状态时的样式；E:read-write 伪类选择器用来指定当元
素处于非只读状态时的样式。

图 9-16　E:enabled 伪类选择器与 E:disabled 伪类
选择器结合使用的实例

在火狐浏览器中，需要写成"-moz-read-only"或"-moz-read-write"的形式。

【例 9-11】　下面是一个 E:read-only 选择器与 E:read-write 选择器结合使用的一个实例，在该
实例中有一个姓名文本框控件和一个地址文本框控件。其中姓名文本框控件不是只读控件，所以
使用 E:read-write 选择器定义样式；地址文本框控件是只读控件，使用 E:read-only 选择器定义样
式。其实现的代码如下：（实例位置：光盘\MR\源码\第 9 章\9-11）

```
<html xmlns="http://www.w3.org/1999/xhtml">
<head>
<meta http-equiv="Content-Type" content="text/html;charset=gb2312" />
<title> E: read-only 伪类选择器与 E:read-write 伪类选择器结合使用示例</title>
<style type="text/css">
input[type="text"]:-moz-read-only{
```

```
        background-color: #CCC
}
input[type="text"]:-moz-read-write{
        background-color: yellow;
}
</style>
</head>
<body>
<form>
<p>姓名: <input type="text" name="name" />
<p>地址: <input type="text" name="address" value="吉林省长春市" readonly="readonly" />
</p>
</form>
</body>
</html>
```

在浏览器中浏览该页面，将看到如图 9-17 所示的效果。

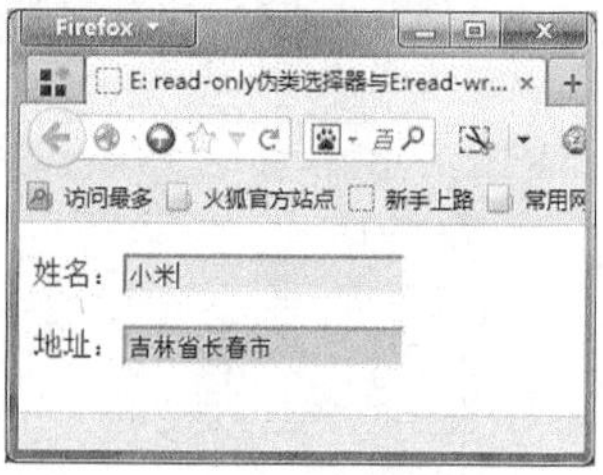

4. 伪类选择器：E:checked、E:default

E:checked 伪类选择器用来指定当表单中的 radio 单选框或 checkbox 复选框处于选取状态时的样式。

图 9-17　E:read-only 选择器与 E:read-write 选择器结合使用

【例 9-12】 下面来看一个 E:checked 伪类选择器的使用实例，在该实例中使用了几个复选框，复选框在非选取状态时边框默认为黑色，当复选框处于选取状态时通过 E:checked 伪类选择器让选取框成为红色。其实现的代码如下：（实例位置：光盘\MR\源码\第 9 章\9-12）

```
<html xmlns="http://www.w3.org/1999/xhtml">
<head>
<meta http-equiv="Content-Type" content="text/html;charset=gb2312" />
<title>E:checked 伪类选择器使用示例</title>
<style type="text/css">
input[type="checkbox"]:checked {
    outline:3px solid blue;
}
input[type="checkbox"]:-moz-checked {
    outline:3px solid blue;
}
</style>
</head>
<body>
<form>
请选择您喜欢的音乐类型: <input type="checkbox">流行音乐</input>
<input type="checkbox">民歌</input>
<input type="checkbox">轻音乐</input>
<input type="checkbox">歌剧</input>
</form>
</body>
</html
```

在浏览器中浏览该页面，将看到如图 9-18 所示的效果。

E:default 选择器用来指定当页面打开时默认处于选取状态的单选框或复选框控件的样式。

即使用户将该单选框或复选框控件的选取状态设定为非选取状态，E:default 选择器中指定的样式仍然有效。

【**例 9-13**】 下面是一个 E:default 选择器的使用实例，该实例中有几个复选框，第一个复选框被设定为默认打开时为选取状态，使用 E:default 选择器设定该复选框的边框为红色。其实现的代码如下：（实例位置：光盘\MR\源码\第 9 章\9-13）

```html
<html xmlns="http://www.w3.org/1999/xhtml">
<head>
<meta http-equiv="Content-Type" content="text/html;charset=gb2312" />
<title>E:default 选择器的使用示例</title>
<style type="text/css">
input[type="checkbox"]:default {
    outline:2px solid  red;
}
</style>
</head>
<body>
<form>
您喜欢的电影类型：<input type="checkbox" checked>爱情剧</input>
<input type="checkbox">恐怖剧</input>
<input type="checkbox">动作剧</input>
<input type="checkbox">教育剧</input>
</form>
</body>
</html>
```

在浏览器中浏览该页面，将看到如图 9-19 所示的效果。

图 9-18　E:checked 伪类选择器的使用实例　　　　图 9-19　E:default 伪类选择器的使用实例

5. E::selection 伪类选择器

E::selection 伪类选择器用来指定当前处于选中状态时的样式。

【**例 9-14**】 下面是一个 E:default 选择器的使用实例，在该实例中应用 E:default 选择器对选中的内容进行描红。其实现的代码如下：（实例位置：光盘\MR\源码\第 9 章\9-14）

```html
<html xmlns="http://www.w3.org/1999/xhtml">
<head>
<meta http-equiv="Content-Type" content="text/html; charset=utf-8" />
<title> UI 元素状态的伪类选择器 </title>
    <style type="text/css">
        td {
            border:1px solid black;
            padding:4px;
        }
        /* 为有内容被选择的元素设置 CSS 样式 */
        ::selection {
            background-color: red;
            color: white;
        }
```

```
        /* 专为基于 Gecko 内核浏览器指定 CSS 样式:
        为有内容被选择的元素设置 CSS 样式 */
        ::-moz-selection {
            background-color: red;
            color: white;
        }
    </style>
</head>
<body>
<table style="width:400px;border-collapse:collapse">
    <tr>
        <td>PHP 编程词典</td><td>298</td>
    </tr>
    <tr>
        <td>PHP 开发实战 1200 例</td><td>89</td>
    </tr>
    <tr contentEditable="true">
        <td>PHP 自学手册</td><td>69</td>
    </tr>
</table>
</body>
</html>
```

在浏览器中浏览该页面，将看到如图 9-20 所示的
效果。

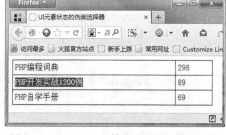

图 9-20　E::selection 伪类选择器的使用实例

9.3.5　通用兄弟元素选择器

通用兄弟元素选择器（E～F）用来指定位于同一个
父元素之中的某个元素之后的所有其他某个种类的兄弟
元素所使用的样式，它的使用方法如下。

```
<子元素> ～<子元素之后的同级兄弟元素>{
//指定样式
}
```

这里的同级是指子元素和兄弟元素的父元素是同一个元素。

【例 9-15】 下面看一个通用兄弟元素选择器的使用实例，该实例中对所有 div 元素之后的、
与 div 元素同级的 p 元素指定其背景色为绿色，但是对 div 元素内部的 p 元素的背景色不做指定。
其实现的代码如下。（实例位置：光盘\MR\源码\第 9 章\9-15）

```
<html xmlns="http://www.w3.org/1999/xhtml">
<head>
<meta http-equiv="Content-Type" content="text/html; charset=gb2312" />
<style type="text/css">
div ～ p {background-color:#00FF00;}
</style>
<title>通用兄弟元素选择器 E ～ F</title>
</head>
<body>
<div style="width:733px; border: 1px solid #666; padding:5px;">
```

```
<div>
    <p>弃我去者，昨日之日不可留</p>
    <p>乱我心者，今日之日多烦忧</p>
</div>
<hr />
<p>长风万里送秋雁，对此可以酣高楼</p>
<p>蓬莱文章建安骨，中间小谢又清发</p>
<hr />
<p>俱怀逸兴壮思飞，欲上青天览明月素</p>
<hr />
<div>抽刀断水水更流，举杯销愁愁更愁</div>
<hr />
<p>人生在世不称意，明朝散发弄扁舟</p>
</div>
</body>
</html>
```

在浏览器中浏览该页面，将看到如图 9-21 所示的效果。

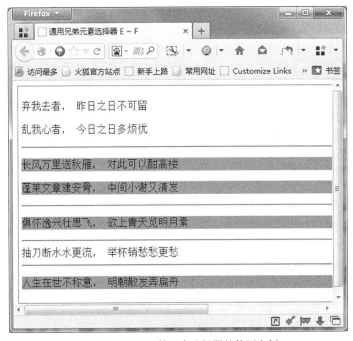

图 9-21　通用兄弟元素选择器的使用实例

9.4　综合实例——生动的列表导航

网站的导航是一个网站的指南针，作为这么重要的一项，对导航的设计也是多姿多彩的，而导航的展现形式也是很多样的。本例中就模仿新浪网的导航制作了一个以列表形式展示的导航，运行效果如图 9-22 所示。

图 9-22　生动的列表导航

　　实现本例主要是使用结构伪类选择器来制作导航列表样式，充分演示了结构伪类在多列表结构中的应用价值。本上机实践的关键代码参考如下：

　　程序开发步骤如下：

　　（1）新建一个 index.html 页面，在该页的<body>部分编写列表导航菜单，代码如下：

```
<body>
<h1>制作生动的列表</h1>
<div id="menu">
    <ul>
        <li> 新闻</li>
        <li> 军事</li>
        <li> 社会 </li>
        <li> 财经</li>
        <li> 股票 </li>
        <li> 基金</li>
        <li> 科技 </li>
        <li> 手机</li>
        <li> 数码 </li>
        <li> 体育 </li>
        <li> 中超 </li>
        <li> NBA </li>
        <li> 娱乐 </li>
        <li> 明星 </li>
        <li> 音乐 </li>
        <li> 汽车 </li>
        <li> 图库 </li>
        <li> 车型 </li>
        <li> 博客</li>
        <li> 微博 </li>
        <li> 草根</li>
        <li> 视频 </li>
        <li> 播客 </li>
        <li> 大片 </li>
        <li> 房产 </li>
        <li> 地产 </li>
        <li> 家居 </li>
        <li> 读书 </li>
        <li> 教育 </li>
        <li> 健康 </li>
        <li> 女性 </li>
```

```
        <li> 星座 </li>
        <li> 育儿 </li>
        <li> 乐库 </li>
        <li> 尚品 </li>
        <li> 宠物 </li>
        <li> 空间</li>
        <li> 邮箱 </li>
        <li> 出国</li>
        <li> 论坛</li>
        <li> SHOW </li>
        <li> UC </li>
        <li> 游戏</li>
        <li> 玩玩</li>
        <li> 交友</li>
        <li> 城市</li>
        <li> 广东 </li>
        <li> 上海</li>
        <li> 生活 </li>
        <li> 旅游</li>
        <li> 电商</li>
        <li> 短信 </li>
        <li> 商城</li>
        <li> 彩信</li>
        <li> 高尔夫 </li>
        <li> 下载</li>
        <li> 导航</li>
        <li> 商城 </li>
        <li> 天气 </li>
        <li> 爱问</li>
        <li> 彩票 </li>
        <li> 公益 </li>
        <li> 世博 </li>
    </ul>
</div>
</body>
```

（2）在 index.html 页面的头部区域定义 css 样式，以便使用结构伪类选择器来控制导航列表的样式，代码如下：

```
<style type="text/css">
h1 { font-size:16px; }
/*导入背景图*/
#menu {
    width:965px;
    height:126px;
    background:url(images/bg6.jpg) no-repeat right bottom;
}
ul, li {
    padding:0;
```

```
        margin:0;
        list-style:none;
    }
    ul {
        float:right;
        margin-right:0px;
        margin-top:55px;
        width:790px;
        font-size:12px;
    }
```

/*浮动显示列表项，该方法比较灵活，但也容易出现错位和排列不整齐的问题。解决的方法就是：固定外框和项目的宽度*/

```
    li {
        float:left;
        width:36px;
        padding:0 0 4px 0;
        text-align:center;
        background:url(images/line1.gif)  no-repeat left center;
    }
    li:nth-child(3n+1) {  /*匹配1、4、7、10、13.....（步长为3）项的列表项*/
        font-weight:bold;
        background:none;/*清除加粗列表项的背景*/
    }
    li:nth-child(55)  {font-size:11px;}/*为特定位置列表项定义样式缩小显示*/
    li:nth-child(22n+1){ margin-left:-1px;}/*微调每行第一个列表项，以便对齐*/
    li:nth-child(20){ color:red;}/*为特定位置的列表项定义样式突出显示*/
</style>
```

知识点提炼

（1）[att^="val"]属性选择器的含义是：如果元素用 att 表示的属性之属性值的开头字符为 val 的话，则该元素使用这个样式。

（2）[att$="val"]属性选择器的含义是：如果元素用 att 表示的属性之属性值的结尾字符为 val 的话，则该元素使用这个样式。

（3）[att*="val"]属性选择器的含义是：如果元素用 att 表示的属性之属性值中包含 val 的话，则该元素使用这个样式。

（4）:root 伪类选择器将样式绑定到页面的根元素中。

（5）first-child 选择器、last-child 选择器、nth-child 选择器与 nth-last-child 选择器，利用这几个选择器，能够特殊针对一个父元素中的第一个子元素、最后一个子元素、指定序号的子元素、甚至第偶数个、第奇数个子元素进行样式的指定。

（6）E:hover 选择器用来指定当鼠标指针移动到元素上面时元素所使用的样式；E:active 选择器用来指定元素被激活（鼠标在元素上按下还没有松开）时使用的样式；E:focus 选择器用来指定元素获得光标焦点时使用的样式，主要是在文本框控件获得焦点并进行文字输入的时候使用。

（7）E:enabled 伪类选择器用来指定当元素处于可用状态时的样式；E:disabled 伪类选择器用来指定当元素处于不可用状态时的样式。

（8）E:read-only 伪类选择器用来指定当元素处于只读状态时的样式；E:read-write 伪类选择器

用来指定当元素处于非只读状态时的样式。

（9）E:checked 伪类选择器用来指定当表单中的 radio 单选框或 checkbox 复选框处于选取状态时的样式。

（10）E::selection 伪类选择器用来指定当前处于选中状态时是样式。

（11）通用兄弟元素选择器（E～F）用来指定位于同一个父元素之中的某个元素之后的所有其他某个种类的兄弟元素所使用的样式。

习　　题

9-1　CSS 3 中新增了哪些属性选择器，并说明其用途？

9-2　在 CSS3 中，:root 伪类选择器主要的作用是什么？

9-3　要在程序中循环使用样式，则可以使用哪种选择器？

9-4　E:hover、E:active 和 E:focus 这 3 种选择器有什么区别？

9-5　在 CSS 3 中，如何设置单选按钮或者复选框的样式？

第 10 章
CSS 字体与文本相关属性

本章要点：
- 使用 text-shadow 属性给文字添加阴影
- 文本相关的属性应用
- 如何使用 CSS3 中的服务器字体
- 使用 font-size-adjust 属性微调字体大小

本章将会详细介绍 CSS 3 中字体和文本相关属性，这些属性是 HTML 网页上使用最多的属性，我们经常需要控制 HTML 网页上的字体颜色、字体大小、字体粗细等，这些字体外观都是通过字体相关属性控制的。除此之外，文本的对齐方式、文本的换行风格等都是通过文本相关属性来控制的。另外，CSS 3 的一个重要变化就是增加了服务器字体功能，这样避免了浏览者浏览网页时因为字体缺失导致网页效果变差的问题。本章将对 CSS3 中字体与文本相关属性进行讲解。

10.1　给文字添加阴影—text–shadow 属性

text-shadow 属性用于设置文字是否有阴影效果，本节将对该属性的使用进行详细讲解。

10.1.1　text–shadow 属性的使用方法

字体相关属性中提供了一个 text-shadow 属性，该属性在 CSS 2.0 中被引入，CSS 2.1 删除了该属性，CSS3.0 再次引入了该属性。该属性的值如下：
- Color：指定颜色。
- Length：由浮点数字和单位标识符组成的长度值。可为负值。指定阴影的水平延伸距离。
- Lengt：由浮点数字和单位标识符组成的长度值。可为负值。指定阴影的垂直延伸距离。
- Opacity：由浮点数字和单位标识符组成的长度值。不可为负值。指定模糊效果的作用距离。如果仅仅需要模糊效果，将前两个 length 全部设定为 0 。

【例 10-1】　下面的一个实例，展示了设置阴影的几个参数的意义：（实例位置：光盘\MR\源码\第 10 章\10-1）

```
<title> 阴影 </title>
    <style type="text/css">
        span{
            display: block;
            padding: 8px;
```

```
        font-size:xx-large;
        }
    </style>
</head>
<body>
text-shadow:red 5px 5px 2px:
<span style="text-shadow:red 5px 5px 2px">明日科技 MR</span>
text-shadow:5px 5px 2px（省略阴影颜色）:
<span style="text-shadow:5px 5px 2px;color:blue;">明日科技 MR</span>
text-shadow:-5px -5px 2px gray（向左上角投影）:
<span style="text-shadow:-5px -5px 2px gray">明日科技 MR</span>
text-shadow:-5px 5px 2px gray（向左下角投影）:
<span style="text-shadow:-5px 5px 2px gray">明日科技 MR</span>
text-shadow:5px -5px 2px gray（向右上角投影）:
<span style="text-shadow:5px -5px 2px gray">明日科技 MR</span>
text-shadow:5px 5px 2px gray（向右下角投影）:
<span style="text-shadow:5px 5px 2px gray">明日科技 MR</span>
text-shadow:15px 15px 2px gray（向右下角投影、更大偏移距）:
<span style="text-shadow:15px 15px 2px gray">明日科技 MR</span>
text-shadow:5px 5px 10px gray（模糊半径增加，模糊程度加深）:
<span style="text-shadow:5px 5px 10px gray">明日科技 MR</span>
</body>
```

从上面代码可以看出，通过改变横向与纵向的距离，来控制投影的方向、投影的偏移距离。在浏览器中浏览该页面，可以看到如图 10-1 所示的效果。

图 10-1　为文字设置阴影

10.1.2　指定多个阴影

可以使用 text-shadow 属性来给文字指定多个阴影，并且针对每个阴影使用不同颜色。指定多个阴影时使用逗号将多个阴影进行分割。到目前为止，只有 Firefox 浏览器、Chrome 浏览器及 Opera 浏览器支持该功能。

【例 10-2】　下面来看一个指定多个阴影的实例，在该实例中为文字依次指定了红色、蓝色及绿色阴影，同时也为这些阴影指定了适当的位置，其实现的代码如下：（实例位置：光盘\MR\源码\第 10 章\10-2）

```
<!DOCTYPE html >
<html>
<head>
    <meta http-equiv="Content-Type" content="text/html; charset=utf-8" />
    <title>指定多个阴影</title>
    <style type="text/css">
        div{
            text-shadow:10px 10px #FF0000,
                        40px 35px #0066FF,
                        70px 60px #00FF33;
            color: navy;
            font-size:50px;
            font-weight:bold;
            font-family:宋体;
        }
    </style>
</head>
<body>
<div>保持好心情</div>
</body>
</html>
```

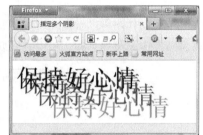

图 10-2　指定多个阴影

在浏览器中浏览该页面，可以看到如图 10-2 所示的效果。

10.2　文本相关属性

文本相关属性用于控制整个段或整个<div…/>元素的显示效果，包括文字的缩进、段落内文字的对齐等显示方式。本节将对常用的几种文本属性进行介绍。

10.2.1　文本自动换行：word–break

当 HTML 元素不足以显示它里面的所有文本时，浏览器会自动换行显示它里面的所有文本。浏览器默认换行规则是，对于西方文字来说，浏览器只会在半角空格、连字符的地方进行换行，不会在单词中间换行；对于中文来说，浏览器可以在任何一个中文字符后换行。

有些时候，希望让浏览器可以在西方文字的单词中间换行，此时可借助于 word-break 属性。如果把 word-break 属性设为 break-all，即可让浏览器在单词中间换行。

【例 10-3】　本实例演示了 word-break 属性的功能。程序代码如下：（实例位置：光盘\MR\源

码\第 10 章\10-3）

```
<!DOCTYPE html>
<html>
<head>
    <meta http-equiv="Content-Type" content="text/html; charset=GBK" />
    <title>文本相关属性设置</title>
    <style type="text/css">
    /* 为 div 元素增加边框 */
    div{
        border:1px solid #000000;
        height: 60px;
        width: 200px;
    }
    </style>
</head>
<body>
<!-- 不允许在单词中换行 -->
word-break:keep-all <div style="word-break:keep-all">
Behind every successful man there is a lot unsuccessful yeas. </div>
<!-- 指定允许在单词中换行 -->
word-break:break-all <div style="word-break:break-all">
Behind every successful man there is a lot unsuccessful
yeas. </div>
</body>
</html>
```

上面页面中第二个<div.../>元素设置了 word-break:break-all，这意味着允许该<div.../>里的内容在单词中换行。使用浏览器浏览该页面，将看到如图 10-3 所示的效果。

图 10-3　在单词中换行

 　　到目前为止，Firefox 和 Opera 两个浏览器都不支持 word-break 属性，而 Internett Explorer、Safari、Chrome 都支持该属性。

10.2.2　长单词和 URL 地址换行

对于西方文字来说，浏览器在半角空格或连字符的地方进行换行。因此，浏览器不能给较长的单词自动换行。当浏览器窗口比较窄的时候，文字会超出浏览器的窗口，浏览器下部出现滚动条，让用户通过拖动滚动条的方法来查看没有在当前窗口显示的文字。

但是，这种比较长得单词出现的机会不时很大，而大多数超出当前浏览器窗口的情况是出现在显示比较长的 URL 地址的时候。因为在 URL 地址中没有半角空格，所以当 URL 地址中没有连字符的时候，浏览器在显示时是将其视为一个比较长得单词来进行显示的。

在 CSS 3 中，使用 word-wrap 属性来实现长单词与 URL 地址的自动换行。该属性可以使用的属性值为 normal 与 break-word 两个。使用 normal 属性值时浏览器保持默认处理，只在半角空格或连字符的地方进行换行。使用 break-word 时浏览器可再长单词或 URL 地址内部进行换行。

【例 10-4】　本实例演示了 word-wrap 属性的功能，其代码如下：（实例位置：光盘\MR\源码\第 10 章\10-4）

```
<!DOCTYPE html>
<html>
```

```
<head>
    <meta http-equiv="Content-Type" content="text/html; charset=GBK" />
    <title>文本相关属性设置</title>
    <style type="text/css">
    /* 为div元素增加边框 */
    div{
        border:1px solid #000000;
        height: 55px;
        width:140px;
    }
    </style>
</head>
<body>
<!-- 允许在长单词、URL 地址中间换行 -->
word-wrap:normal <div style="word-wrap:normal;">
Our domain is http://www.mingribook.com</div>
<!-- 允许在长单词、URL 地址中间换行 -->
word-wrap:break-word <div style="word-wrap:break-word;">
Our domain is http://www.mingribook.com</div>
</body>
</html>
```

在浏览器中浏览该页面，可以看到如图 10-4 所示的效果。

需要指出的是，word-break 与 word-wrap 属性的作用并不相同，它们的区别如下：

图 10-4　在 URL 地址中换行

- word-break：将该属性设为 break-all，可以让组件内每一行文本的最后一个单词自动换行。
- word-wrap：该属性会尽量让长单词、URL 地址不要换行。即使将该属性设为 break-word，浏览器也会尽量让长单词、URL 地址单独占用一行，只有当一行文本都不足以显示这个长单词、URL 地址时，浏览器才会在长单词、URL 地址的中间换行。

10.3　CSS 3 新增的服务器字体

在 CSS 3 之前，页面文字所使用的字体必须已经在客户端中被安装才能正常显示，在样式表中允许指定当前字体不能正常显示时使用的替代字体，但是如果这个替代字体在客户端中也没有安装时，使用这个字体的文字就不能正常显示了。

为了解决这个问题，在 CSS 3 中，新增了 Web Fonts 功能，使用这个功能，网页中可以使用安装在服务器端的字体，只要某个字体在服务器端已经安装，网页中就都能够正常显示了。

10.3.1　使用服务器字体

使用服务器字体非常简单，只要使用@font-face 定义服务器字体即可。@font-face 的语法格式如下：

```
@font-face{
    font-family:name;
    src:url(url) format(fontformat);
```

```
font-weight:normal;
}
```

上面的语法格式中的 font-family 属性值用于指定该服务器字体的名称，这个名称可以随意定义，src 属性中通过 url 指定该字体的字体文件的绝对或相对路径，format 则用于指定该字体的字体格式。到目前为止，服务器字体还只支持 TrueType 格式（对应于*.ttf 字体文件）和 OpenType 格式（对应于*.otf 字体文件）。

使用服务器字体的步骤如下：

（1）下载需要使用的服务器字体对应的字体文件。

（2）使用@font-face 定义服务器字体。

（3）通过 font-family 属性指定使用服务器字体

【例 10-5】　本实例演示了如何使用服务器字体。本例具体的实现过程是：首先是定义服务器字体：Tahoma，该字体对应的字体文件是 BAUHS93.ttf（该字体文件必须放在与本实例的 index.html 相同的路径下），并指定该字体是 TrueType 字体格式，接下来通过 style 属性指定<div.../>元素使用 Tahoma 字体。其具体的实现代码如下：（实例位置：光盘\MR\源码\第 10 章\10-5）

```
<!DOCTYPE html>
<html>
<head>
    <meta http-equiv="Content-Type" content="text/html; charset=GBK" />
    <title> 服务器字体 </title>
    <style type="text/css">
        /* 定义服务器字体，字体名为 Tahoma
        服务器字体对应的字体文件为 BAUHS93.ttf */
        @font-face {
            font-family: Tahoma;
            src: url("BAUHS93.ttf") format("TrueType");
        }
    </style>
</head>
<body>
<!-- 指定 Tahoma 字体，这是服务器字体 -->
<div style="font-family:Tahoma;font-size:36pt">
My love is http://www.mingribook.com
</div>
</body>
</html>
```

在浏览器中浏览该页面，将看到如图 10-5 所示的效果。

图 10-5　使用服务器字体实例

10.3.2　定义粗体、斜体字

在网页上指定字体时，除了可以指定特定字体之外，还可以指定使用粗体字、斜体字，但在使用服务器字体时，需要为粗体、斜体、粗斜体使用不同的字体文件（需要相应地下载不同的字体文件，下载地址为：http://www.josbuivenga.demon.nl/fontinsans.html）。

【例 10-6】　本实例演示了如何定义粗体、斜体、粗斜体的设置，具体步骤是：首先定义了 4 个名为 CrazyIt 的服务器字体，分别代表了普通、粗体、斜体、粗斜体 4 种服务器体。接下来页面中定义了 4 个<div.../>元素都指定使用 CrazyIt 字体，但指定了粗体、斜体、粗斜体风格，程序将自动应用上面定义的 4 种服务器字体。其实现的具体代码如下：（实例位置：光盘\MR\源码\第 10章\10-6）

```
<!DOCTYPE html>
<html>
<head>
    <meta http-equiv="Content-Type" content="text/html; charset=GBK" />
    <title> 服务器字体 </title>
    <style type="text/css">
        /* 定义普通的服务器字体 */
        @font-face {
            font-family: CrazyIt;
            src: url("CENTAUR.ttf") format("TrueType");
        }
        /* 定义粗体的服务器字体 */
        @font-face {
            font-family: CrazyIt;
            src: url("Fontin_Sans_B_45b") format("OpenType");
            font-weight: bold;
        }
        /* 定义斜体的服务器字体 */
        @font-face {
            font-family: CrazyIt;
            src: url("Fontin_Sans_I_45b.otf") format("OpenType");
            font-style: italic;
        }
        /* 定义粗斜体的服务器字体 */
        @font-face {
            font-family: CrazyIt;
            src: url("Fontin_Sans_BI_45b.otf") format("OpenType");
            font-style: italic;
            font-weight: bold;
        }
    </style>
</head>
<body>
<div style="font-family:CrazyIt;font-size:30pt">
http://www.mingribook.com</div>
    <div style="font-family:CrazyIt;font-size:30pt;font-weight:bold">
http://www.mingribook.com</div>
    <div style="font-family:CrazyIt;font-size:30pt;font-style:italic;">
http://www.mingribook.com</div>
    <div style="font-family:CrazyIt;font-size:30pt;
font-weight:bold
    ;font-style:italic;">
http://www.mingribook.com</div>
</body>
</html>
```

在浏览器中浏览该页面，将看到如图 10-6 所示的效果。

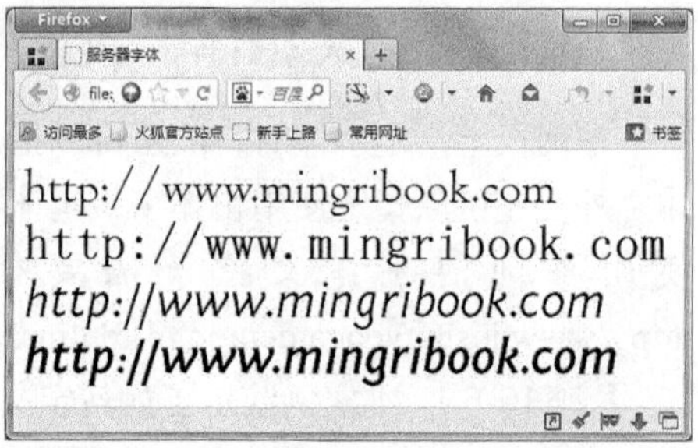

图 10-6　粗体、斜体、粗斜体的服务器字体

10.3.3 优先使用客户端字体

虽然 CSS 3 提供了服务器字体功能，但在开发时也不能经常使用服务器字体，因为用服务器字体需要从远程服务器下载字体文件，因此效率并不好。因此，应该尽量考虑使用浏览者的客户端字体。只有当客户端不存在这种字体时，才考虑使用服务器字体作为替代方案，CSS 3 也为这种方案提供了支持。

CSS 3 使用@font-face 定义服务器字体时，src 属性除了可以使用 url 来指定服务器字体的路径之外，也可以使用 local 指定客户端字体名称。

【例 10-7】下面是使用@font-face 属性显示客户端字体的一个实例，在该实例中，定义 CrazyIt 服务器字体，指定 src 属性时，优先使用 local("Arial")客户端字体；当客户端不存在这种字体时，url("Fontin_Sans_I_45b")字体会作为替代字体。其实现的代码如下：（实例位置：光盘\MR\源码\第 10 章\10-7）

```
<!DOCTYPE html>
<html>
<head>
    <meta http-equiv="Content-Type" content="text/html; charset=GBK" />
    <title> 优先使用客户端字体 </title>
    <style type="text/css">
        /* 定义服务器字体: CrazyIt
        该字体优先使用客户端字体: Arial
        当客户端字体不存在时，使用 Fontin_Sans_I_45b.ttf 作为替代字体。
        */
        @font-face {
            font-family: CrazyIt;
            src: local("Arial"), url("Fontin_Sans_I_45b") format("TrueType");
        }
    </style>
</head>
<body>
<div style="font-family:CrazyIt;font-size:24pt">
My love is http://www.mingribook.com
</div>
</body>
</html>
```

在浏览器中浏览该页面（假设客户端存在 Arial 字体），将可以看到如图 10-7 所示的效果。

图 10-7 @font-face 属性显示客户端字体

10.4　使用 font–size–adjust 属性微调字体大小

如果改变了字体的种类，则页面中所有使用该字体的文字大小都可能发生变化，从而使得原来安排好的页面布局产生混乱，这是网页设计者最不希望发生的一种状况。因此，在 CSS 3 中，针对这种情况，增加了 font-size-adjust 属性。使用这个属性，可以在保持文字大小不发生变化的情况下改变字体的种类。

10.4.1　字体不同导致文字大小的不同

【例 10-8】 首先，来看一个实例，在该实例中有 4 个 div 元素，每个 div 元素的字体都设定为 16 个像素，但是字体全都不一致，导致页面上显示出来的文字大小也不相同，其实现的代码如下：（实例位置：光盘\MR\源码\第 10 章\10-8）

```
<!DOCTYPE html>
<html>
<head>
    <meta http-equiv="Content-Type" content="text/html; charset=GBK" />
    <title>字体不同导致文字大小不同的示例</title>
</head>
<style type="text/css">
div#div1
{
    font-family: Verdana;
    font-size:30px;
}
div#div2
{
    font-family: Tahoma;
    font-size:30px;
}
div#div3
{
    font-family: sans-serif;
    font-size:30px;
}
div#div4
{

    font-family: Georgia;
    font-size:30px;
}
</style>
<body>
    <div id="div1">You and me</div>
    <div id="div2">You and me</div>
    <div id="div3">You and me</div>
    <div id="div4">You and me</div>
</body>
</html>
```

这段代码的运行结果如图 10-8 所示。

由此可见，如果更改了字体的种类，很可能会因为文字大小的变化而导致原来的页面布局产生混乱。

10.4.2　font-size-adjust 属性的使用方法

font-size-adjust 属性的使用方法很简单，但是它需要使用每个字体种类自带的一个 aspect 值（比例值）。font-size-adjust 属性的使用方法类似如下，其中 0.46 为 Times New Roman 字体的 aspect 值。

图 10-8　字体不同导致文字大小不同的示例

```
div{
    font-size:16px;
    font-family:Times New Roman;
    font-size-adjust:0.46;
}
```

aspect 值可以用来在将字体修改为其他字体时保持字体大小基本不变，这个 aspect 值的计算方法为 x-height 值除以该字体的尺寸，x-height 值是指使用这个字体书写出来的小写 x 的高度（像素为单位）。如果某个字体的尺寸为 100px 时，x-height 值为 58 像素，则该字体的 aspect 值为 0.58，因为字体的 x-height 的值总是随着字体的尺寸一起改变的，所以字体的 aspect 值都是一个常数。表 10-1 所示为一些常用的西方字体的 aspect 值。

表 10-1　　　　　　　　　　常用字体的 aspect 值

字 体 种 类	aspect 值
Verdana	0.58
Comic Sans MS	0.54
Trebuchet MS	0.53
Georgia	0.5
Myriad Web	0.48
Minion Web	0.47
Times New Roman	0.46
Gill Sans	0.46
Bernhard Modern	0.4
Caflish Script Web	0.37
Fjemish Script	0.28

10.4.3　font-size-adjust 属性的使用示例

【例 10-9】　本实例中有 3 个 div 元素，其中一个 div 元素的字体使用 Comic Sans MS 字体，另两个 div 元素的字体使用 Times New Roman 字体。代码如下：（实例位置：光盘\MR\源码\第 10 章\10-9）

```
<!DOCTYPE html>
<html>
<head>
    <meta http-equiv="Content-Type" content="text/html; charset=gb2312" />
<title>font-size-adjust 属性的使用示例</title>
</head>
<style type="text/css">
div#div1{
```

```
    font-size: 16px;
    font-family: Comic Sans MS;
    font-size-adjust:0.54;
}
div#div2{
    font-size: 14px;
    font-family: Times New Roman;
    font-size-adjust:0.46;
}
div#div3{
    font-size: 16px;
    font-family: Times New Roman;
    font-size-adjust:0.46;
}
</style>
<body>
<div id="div1">Our domain is www.mingribook. com
</div>
    <div id="div2">Our domain is www.mingribook.com
</div>
    <div id="div3">Our domain is www.mingribook.com
</div>
</body>
</html>
```

这段代码的运行结果如图 10-9 所示。

图 10-9 font-size-adjust 属性的使用示例

10.5 综合实例——设计立体文本

在网页设计时，经常会设计各种实用的文本效果，通过这些文本效果给网页增加一定的色彩，本实例中使用 text-shadow 属性设计立体文本，效果如图 10-10 所示。

实现本实例时，主要是使用 text-shadow 属性给文字指定多个阴影，并且针对每个阴影使用不同的颜色。指定多个阴影时使用逗号将多个阴影进行分割，在这里通过在文本的左上和右下各添加一个 1 像素的错位补色来实现的一种淡淡的立体效果。代码参考如下：

图 10-10 立体文本

```
<!DOCTYPE html>
<html>
<head>
    <meta http-equiv="Content-Type" content="text/html; charset=gb2312" />
    <title>设计立体文本</title>
<style type="text/css">
p {
    text-align: center;
    padding:24px;
    margin:0;
    font-family: Georgia, "Times New Roman", Times, serif;
    font-size: 80px;
    font-weight: bold;
    color: #D1D1D1;
```

```
    background:#CCC;
    text-shadow: 1px 1px white,
               -1px -1px #444;
}
</style>
</head>
<body>
<p>mingrikeji</p>
</body>
</html>
```

知识点提炼

（1）text-shadow 属性用于设置文字是否有阴影效果。

（2）将 word-break 属性设为 break-all，可以让组件内每一行文本的最后一个单词自动换行。

（3）在 CSS 3 中，使用 word-wrap 属性来实现长单词与 URL 地址的自动换行，该属性可以使用的属性值为 normal 与 break-word 两个。

（4）在 CSS 3 中，新增了 Web Fonts 功能，使用这个功能，网页中可以使用安装在服务器端的字体。

（5）虽然 CSS 3 提供了服务器字体功能，但在开发时也不能经常使用服务器字体，因为用服务器字体需要从远程服务器下载字体文件，因此效率并不好。因此，应该尽量考虑使用浏览者的客户端字体。

（6）使用 font-size-adjust 属性，可以在保持文字大小不发生变化的情况下改变字体的种类。

习　　题

10-1　使用 CSS 提供的哪个属性可以为文字设置阴影？并且写出一个简单的示例代码。

10-2　word-break 属性与 word-wrap 属性有什么区别？

10-3　简述使用服务器字体的基本步骤。

10-4　在 CSS3 中微调字体大小时，需要使用什么属性？

第 11 章
CSS3 美化背景与边框

本章要点:
- 设置背景颜色
- 设置背景图片
- CSS 3 新增的与背景相关的属性
- 设置边框的线宽、样式和颜色
- 通过设置圆角半径来实现圆角边框
- 内外边距的设置

在 HTML 网页上，经常需要应用 CSS 样式控制背景、边框和边距等。通过设置背景，可以为 HTML 控件增加各种各样的背景颜色、背景图片。通过边框相关属性，可以为 HTML 控件增加各种颜色、各种线性、粗细不等的边框。通过边距相关属性可以设置对象与对象，以及对象与内容之间的距离。

另外，CSS 3 新增的背景相关属性则进一步增强了背景功能，这些属性可以控制背景图片的显示位置、分布方式等；除此之外，CSS 3 还新增了多背景图片支持，从而允许开发者在 HTML 组件中定义多个背景图片。CSS 3 还新增了大量边框相关属性，通过这些属性可以让开发者为 HTML 元素定义圆角边框和图片边框等。本章将会详细介绍 CSS 3 新增的背景、边框相关属性。

11.1 设置背景

任何一个网上的页面，都离不开页面背景的设计，页面背景和基调往往是页面留给用户的第一印象。因此，它对于网站页面设计很重要。本节将向读者介绍如何设置页面背景。

11.1.1 设置背景颜色

通过 CSS 设置页面背景颜色十分简单，只要设置 background-color 属性即可实现。background-color 属性是一个可继承的属性。其语法格式如下:

```
background-color:颜色值
```

HTML 语言使用十六进制的 RGB 颜色值对颜色进行控制，即颜色可以通过英文名称或者十六进制来表现。如标准的红色，可以用 Red 作为名称来表现，也可以用#FF0000 作为十六进制来表现，或者使用"#"号后面加 3 个字符表示颜色。

例如，要设置背景颜色为橙色，可以使用下面的代码。

```
background-color:#F90;
```

在设计网页时，能够使用的预设颜色命名总共有 140 种，常用的有 16 种：Black，Olive，Teal，Red，Blue，Maroon，Navy，Gray，Lime，Fuchsia，White，Green，Purple，Silver，Yellow 和 Aqua。

【例 11-1】 在页面中添加文字、图片，并设置背景颜色为黄色。（实例位置：光盘\MR\源码\第 11 章\11-1 ）

```
<style>
    body{
        background-color: #FF0;                 /*定义页面背景色*/
    }
    p{
        font-size:16px;                         /*定义文字样式*/
        padding-left:10px;
        padding-top:8px;
        line-hright:120%;
    }
    span{                                       /*定义标题文字样式*/
        font-size:80px;
        float:left;
        padding-right:5px;
        padding-left:10px;
        padding-top:8px;
    }
</style>
</head>
<body>
    <img src="images/new.jpg" style="float:right;" />          <!--在页面中添加图片-->
<span>福</span>                                     <!--定义文字标题-->
    <p>对中国人来说，春节是最重要的传统节日。每逢春节，家家户户都要贴上鲜红的福字。聚福、纳福、惜福、享福，一生幸福！……在新的一年里滚滚而来，心想事成，万事如意</p>
</body>
```

在页面中合理的搭配背景颜色和文字，可以使页面更加的美观生动，本实例的运行结果如图 11-1 所示。

图 11-1　设置页面背景色

11.1.2 设置背景图片

设置页面背景图片也是 CSS 中一种十分重要的内容。在 CSS 中使用 background-image 属性设置背景图片，语法如下：

```
background-image:none | url(url)
```

- none：无背景图。
- url(url)：使用绝对或相对地址指定背景图像。不仅可以输入本地图像文件的路径和文件名称，也可以用 URL 的形式输入其他网站位置的图像名称。

页面中可以用 JPG 或者 GIF 图片作为背景图，这与向网页中插入图片不同，背景图像放在网页的最底层，文字和图片等都位于其上。

例如，使用 background-image 属性设置页面背景图像为 bg.gif 图片的代码如下：

```
body{background-image:url(bg.gif)}
```

1. 设置背景图片的重复方式

在默认的情况下，使用 background-image 属性设置的背景图片将平铺整个页面，如果图片的尺寸小于整个页面，将自动重复，直到铺满整个页面。不过，在 CSS 样式中提供了设置图片重复方式的属性 background-repeat，通过该属性可以让图片沿某一方向重复，也可以让图片不重复。

background-repeat 属性的语法格式如下：

```
background-repeat: repeat | repeat-x | repeat-y | no-repeat;
```

- repeat：默认值，在 X 轴和 Y 轴均重复；
- repeat-x：在 X 轴上重复，即背景图片在横向上平铺；
- repeat-y：在 Y 轴上重复，即背景图片在纵向上平铺；
- no-repeat：图片不重复，即背景图片不平铺。

background-repeat 属性除了以上 4 个参数外，如果在 CSS 3 中，还包括 round 和 space 两个参数，其中 round 用于指定背景图像自动缩放直到适应且填充满整个容器。space 用于指定背景图像以相同的间距平铺且填充满整个容器或某个方向。

【例 11-2】为页面设置只在横向重复的背景图片。（实例位置：光盘\MR\源码\第 11 章\11-2）

```
background-image:url(android.png);
background-repeat:repeat-x;
```

运行结果如图 11-2 所示。

图 11-2　只在横向重复的背景图片

2. 设置背景图片的位置

页面中的背景图片默认是从左上角开始出现的，在实际制作中，往往希望图片出现在指定位置，在 CSS 中通过 background-position 属性实现设置页面中图片的背景的位置。语法如下：

```
background-position: [value] | [top| center| bottom] | [left| center| right];
```

该属性可以确定背景图像的绝对位置，这是 HTML 标记不具备的功能。该属性只能用于块级元素和替换元素（指一些已知原有尺寸的元素，包括 img、input、textarea、select 和 object）。背景图像位置属性值如表 11-1 所示。

表 11-1　　　　　　　　　　　background-position 属性的属性值

属　　性	说　　明
value	以百分比形式（x% y%）或者绝对单位形式（x y）设定背景图像的位置
top	背景图像垂直居顶
center	背景图像垂直居中
bottom	背景图像垂直居底
left	背景图像水平居左
center	背景图像水平居中
right	背景图像水平居右

【例 11-3】　为页面设置不重复的背景图片，并设置让其位于页面的右下角。（实例位置：光盘\MR\源码\第 11 章\11-3）

```
<style>
html{
    height:100%;                     /*设置页面的高度*/
    background-image:url(mr.jpg);    /*设置背景图片*/
    background-repeat:no-repeat;     /*设置背景图片的重复方式为不重复*/
    background-position:right bottom; /*设置背景图片的位置*/
}
</style>
```

运行结果如图 11-3 所示。

图 11-3　设置背景图片位于页面的右下角

CSS 中不仅可以设置图片的右下显示，还可以给背景图片的位置定义具体的百分比，实现精确定位。例如：

```
background-position:40% 60%;
```

这样设置完后，页面中图片位置在水平方向上处于 40%的位置，在竖直方向上位于 60%的位置。如果改变浏览器窗口的大小，此时背景图片的位置也会相应的调整，但始终位于水平方向上 40%和垂直方向上 60%的位置上。例如，将例 11-3 修改为采用这种定位方式，运行结果将如图 11-4 所示。

图 11-4 通过百分比定义背景图片的位置

除了采用百分比设置图片位置外，还可以直接通过具体的数值来实现图片定位。例如：

```
background-position:320px 60px;
```

使用这种绝对定位的方式，图片不能随着浏览器窗口的大小而改变位置。

3. 固定背景图片

在默认的情况下，页面中设置的背景图片会随着滚动条的滚动而移动。对于一些大幅背景图片，通常不希望其跟随滚动条移动，这时，可以使用 background-attachment 属性进行设置，如果将该属性的属性值设置为 fixed，则图片将不跟随滚动条移动。

【例 11-4】 设置<html>标记的背景内容。（实例位置：光盘\MR\源码\第 11 章\11-4）

```
<style>
body{
    background-image: url(background.jpg);        /*设置背景图片*/
    background-repeat: no-repeat;                 /*设置背景图片不重复*/
    background-attachment:fixed;
}
</style>
```

本实例的运行结果如图 11-5 所示。

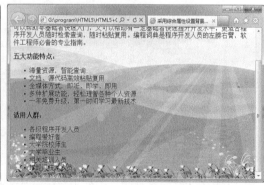

图 11-5 固定页面背景

4. 背景综合属性

CSS 中提供了 background 属性，为页面背景的设置提供了综合属性。语法格式为：

```
background: background-color ||background-image ||background-repeat ||background-attachment ||background- position;
```

使用这种语法，可以将多个属性继承一个语句中，这样不仅可以节省大量代码，而且加快了网络下载页面的速度。

【例 11-5】 设置<html>标记的背景内容。(实例位置：光盘\MR\源码\第 11 章\11-5)

```
html {
        background-image: url(android.png);          /*设置背景图片*/
        background-position: top right;              /*设置背景图片位于页面右上角*/
        background-repeat: no-repeat;                /*设置背景图片不重复*/
        background-color: #FFC;                       /*设置页面背景为淡黄色*/
}
```

使用背景综合属性，代码可以写成：

```
html{
        background: url(android.png) top right #FFC no-repeat;
}
```

本实例的运行结果如图 11-6 所示。

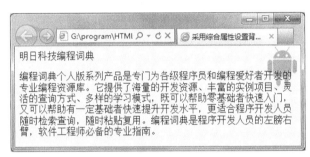

图 11-6　通过背景的综合属性设置页面背景

11.1.3　CSS 3 新增的与背景相关的属性

在 CSS 3 中，追加了一些与背景相关的属性，如表 11-2 所示。

表 11-2　　　　　　　　　　　CSS 3 中追加了一些与背景相关的属性

属　　性	说　　明
background-clip	指定背景的显示范围
background-origin	指定绘制背景图像时的起点
background-size	指定背景中图像的尺寸

在 Firefox 浏览器中，支持除了 background-size 属性之外的其他三个属性，在书写样式代码的时候需要在属性前面加上"-moz-"文字。但是在使用 background-break 属性的时候，在样式代码中不是书写"-moz- background-break"，而是书写"-moz-background-inline-policy"，这一点需要注意。

1. 指定背景的显示范围——background–clip

在 HTML 页面中，一个具有背景的元素通常由元素的内容、内边距(padding)、边框、外边框(margin)构成，它们的结构示意图如图 11-7 所示。

元素背景的显示范围在 CSS 2 与 CSS 2.1、CSS 3 中并不相同。在 CSS 2 中，背景的显示范围是指内边距之内的范围，不包括边框。而在 CSS 2.1 乃至 CSS 3 中，背景的显示范围时指包括边框在内的范围。在 CSS 3 中，可以使用 background-clip 来指定背景的覆盖范围，如果将

background-clip 的属性值设定为 border-box，则背景的覆盖范围包括边框区域，如果设定为 padding-box，则不包括边框区域。

background-clip 属性的语法格式如下：

```
background-clip: border-box | padding-box | content-box | text;
```

- border-box：从 border 区域（不含 border）开始向外裁剪背景；
- padding-box：从 padding 区域（不含 padding）开始向外裁剪背景；
- content-box：从 content 区域开始向外裁剪背景；
- text：从前景内容的形状（比如文字）作为裁剪区域向外裁剪。使用该属性值可以实现使用背景作为填充色之类的遮罩效果。

【例 11-6】 定义 3 个<div>标记，并且为这 3 个<div>标记设置不同的 background-clip 属性。（实例位置：光盘\MR\源码\第 11 章\11-6）

```
<style>
div{
    background-image: url(android.png);/*设置背景图片*/
    height:63px;
    border:8px dashed #333;              /*设置虚线边框*/
    margin:10px;                          /*设置外边距*/
    padding:8px;                          /*设置内边距*/
}
#id1 {
    background-clip:border-box;          /*从 border 区域（不含 border）开始向外裁剪背景*/
}
#id2 {
    background-clip:padding-box;         /*从 padding 区域（不含 padding）开始向外裁剪背景*/
}
#id3 {
    background-clip:content-box;         /*从 content 区域开始向外裁剪背景*/
}
</style>
```

本实例的运行结果如图 11-8 所示。

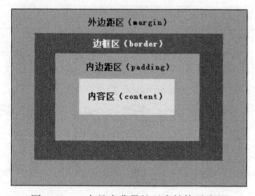

图 11-7 一个具有背景的元素结构示意图

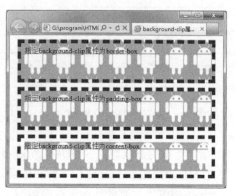

图 11-8 background-clip 的属性示例

2. 指定背景图像的起点——background-origin

在 CSS 3 之前，背景图像的起点是从边框以内的开始的，而在 CSS 3 中，提供了 background-origin 属性，用于指定图像的起始点，也就是从哪里开始显示背景图像。

background-origin 属性的语法格式如下：

```
background-origin: border-box | padding-box | content-box;
```

- border-box：从 border 区域（含 border）开始显示背景图像；
- padding-box：从 padding 区域（含 padding）开始显示背景图像；
- content-box：从 content 区域开始显示背景图像。

【例 11-7】定义 3 个<div>标记，并且为这 3 个<div>标记设置不同的 background-origin 属性。
（实例位置：光盘\MR\源码\第 11 章\11-7）

```
<style>
div{
    background-image: url(android.png);/*设置背景图像*/
    background-repeat:no-repeat;            /*背景图像不重复*/
    height:63px;
    border:8px dashed #333;                 /*设置虚线边框*/
    margin:10px;                            /*设置外边距*/
    padding:8px;                            /*设置内边距*/
}
#id1 {
    background-origin:border-box;           /*从 border 区域（不含 border）开始向外裁剪背景*/
}
#id2 {
    background-origin:padding-box;          /*从 padding 区域（不含 padding）开始向外裁剪背景*/
}
#id3 {
    background-origin:content-box;          /*从 content 区域开始向外裁剪背景*/
}
</style>
```

本实例的运行结果如图 11-9 所示。

3. 指定背景图像的尺寸——background–size

在 CSS 3 之前，设置的背景图像都是以原始尺寸显示的。不过，在 CSS 3 中，提供了用于指定背景图像的 background-size 属性。background-size 属性的语法格式如下：

```
background-size: [ <length> | <percentage> | auto ] | cover | contain;
```

- <length>：由浮点数字和单位标识符组成的长度值，不可为负值。该参数可以设置一个值，也可以设置两个值，如果只设置一个值，那么为宽度值，图像将进行等比例缩放，否则分别为宽度值和高度值；
- <percentage>：取值为 0%到 100%之间的值，不可为负值。该参数可以设置一个值，也可以设置两个值，如果只设置一个值，那么为宽度的百分比，图像将进行等比例缩放，否则分别为宽度的百分比和高度的百分比；
- auto：背景图像的原始尺寸；
- cover：将背景图像等比缩放到完全覆盖容器，背景图像有可能超出容器；
- contain：将背景图像等比缩放到宽度或高度与容器的宽度或高度相等，背景图像始终被包含在容器内。

【例 11-8】定义 3 个<div>标记，并且为这 3 个<div>标记设置不同的 background-size 属性。
（实例位置：光盘\MR\源码\第 11 章\11-8）

```
<style>
```

```
div{
    background-image: url(android.png);       /*设置背景图片*/
    height:63px;
    border:1px dashed #333;                   /*设置虚线边框*/
    margin:10px;                              /*设置外边距*/
}
#id1 {
    background-size:cover;                    /*将背景图像等比缩放到完全覆盖容器*/
}
#id2 {
    background-size:contain;                  /*将背景图像等比缩放到宽度或高度与容器的宽度或高度相等*/
}
#id3 {
    background-size:5%;                       /*将背景图像等比例缩放到容器宽度的 5%*/
}
</style>
```

本实例的运行结果如图 11-10 所示。

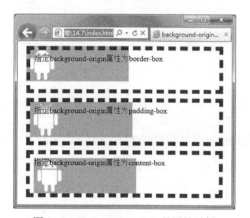

图 11-9 background-origin 的属性示例

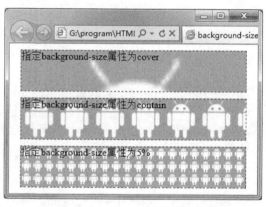

图 11-10 background-size 的属性示例

4. 多背景图片

在 CSS 3 之前，一个容器只能设置一个背景图片，如果重复设置，那么后设置的背景图片将覆盖以前的背景。不过，在 CSS 3 中，新增了允许同时指定多个背景图片的功能。

实际上，CSS 3 并没有为实现多背景图片提供对应的属性，而是通过为 background-image、background-repeat、background-position 和 background-size 等属性提供多个属性值（各个属性值之间以英文逗号分隔）来实现。

【例 11-9】 为页面中的<div>标记设置 3 张背景图片，其中一张为水平方向重复，两张不重复，并且显示其不同的显示位置。（实例位置：光盘\MR\源码\第 11 章\11-9）

```
<style>
div{
    width:800px;                                                    /*设置宽度*/
    height:470px;                                                   /*设置高度*/
    background-image:url(android.png),url(mouse.png),url(background00.jpg);
                                                                    /*设置背景图片*/
    background-repeat:repeat-x,no-repeat,no-repeat;                 /*设置重复方式*/
    background-position:top,center,left top;                        /*设置显示位置*/
```

```
}
</style>
<div></div>
```

本实例的运行结果如图 11-11 所示。

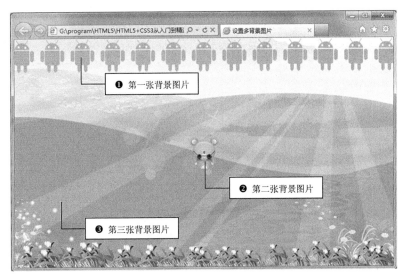

图 11-11　background-size 的属性示例

11.2　边　框　设　置

在进行页面设计时，经常需要为某些元素设置边框。例如，为图片、表格、<div>标记等添加边框。在 CSS 3 之前，可以设置的边框特征包括边框的线宽、颜色和样式。不过在 CSS 3 中又新增加了用于设置边框图片、圆角半径、块阴影和倒影属性。下面分别进行介绍。

11.2.1　设置边框的线宽

设置边框的线宽也就是设置边框的粗细，可以使用 border-width 属性进行设置。在设置边框的线宽时可以将 4 条边设置为相同的宽度，也可以设置为不同的宽度。border-width 属性的语法格式如下：

```
border-width:medium / thin / thick / length ;
```

- medium：用于表示默认宽度；
- thin：用于表示小于默认宽度的细框线；
- thick：用于表示大于默认宽度的粗框线；
- length：用于通过像素值指定边框的宽度。

border-width 属性可以通过以下几种方式设置边框的宽度：

- 提供 4 个属性值，分别用于按照上、右、下、左的顺序设置 4 条边的宽度。
- 只设置一个属性值，用于设置全部 4 条边的宽度。
- 提供两个属性值，这时第一个用于设置上面和下面两条边的宽度，第二个用于设置左边和右边两条边的宽度。

● 设置 3 个属性值，第一个用于设置上面边框的宽度，第二个用于设置左边和右边两条边的宽度，第三个用于设置下面边框的宽度。

 说明 border-width 属性只有在设置了 border-style 属性，并且不能将 border-style 属性值设置为 none 时下才有效，否则不显示边框。

【例 11-10】 通过 4 种不同的方式为<div>标记设置边框宽度。（实例位置：光盘\MR\源码\第 11 章\11-10）

```
<!doctype html>
<html>
<head>
<meta charset="utf-8">
<title>设置不同的边框宽度</title>
<style type="text/css">
div{
    border:solid;              /*设置边框的样式为直线*/
    width:34px;                /*设置<div>的宽度*/
    height:34px;               /*设置<div>的高度*/
    float:left;                /*设置浮动在左侧*/
    margin:6px;                /*设置外边距*/
}
#a{
    border-width:thin;         /*设置全部边框都为小于默认宽度的细框线*/
}
#b{
    /*设置上边框为细框线，左、右边框为粗框线，下边框为默认宽度的框线*/
    border-width:thin medium thick;
}
#c{
    /*设置上边框的宽度为1px，右边框的宽度为2px，下边框的宽度为3px，左边框的宽度为4px*/
    border-width:1px 2px 3px 4px;
}
#d{
    border-width:thin thick ;    /*设置上、下边框为细框线，左、右边框为粗框线*/
}
</style>
</head>
<body>
<div id="a"></div>
<div id="b"></div>
<div id="c"></div>
<div id="d"></div>
</body>
</html>
```

运行本实例，在火狐浏览器中将显示如图 11-12 所示的运行结果。

图 11-12　设置不同的边框宽度

 说明 CSS 样式中还提供了 border-top-width、border-right-width、border-bottom-width 和 border-left-width 4 个属性用于单独指定某一个边框的宽度。

11.2.2　设置边框的样式

设置边框的样式使用 border-style 属性来实现，可以将 4 条边设置为相同的样式，也可以设置为不同的样式。border-style 属性的语法格式如下：

```
border-style:none / hidden / dotted / dashed / solid / double / groove / ridge / inset / outset;
```

该属性的属性值如表 11-3 所示。

表 11-3　　　　　　　　　　　　　border-style 属性的属性值

可　选　值	描　　　述	可　选　值	描　　　述
none	无边框	dashed	虚线
hidden	隐藏边框，IE 不支持	solid	实线边框
dotted	点划线	double	双线边框，两条单线与其间隔的和等于指定的 border-width 值
groove	3D 凹槽	ridge	脊状边框
inset	3D 凹边	outset	3D 凸边

border-style 属性可以通过以下几种方式设置边框的样式：

- 提供 4 个属性值，分别用于按照上、右、下、左的顺序设置 4 条边的样式。
- 只设置一个属性值，用于设置全部 4 条边的样式。
- 提供两个属性值，这时第一个用于设置上面和下面两条边的样式，第二个用于设置左边和右边两条边的样式。
- 设置 3 个属性值，第一个用于设置上面边框的样式，第二个用于设置左边和右边两条边的样式，第三个用于设置下面边框的样式。

　　　　如果没有指定该属性值，或者将该属性值设置为 none，那么 border-width 和 border-color 属性将无效。

【例 11-11】　通过 4 种不同的方式为<div>标记设置边框样式。（实例位置：光盘\MR\源码\第 11 章\11-11）

```
<!doctype html>
<html>
<head>
<meta charset="utf-8">
<title>设置不同的边框样式</title>
<style type="text/css">
div{
    border:3px;              /*设置边框的宽度为 3 像素*/
    width:34px;              /*设置<div>的宽度*/
    height:34px;             /*设置<div>的高度*/
    float:left;              /*设置浮动在左侧*/
    margin:6px;              /*设置外边距*/
}
#a{
    background-color:#FFE7E8;
```

```
        border-style:outset ;                /*设置全部边框都为3D凸边*/
    }
    #b{
        background-color:#F2FFFD;
        border-style:dotted solid dashed;    /*设置上边框为点划线，左、右边框为实线，下边框为虚线*/
    }
    #c{
        background-color:#FFF8EB;
        /*设置上边框为点划线，右边框为双实线，下边框为虚线，左边框为实线*/
        border-style:dotted double dashed solid;
    }
    #d{
        background-color:#F3EAFC;
        border-style:double solid ;          /*设置上、下边框为双实线，左、右边框为实线*/
    }
</style>
</head>
<body style="background-color:#FFCCFF">
<div id="a"></div>
<div id="b"></div>
<div id="c"></div>
<div id="d"></div>
</body>
</html>
```

运行本实例，在火狐浏览器中将显示如图 11-13 所示的运行结果。　图 11-13　设置不同的边框样式

 　　　　CSS 样式中还提供了 border-top-style、border-right-style、border-bottom-style 和 border-left-style4 个属性用于单独指定某一个边框的样式。

11.2.3　设置边框的颜色

设置边框的颜色需要使用 border-color 属性来实现。可以将 4 条边设置为相同的颜色，也可以设置为不同的颜色。border-color 属性的语法格式如下：

`border-color:属性值;`

该属性的属性值为颜色名称或是表示颜色的 RGB 值。建议使用#rrrgggbb、#rgb、rgb()等表示的 RGB 值。例如，红色可以用 red 表示，也可以用#FF0000、#f00 或 rgb(255,0,0)表示。

border-color 属性可以通过以下几种方式设置边框的颜色：

- 提供 4 个属性值，分别用于按照上、右、下、左的顺序设置 4 条边的颜色。
- 只设置一个属性值，用于设置全部 4 条边的颜色。
- 提供两个属性值，这时第一个用于设置上面和下面两条边的颜色，第二个用于设置左边和右边两条边的颜色。
- 设置 3 个属性值，第一个用于设置上面边框的颜色，第二个用于设置左边和右边两条边的颜色，第三个用于设置下面边框的颜色。

 　　　　border-color 属性只有在设置了 border-style 属性，但不能将 border-style 属性值设置为 none，并且不能将 border-width 属性值设置为 0 像素时才有效，否则不显示边框。

【例 11-12】 通过 4 种不同的方式为<div>标记设置边框颜色。（实例位置：光盘\MR\源码\第

11 章\11-12）

```
<!doctype html>
<html>
<head>
<meta charset="utf-8">
<title>设置不同的边框颜色</title>
<style type="text/css">
div{
        border:solid 3px;                    /*设置边框的宽度为 3 像素的直线*/
        width:34px;                          /*设置<div>的宽度*/
        height:34px;                         /*设置<div>的高度*/
        float:left;                          /*设置浮动在左侧*/
        margin:6px;                          /*设置外边距*/
}
#a{
        border-color:#00FF00;                /*设置全部边框都为绿色*/
}
#b{
        /*设置上边框为黑色、右边框为红色、下边框为绿色、左边框为黄色*/
        border-color:#000000 #FF2200 #00FF00 #FFFF00;
}
#c{
        border-color:#00FF00 #FF0000;        /*设置上、下边框为绿色，左右边框为红色*/
}
#d{
border-color:#000000 #FF2200 #FFFF00;   /*设置上边框为黑色，左右边框为红色，下边框为黄色*/
}
</style>
</head>
<body>
<div id="a"></div>
<div id="b"></div>
<div id="c"></div>
<div id="d"></div>
</body>
</html>
```

运行本实例，在火狐浏览器中将显示如图 11-14 所示的运行结果。　图 11-14　设置不同的边框颜色

　　CSS 样式中还提供了 border-top-color、border-right-color、border-bottom-color 和 border-left-color4 个属性用于单独指定某一个边框的颜色。

11.2.4　边框综合属性

　　除前面介绍的 3 个属性以外，CSS 还提供了用于设置边框的宽度、边框的样式和边框的颜色的综合属性 border。该属性可指定多个属性值，各属性值以空格分隔，没有先后顺序。border 属性的语法格式如下：

```
border : border-width border-style border-color;
```

● border-width：用于指定边框的宽度，也就是边框线的粗细；
● border-style：用于指定边框的样式。如果没有指定该属性值，或者将该属性值设置为 none，

那么 border-width 和 border-color 属性将无效；

- border-color：用于指定边框的颜色，可以使用颜色名称，也可以使用 RGB 值。建议使用 #rrrgggbbb、#rgb、rgb()等表示的 RGB 值。

【例 11-13】 采用 border 属性为<div>标记设置 4 种不同的边框样式。（实例位置：光盘\MR\源码\第 11 章\11-13）

```html
<!doctype html>
<html>
<head>
<meta charset="utf-8">
<title>采用 border 属性设置边框</title>
<style type="text/css">
div{
    width:34px;                    /*设置<div>的宽度*/
    height:34px;                   /*设置<div>的高度*/
    float:left;                    /*设置浮动在左侧*/
    margin:6px;                    /*设置外边距*/
}
#a{
    background-color:#FFE7E8;
    border:solid #000000;          /*设置为默认宽度的黑色的实线边框*/
}
#b{
    background-color:#F2FFFD;
    border:2px dotted #000000;     /*设置为黑色的 2 个像素的点划线边框*/
}
#c{
    background-color:#FFF8EB;
    border:3px double #0000FF;     /*设置为蓝色的 3 个像素的双实线边框*/
}
#d{
    background-color:#F3EAFC;
    border:1px solid #000000;      /*设置为黑色的一个像素的实线边框*/
}
</style>
</head>
<body>
<div id="a"></div>
<div id="b"></div>
<div id="c"></div>
<div id="d"></div>
</body>
</html>
```

图 11-15　采用 border 属性
设置边框

运行本实例，在火狐浏览器中将显示如图 11-15 所示的运行结果。

说明　　CSS 样式中还提供了 border-top、border-right、border-bottom 和 border-left 4 个属性用于单独指定某一个边框的宽度、样式和颜色。

11.2.5　CSS 3 新增的与边框相关的属性

在 CSS 3 中新增了与边框相关的的一些属性，包括设置边框图片的属性 border-image，以及用于设置圆角半径的相关属性，下面分别进行介绍。

1. 设置边框图片属性——border–image

在进行页面设计时，有时需要对一个区域整体添加一个图片边框，针对这种情况，在 CSS 3 以前的版本中，只能是将这个区域分割成多个小块分别设置背景来实现，而在 CSS 3 中提供了 border-image，可以很方便的实现该功能。border-image 属性的语法格式如下：

```
border-image: <border-image-source> || <border-image-slice> [ / <border-image-width>?
[ / <border-image-outset> ]? ]? || <border-image-repeat>;
```

该属性的参数说明如表 11-4 所示。

表 11-4　　　　　　　　　　　　border-image 属性的参数

参　　　数	说　　　明
\<border-image-source\>	用于指定作为边框样图片的图像来源路径，需要使用 url() 来将图像路径括起来
\<border-image-slice\>	用于指定对边框背景图的分割方式
\<border-image-width\>	用于指定边框宽度。该参数可省略，由外部的 border-width 来定义
\<border-image-outset\>	用于指定对边框背景图的扩展
\<border-image-repeat\>	用于指定边框背景图的填充方式。支持 stretch（拉伸覆盖）、repeat（平铺覆盖）、round（取整平铺）3 种填充方式。可定义 0-2 个参数值，即水平和垂直方向。如果两个值相同，可合并成一个，表示水平和垂直方向都用相同的方式填充边框背景图；如果两个值都为 stretch，则可省略不写

> 虽然在 CSS 3 规范中，提供了 border–image 属性，但是在 Gecko（Firefox）浏览器中，需要添加 –moz– 前缀来使用，而在 Presto（Opera）浏览器中，需要添加前缀 –o– 来使用，而在 Webkit（Chrome/Safari）浏览器中，则可以加前缀 –webkit–，也可以不添加任何前缀。目前，IE 浏览器还不支持该属性。

在使用 border-image 属性设置边框图片时，将边框图片分割成 9 个区域，如图 11-16 所示，在显示时，将 1、3、5、7 区域作为对象的 4 个角位置的图片，将 2、4、6、8 区域作为对象边框相应位置的图片，如果尺寸不够，则按照指定填充方式自动填充。

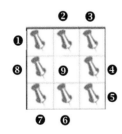

图 11-16　边框图片分割示意图

图 11-17　采用平铺方式的填充效果

【例 11-14】 用 border-image 属性为 \<div\> 标记设置边框图片。（实例位置：光盘\MR\源码\第 11 章\11-14）

```
<!doctype html>
<html>
<head>
<meta charset="utf-8">
<title>采用 border-image 属性设置边框图片</title>
```

```
<style type="text/css">
div{
    width:287px;              /*设置<div>的宽度*/
    height:135px;             /*设置<div>的高度*/
    margin:6px;               /*设置外边距*/
    border-width:27px;        /*设置边框宽度*/
    -moz-border-image:url(bg.png) 27/27px repeat;/*火狐浏览器中设置边框图片采用的代码*/
    -o-border-image:url(bg.png) 27/27px repeat;  /*Opera 浏览器中设置边框图片采用的代码*/
    border-image:url(bg.png) 27/27px repeat;     /*Chrome 浏览器中设置边框图片采用的代码*/
}
</style>
</head>
<body>
<div>寒雨连江夜入吴，平明送客楚山孤。<br>洛阳亲友如相问，一片冰心在玉壶。</div>
</body>
</html>
```

运行本实例，在 Chrome 浏览器中将显示如图 11-18 所示的运行结果。

2. 设置圆角半径属性

在进行页面设计，经常要实现圆角边框，在 CSS 3 中提供了用于设置圆角半径的属性 border-radius，通过该属性可以实现圆角矩形边框。border-radius 属性的语法格式如下：

```
border-radius: [ <length> | <percentage> ]{1,4} [ / [ <length> | <percentage> ]{1,4} ]?
```

- <length>：由浮点数字和单位标识符组成的长度值。不可为负值；
- <percentage>：用百分比设置对象的圆角半径长度。不允许负值。

 在使用 border-radius 属性时，如果提供两个参数，则两个参数以"/"分隔，每个
说明 参数允许设置 1～4 个参数值，第一个参数表示水平半径，第二个参数表示垂直半径，如
第二个参数省略，则默认等于第一个参数。

【例 11-15】 为<div>标记设置圆角边框。（实例位置：光盘\MR\源码\第 11 章\11-15）

```
<!doctype html>
<html>
<head>
<meta charset="utf-8">
<title>采用border-radius属性设置圆角边框</title>
<style type="text/css">
div{
    width:287px;                           /*设置<div>的宽度*/
    height:45px;                           /*设置<div>的高度*/
    margin:6px;                            /*设置外边距*/
    padding:15px;                          /*设置内边框*/
    border:2px solid #666;                 /*设置边框*/
}
#a{
    border-radius:15px;                    /*设置全部为圆角半径是 15 像素的圆角边框*/
}
#b{
    border-radius:40px 40px 0px 0px;       /*设置左上角和右上角的圆角半径是 40 像素的圆角边框*/
}
```

```
#c{
    border-radius:30% 0;                    /*设置左上角和右下角的圆角半径是 30%的圆角边框*/
}
</style>
</head>
<body>
<div id="a">寒雨连江夜入吴，平明送客楚山孤。<br>洛阳亲友如相问，一片冰心在玉壶。</div>
<div id="b">寒雨连江夜入吴，平明送客楚山孤。<br>洛阳亲友如相问，一片冰心在玉壶。</div>
<div id="c">寒雨连江夜入吴，平明送客楚山孤。<br>洛阳亲友如相问，一片冰心在玉壶。</div>
</body>
</html>
```

运行本实例，在火狐浏览器中将显示如图 11-19 所示的运行结果。

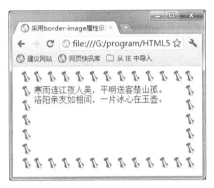
图 11-18　设置边框图片

图 11-19　设置圆角边框

　　　　CSS 样式中还提供了 border-top-left-radius、border-top-right-radius、border-bottom-right-radius 和 border-bottom-left-radius 4 个属性用于单独指定某一个圆角的半径。

11.3　内外边距的相关属性

　　CSS 3 中提供设置对象的内边距和外边距的一些属性，通过这些属性，我们可以设置对象与对象之间的距离，也可以设置对象与内容之间的距离。下面将分别介绍这些属性。

11.3.1　设置内边距

　　内边距也就是对象的内容与对象边框之间的距离，它可以通过 padding 属性进行设置。该属性可指定 1 至 4 个属性值，各属性值以空格分隔。padding 属性的语法格式如下：

```
padding : length;
```

length：百分比或是长度数值。百分数是基于父对象的宽度。

padding 属性可以通过以下几种方式设置对象的内边距：

● 提供 4 个属性值，分别用于按照上、右、下、左的顺序依次指定内边距。
● 只设置一个属性值，用于设置全部的内边距。
● 提供两个属性值，这时第一个用于设置上、下方向内边距，第二个用于设置左、右方向的内边距。

- 设置 3 个属性值，第一个用于设置上方的内边距，第二个用于设置左、右方向的内边距，第三个用于设置下方的内边距。

【例 11-16】 应用 padding 属性设置<tb>标记的全部内边距均为 5px。（实例位置：光盘\MR\源码\第 11 章\11-16）

```html
<html>
<head>
<title>padding 属性</title>
<meta http-equiv="Content-Type" content="text/html; charset=utf-8" />
<style>
td{
    padding:5px; /*设置单元格的内边距全部为 5 像素*/
}
</style>
</head>
<body>
<table  width="98%"  border="0"  align="center"  cellpadding="0"  cellspacing="1"
bgcolor="#3F873B">
    <tr bgcolor="#D9EE9F" align="center">
        <td width="12%">字条编号</td>
        <td width="14%">祝福对象</td>
        <td width="11%">祝福者</td>
        <td width="35%">字条内容</td>
        <td width="21%">发送时间</td>
    </tr>
    <tr bgcolor="#E8F3D1">
        <td align="center">1</td>
        <td align="center"> 琦琦</td>
        <td align="center">wgh</td>
        <td> 愿你健康、快乐地成长！</td>
        <td align="center">2011-4-2 15:30 </td>
    </tr>
</table>
</body>
</html>
```

在 IE 浏览器的运行结果如图 11-20 所示。

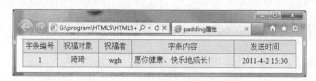

图 11-20　为<tb>标记设置内边距

　　CSS 样式中还提供了 padding-top、padding-right、padding-bottom 和 padding-left 4 个属性用于单独指定某一个方向的内边距。

11.3.2　设置外边距

外边距也就是对象与对象之间的距离，它可以通过 margin 属性进行设置。该属性可指定 1 至 4 个属性值，各属性值以空格分隔。margin 属性的语法格式如下：

```
margin : auto | length;
```

- auto：表示默认的外边距。
- length：百分比或是长度数值。

margin 属性可以通过以下几种方式设置对象的外边距：

- 提供 4 个属性值，分别用于按照上、右、下、左的顺序依次指定外边距。
- 只设置一个属性值，用于设置全部的外边距。
- 提供两个属性值，这时第一个用于设置上、下方向外边距，第二个用于设置左、右方向的外边距。
- 设置 3 个属性值，第一个用于设置上方的外边距，第二个用于设置左、右方向的外边距，第三个用于设置下方的外边距。

【例 11-17】 应用 margin 属性设置\<body>标记的外边距为 0px，设置图片的上、下外边距为 5px，左右外边距为 10px。（实例位置：光盘\MR\源码\第 11 章\11-17）

```
<!DOCTYPE HTML>
<html>
<head>
<title>margin 属性</title>
<meta charset="utf-8" />
<style>
img{
    float:left;              /*设置浮动在左边*/
    margin:5px 10px;         /*设置上下外边距为 5px、左右外边距为 10px*/
}
</style>
</head>
<body style="margin:0px">
    <img  src="images/flower4.jpg"  width="133"  height="97"  border="1">  
  编程词典系列软件是为各类爱好编程者和各级程序开发人员提供了学、查、用为一体的数字化编程软件。
主要内容有技术资源库、实例资源库、项目资源库、视频资源库、源码资源库、方案资源库、界面资源库、实用工具集
等等，真正意义上实现了轻松学习，快速开发。
</body>
</html>
```

在 IE 浏览器的运行结果如图 11-21 所示。

图 11-21　为图片设置外边距

说明

　　CSS 样式中还提供了 margin-top、margin-right、margin-bottom 和 margin-left 4 个属性用于单独指定某一个方向的外边距。

11.4　综合实例——设计企业门户网站首页

在网络高速发展的当代，几乎所有的企业都有自己的门户网站，通过门户网站可以使更多的人了解企业。本实例设计一个企业门户网站，要求通过本章中介绍的设置背景的属性来添加不同的背景，以及设置边框的属性来添加边框，运行结果如图 11-22 所示。

图 11-22　为企业门户网站设置背景

新建一个 index.html 页面,在页面的<head>区域编写 CSS 样式代码,使用 background-image 和 background-repeat 属性设置背景,并指定重复方式,并通过 border-top 属性设置上边框。代码如下:

```
<style>
body{
    margin:0px;                                    /*设置外边距像素为0*/
    padding:0px;                                   /*设置内边距为0像素*/
    font-size:12px;                               /*设置字体大小*/
    background-image:url(images/bigCenter.jpg)    /*定义背景图片*/
}
#ad{
    background-image:url(images/bg.gif);          /*设置背景图片*/
    background-repeat:repeat-x;                    /*设置背景图片水平平铺*/
    height:275px;
}
nav{
    height:70px; /*设置高度*/
    background-image:url(images/banner_bg.gif); /*设置背景图片*/
    background-repeat:repeat-x;                    /*设置背景图片水平平铺*/
}
</style>
<img src="images/down.jpg" style="border-top:2px solid #04ACDB;"/>
```

知识点提炼

（1）通过 CSS 设置页面背景颜色十分简单，只要设置 background-color 属性即可实现。

（2）可以使用 background-clip 来指定背景的覆盖范围，如果将 background-clip 的属性值设定为 border-box，则背景的覆盖范围包括边框区域，如果设定为 padding-box，则不包括边框区域。

（3）background-origin 属性，用于指定图像的起始点。

（4）设置边框的线宽也就是设置边框的粗细，可以使用 border-width 属性进行设置。在设置边框的线宽时可以将 4 条边设置为相同的宽度，也可以设置为不同的宽度。

（5）border-box：从 border 区域（含 border）开始显示背景图像。

（6）padding-box：从 padding 区域（含 padding）开始显示背景图像。

（7）content-box：从 content 区域开始显示背景图像。

（8）内边距也就是对象的内容与对象边框之间的距离，它可以通过 padding 属性进行设置。

（9）外边距也就是对象与对象之间的距离，它可以通过 margin 属性进行设置。

习　　题

11-1　在 CSS 中，通过哪个属性可以实现设置页面中图片背景的位置？

11-2　要设置边框的线宽需要使用哪些属性？

11-3　CSS 样式中提供了哪 4 种属性，用于单独指定某一个边框的样式？

11-4　如何使用 CSS 样式设置圆角半径？

11-5　内边距和外边距分别使用什么属性设置？

第12章
变形与动画相关属性

本章要点:
- transform 属性的使用
- 如何选择、缩放、移动和倾斜动画
- CSS3 中的变形原点
- transition 属性的使用
- CSS3 中的动画应用

CSS 3 新增了一些用来实现动画效果的属性,通过这些属性可以实现以前通常需要使用 JavaScript 或者 Flash 才能实现的效果。例如,对 HTML 元素进行平移、缩放、旋转、倾斜,以及添加过渡效果等,并且可以将这些变化组合成动画效果来进行展示。本章将对 CSS 3 新增的这些属性进行详细介绍。

12.1 CSS 变形 (Transformation)

12.1.1 变形基础—transform 属性

在 CSS 3 中提供了 transform 和 transform-origin 两个用于实现 2D 变换的属性。其中,transform 属性用于实现平移、缩放、旋转和倾斜等 2D 变换,而 transform-origin 属性则是用于设置变换的中心点的。下面将分别介绍如何实现平移、缩放、旋转和倾斜等 2D 变换,以及设置变换的中心点。

在进行详细介绍之前,先来了解 transform 属性的基本语法格式。transform 属性的语法格式如下:

```
transfor:none  |  matrix(<number>,<number>,<number>,<number>,<number>,<number>)?
translate(<length>[,<length>])? translateX(<length>)? translateY(<length>)? rotate(<angle>)?
scale(<number>[,<number>])? scaleX(<number>)? scaleY(<number>)? skew(<angle>[,<angle>])?
skewX(<angle>) || skewY(<angle>)?
```

从该语法格式中可以看出,transform 属性的属性值由如表 12-1 所示的值及函数组成。

表 12-1   transform 属性的属性值

值/函数	说　　明
none	表示无变换

续表

值/函数	说　明
translate(\<length\>[,\<length\>])	表示实现 2D 平移。第一个参数对应 X 轴，第二个参数对应 Y 轴。如果第二个参数未提供，则默认值为 0
translateX(\<length\>)	表示在 X 轴（水平方向）上实现平移。参数 length 表示移动的距离
translateY(\<length\>)	表示在 Y 轴（垂直方向）上实现平移。参数 length 表示移动的距离
scaleX(\<number\>)	表示在 X 轴上进行缩放
scaleY(\<number\>)	表示在 Y 轴上进行缩放
scale(\<number\>[,\<number\>])	表示进行 2D 缩放。第一个参数对应 X 轴（水平方向），第二个参数对应 Y 轴（垂直方向）。如果第二个参数未提供，则默认取第一个参数的值
skew(\<angle\>[,\<angle\>])	表示进行 2D 倾斜。第一个参数对应 X 轴，第二个参数对应 Y 轴。如果第二个参数未提供，则默认值为 0
skewX(\<angle\>)	表示在 X 轴上进行倾斜
skewY(\<angle\>)	表示在 Y 轴上进行倾斜
rotate(\<angle\>)	表示进行 2D 旋转。参数\<angle\>用于指定旋转的角度
matrix(\<number\>,\<number\>,\<number\>,\<number\>,\<number\>,\<number\>)	代表一个基于矩阵变换的函数。它以一个包含六个值(a,b,c,d,e,f)的变换矩阵的形式指定一个 2D 变换，相当于直接应用一个[a b c d e f]变换矩阵。也就是基于 X 轴（水平方向）和 Y 轴（垂直方向）重新定位元素，此属性值的使用涉及到数学中的矩阵

说明　transform 属性支持一个或多个变换函数。也就是说，通过 transform 属性可以实现平移、缩放、旋转和倾斜等组合的变换效果。例如，实现平移并旋转效果。不过在为其指定多个属性时不是使用常用的逗号“,”进行分隔，而是使用空格进行分隔。

12.1.2　旋转动画—rotate()函数

应用 transform 属性的 rotate(\<angle\>)函数可以实现 2D 旋转。参数\<angle\>用于指定旋转的角度，其值可取正或负，正值代表顺时针旋转，负值代表逆时针旋转。在使用该函数以前，可以应用 transform-origin 属性定义变换的中心点。

【例 12-1】应用 transform 属性的 rotate()函数分别实现顺时针旋转 30 度和逆时针旋转 30 度，关键代码如下：（实例位置：光盘\MR\源码\第 12 章\12-1）

```
<style>
.preview{
    background:url(images/style0.gif) no-repeat;/*设置背景图片，并且不重复*/
    position:absolute;                         /*设置为绝对布局*/
    top:0px;                                    /*设置顶边距*/
    left: 0px;                                  /*设置左边距*/
    width:240px;                                /*设置宽度*/
    height:210px;                               /*设置高度*/
}
#rotate{
    -moz-transform:rotate(30deg);              /*Firefox 下顺时针旋转 30 度*/
    -webkit-transform:rotate(30deg);           /*Chrome 下顺时针旋转 30 度*/
```

```
        -o-transform:rotate(30deg);                    /*Opera 下顺时针旋转 30 度*/
        -ms-transform:rotate(30deg);                   /*IE 下顺时针旋转 30 度*/
    }

    #rotate1{
        left:300px;
        -moz-transform:rotate(-30deg);                 /*Firefox 下逆时针旋转 30 度*/
        -webkit-transform:rotate(-30deg);              /*Chrome 下逆时针旋转 30 度*/
        -o-transform:rotate(-30deg);                   /*Opera 下逆时针旋转 30 度*/
        -ms-transform:rotate(-30deg);                  /*IE 下逆时针旋转 30 度*/
    }

    #wall{
        background-image:url(images/bg_main.jpg);
        max-width:600px;                               /*设置最大宽度*/
        height:300px;                                  /*设置最大高度*/
    }
    </style>
    </head>
    <body style="margin:0px;">
    <div id="wall"></div>
    <div class="preview" style="background-image:none;border:1px #000000 dashed;"></div>
    <div class=" preview" id="rotate"></div>
    <div class="preview" id="rotate1"></div>
    </body>
```

在 IE 浏览器中浏览该页面，可以看到如图 12-1 所示的界面。

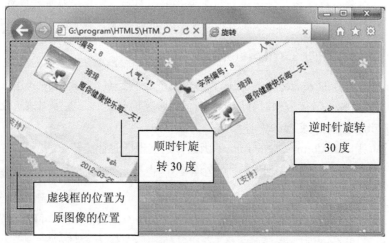

图 12-1　应用 transform 属性旋转字条图片

12.1.3　缩放动画——scale()函数

应用 transform 属性的 scale(<number>[,<number>])、scaleX(<number>)、scaleY(<number>)函数可以实现缩放。其中，scale(<number>[,<number>])可以实现在 X 轴和 Y 轴上同时缩放，而后面的两个函数则用于单独实现在 X 轴或者在 Y 轴上缩放。当使用 scale(<number>[,<number>])函数时，如果只指定一个参数，那么在 X 轴和 Y 轴都缩放参数所指定的比例。

实现缩放的这 3 个函数的参数值都是自然数数值（可以为正、负、小数），绝对值大于 1，代表放大；绝对值小于 1，代表缩小。当值为负数时，对象反转。当参数值为 1 时，表示不进行缩放。

 当使用 scaleX(\<number\>)或 scaleY(\<number\>)函数时，实现的是非等比例缩放，也就是只能对 X 轴进行缩放或者对 X 轴进行缩放。

【例 12-2】 应用 transform 属性的 scale()函数实现在 X 轴和 Y 轴上同时缩放不同的比例，以及应用 scaleX()函数实现在 X 轴上缩放，关键代码如下：（实例位置：光盘\MR\源码\第 12 章\12-2）

```
<style>
.preview{
    background:url(images/style0.gif) no-repeat;    /*设置背景图片，并且不重复*/
    position:absolute;                              /*设置为绝对布局*/
    top:0px;                                         /*设置顶边距*/
    left: 0px;                                       /*设置左边距*/
    width:240px;                                     /*设置宽度*/
    height:210px;                                    /*设置高度*/
}
#xy{
    -moz-transform:scale(0.7,0.8);                   /*Firefox 下在 X 和 Y 轴上进行缩放*/
    -webkit-transform:scale(0.7,0.8);                /*Chrome 下在 X 和 Y 轴上进行缩放*/
    -o-transform:scale(0.7,0.8);                     /*Opera 下在 X 和 Y 轴上进行缩放*/
    -ms-transform:scale(0.7,0.8);                    /*IE 下在 X 和 Y 轴上进行缩放*/
}

#x{
    left:300px;
    -moz-transform:scaleX(1.2);                      /*Firefox 下在 X 轴上进行缩放*/
    -webkit-transform:scaleX(1.2);                   /*Chrome 下在 X 轴上进行缩放*/
    -o-transform:scaleX(1.2);                        /*Opera 下在 X 轴上进行缩放*/
    -ms-transform:scaleX(1.2);                       /*IE 下在 X 轴上进行缩放*/
}

#wall{
    background-image:url(images/bg_main.jpg);
    max-width:600px;                                 /*设置最大宽度*/
    height:300px;                                    /*设置最大高度*/
}
</style>
</head>
<body style="margin:0px;">
<div id="wall"></div>
<div class="preview" style="background-image:none;border:1px #000000 dashed;"></div>
<div class=" preview" id="xy"></div>
<div class="preview" id="x"></div>
</body>
```

在 IE 浏览器中浏览该页面，可以看到如图 12-2 所示的界面。

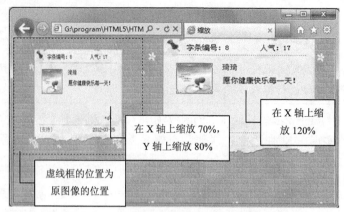

图 12-2　应用 transform 属性缩放字条图片

12.1.4　移动动画——translate()函数

应用 transform 属性的 translate(\<length\>[,\<length\>])、translateX(\<length\>)和 translateY(\<length\>)函数可以实现 2D 平移。其中，translate(\<length\>[,\<length\>])可以实现在 X 轴和 Y 轴上同时平移，而后面的两个函数则用于单独实现在 X 轴或者在 Y 轴上平移。如果将 translate(\<length\>[,\<length\>])中的第一个参数设置为 0，那么可以实现 translateY(\<length\>)函数的效果。如果将第二个参数设置为 0，那么可以实现 translateX(\<length\>)函数的效果。

实现平移的这 3 个函数的参数值都是像素值，可以是正值也可以是负值，x 轴为正值时代表向右移动，为负值时代表向左移动，y 轴为正值时代表向下移动，为负值时代表向上移动。

目前主流浏览器并未支持标准的 transform 属性，所以在实际开发中还需要添加各浏览器厂商的前缀。例如，需要为 Firefox 浏览器添加−moz−前缀；为 IE 浏览器添加−ms−前缀；为 Opera 浏览器添加−o−前缀；为 Chrome 浏览器添加−webkit−前缀。

【例 12-3】 应用 transform 属性的 translate()函数实现在 X 轴和 Y 轴上同时平移，以及应用 translateX()函数实现在 X 轴上平移，关键代码如下：（实例位置：光盘\MR\源码\第 12 章\12-3）

```
<style>
.preview{
    background:url(images/style0.gif) no-repeat;/*设置背景图片，并且不重复*/
    position:absolute;                          /*设置为绝对布局*/
    top:0px;                                     /*设置顶边距*/
    left: 0px;                                   /*设置左边距*/
    width:240px;                                 /*设置宽度*/
    height:210px;                                /*设置高度*/
}
#xy{
    -moz-transform:translate(100px,80px);        /*Firefox 下在 X 和 Y 轴上进行平移*/
    -webkit-transform:translate(100px,80px);     /*Chrome 下在 X 和 Y 轴上进行平移*/
    -o-transform:translate(100px,80px);          /*Opera 下在 X 和 Y 轴上进行平移*/
    -ms-transform:translate(100px,80px);         /*IE 下在 X 和 Y 轴上进行平移*/
}

#x{
```

```
    -moz-transform:translateX(300px);              /*Firefox 下在 X 轴上进行平移*/
    -webkit-transform:translateX(300px);           /*Chrome 下在 X 轴上进行平移*/
    -o-transform:translateX(300px);                /*Opera 下在 X 轴上进行平移*/
    -ms-transform:translateX(300px);               /*IE 下在 X 轴上进行平移*/
}

#wall{
    background-image:url(images/bg_main.jpg);
    max-width:600px;                               /*设置最大宽度*/
    height:300px;                                  /*设置最大高度*/
}
</style>
</head>
<body style="margin:0px;">
<div id="wall"></div>
<div class="preview" style="background-image:none;border:1px #000000 dashed;"></div>
<div class=" preview" id="xy"></div>
<div class="preview" id="x"></div>
</body>
```

在 IE 浏览器中浏览该页面，可以看到如图 12-3 所示的界面。

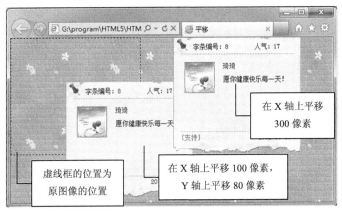

图 12-3　应用 transform 属性平移字条图片

12.1.5　倾斜动画——skew()函数

应用 transform 属性的 skew(<angle>[,<angle>])、skewX(<angle>)、skewY(<angle>)函数可以实现倾斜。其中，skew(<angle>[,<angle>])可以实现在 X 轴和 Y 轴上同时倾斜，而后面的两个函数则用于单独实现在 X 轴或者在 Y 轴上倾斜。如果将 skew(<angle>[,<angle>])中的第一个参数设置为 0，那么可以实现 skewY(<angle>)函数的效果。如果将第二个参数设置为 0，那么可以实现skewX(<angle>)函数的效果。

实现倾斜的这 3 个函数的参数值都是度数，单位为 deg（角度），可以为负数。

【例 12-4】　应用 transform 属性的 skew()函数实现在 X 轴上倾斜 3 度，在 Y 轴上倾斜 30 度，以及应用 skewX()函数实现在 X 轴上倾斜 30 度，关键代码如下：（实例位置：光盘\MR\源码\第 12 章\12-4）

```
<style>
.preview{
```

```
        background:url(images/style0.gif) no-repeat;/*设置背景图片，并且不重复*/
        position:absolute;                          /*设置为绝对布局*/
        top:0px;                                     /*设置顶边距*/
        left: 0px;                                   /*设置左边距*/
        width:240px;                                 /*设置宽度*/
        height:210px;                                /*设置高度*/
}
#xy{
        -moz-transform:skew(3deg,30deg);             /*Firefox 下在 X 和 Y 轴上进行倾斜*/
        -webkit-transform:skew(3deg,30deg);          /*Chrome 下在 X 和 Y 轴上进行倾斜*/
        -o-transform:skew(3deg,30deg);               /*Opera 下在 X 和 Y 轴上进行倾斜*/
        -ms-transform:skew(3deg,30deg);              /*IE 下在 X 和 Y 轴上进行倾斜*/
}

#x{
        left:300px;
        -moz-transform:skewX(30deg);                 /*Firefox 下在 X 轴上进行倾斜*/
        -webkit-transform:skewX(30deg);              /*Chrome 下在 X 轴上进行倾斜*/
        -o-transform:skewX(30deg);                   /*Opera 下在 X 轴上进行倾斜*/
        -ms-transform:skewX(30deg);                  /*IE 下在 X 轴上进行倾斜*/
}

#wall{
        background-image:url(images/bg_main.jpg);
        max-width:600px;                             /*设置最大宽度*/
        height:300px;                                /*设置最大高度*/
}
</style>
</head>
<body style="margin:0px;">
<div id="wall"></div>
<div class="preview" style="background-image:none;border:1px #000000 dashed;"></div>
<div class=" preview" id="xy"></div>
<div class="preview" id="x"></div>
</body>
```

在 IE 浏览器中浏览该页面，可以看到如图 12-4 所示的界面。

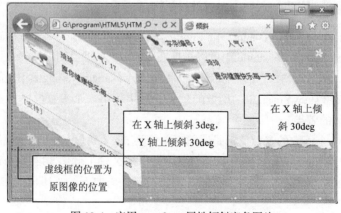

图 12-4　应用 transform 属性倾斜字条图片

12.1.6 变形原点——transform-origin 属性

在 CSS 3 中，提供了 transform-origin 属性业更改变换的中心点。该属性可以提供两个参数值，也可以提供一个参数值。如果提供两个，第一个表示横坐标，第二个表示纵坐标；如果只提供一个，该值将表示横坐标；纵坐标将默认为 50%。

 目前主流浏览器并未支持标准的 transform-origin 属性，所以在实际开发中还需要添加各浏览器厂商的前缀。例如，需要为 Firefox 浏览器添加-moz-前缀；为 IE 浏览器添加-ms-前缀；为 Opera 浏览器添加-o-前缀；为 Chrome 浏览器添加-webkit-前缀。

transform-origin 属性的语法格式如下：

```
transform-origin: [ <percentage> | <length> | left | center① | right ] [ <percentage>
| <length> | top | center② | bottom ]?
```

属性值说明如表 12-2 所示。

表 12-2　　　　　　　　　　transform-origin 属性的属性值说明

属 性 值	说 明
<percentage>	用百分比指定坐标值。可以为负值
<length>	用长度值指定坐标值。可以为负值
left	指定原点的横坐标为 left，居左
center①	指定原点的横坐标为 center，居中
right	指定原点的横坐标为 right，居右
top	指定原点的纵坐标为 top，居顶
center②	指定原点的纵坐标为 center，居中
bottom	指定原点的纵坐标为 bottom，居底

【例 12-5】 在 IE 浏览器下更改变换的中心点为左上角，在 Firefox 浏览器下更改变换的中心点为右下角，在 Chrome 浏览器下更改变换的中心点为底边界的中心点，可以使用下面的代码:（实例位置：光盘\MR\源码\第 12 章\12-5）

```
#rotate{
    -moz-transform-origin:bottom right;
    /*Firefox 下设置中心点为右下角*/
    -ms-transform-origin:top left;
    /*Firefox 下设置中心点为左上角*/
    -webkit-transform-origin:bottom;
    /*Firefox 下设置中心点为底边界的中心点*/
    -moz-transform:rotate(30deg);
    /*Firefox 下顺时针旋转 30 度*/
    -webkit-transform:rotate(30deg);
    /*Chrome 下顺时针旋转 30 度*/
    -o-transform:rotate(30deg);
    /*Opera 下顺时针旋转 30 度*/
    -ms-transform:rotate(30deg);
    /*IE 下顺时针旋转 30 度*/
}
```

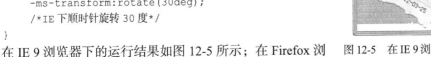

图 12-5　在 IE 9 浏览器下的运行结果

在 IE 9 浏览器下的运行结果如图 12-5 所示；在 Firefox 浏

览器下的运行结果如图 12-6 所示；在 Chrome 浏览器下的运行结果如图 12-7 所示。

图 12-6　在 Firefox 浏览器下的运行结果　　　图 12-7　在 Chrome 浏览器下的运行结果

12.2　CSS 过渡——transition 属性

CSS 3 提供了用于实现过渡效果的 transition 属性，该属性可以控制 HTML 元素的某个属性发生改变时经历的时间，并且以平滑渐变的方式发生改变，从而形成动画效果。本节将对 transition 属性进行详细讲解。

12.2.1　设置过渡的 CSS 属性——transition-property 属性

在 CSS 3 中使用 transition-property 属性可以指定参与过渡的属性，该属性的语法格式如下：

```
transition-property: all | none | <property>[ ,<property> ]*
```

- all：默认值，表示所有可以进行过渡的 CSS 属性；
- none：表示不指定过渡的 CSS 属性；
- <property>：表示指定要进行过渡的 CSS 属性。可以同时指定多个属性值，以逗号 "," 进行分隔。

 目前主流浏览器并未支持标准的 transition-property 属性，所以在实际开发中还需要添加各浏览器厂商的前缀。例如，需要为 Firefox 浏览器添加-moz-前缀；为 IE 浏览器添加-ms-前缀；为 Opera 浏览器添加-o-前缀；为 Chrome 浏览器添加-webkit-前缀。

【例 12-6】应用 transition-property 属性和 transition-duration 属性实现当鼠标移入时逐渐放大的动画效果，可以使用下面的代码：（实例位置：光盘\MR\源码\第 12 章\12-6）

```
<style>
.preview{
    position:absolute;                          /*设置为绝对布局*/
    top:10px;                                   /*设置顶边距*/
    left: 30px;                                 /*设置左边距*/
    width:240px;                                /*设置宽度*/
    height:210px;                               /*设置高度*/
```

```
        background:url(images/style0.gif) no-repeat;        /*设置背景图片，并且不重复*/
}
#rotate{
        -moz-transition-property:top,-moz-transform:scale(1.2);     /*这里也可以用 all*/
        -moz-:.5s;      /*设置过渡持续的时间*/
-webkit-transition-property:top,-webkit-transform:scale(1.2);/*这里也可以用 all*/
        -webkit-transition-duration:.5s;                    /*设置过渡持续的时间*/
        -o-transition-property:top,-o-transform:scale(1.2);       /*这里也可以用 all*/
        -o-transition-duration:.5s;                         /*设置过渡持续的时间*/
        -ms-transition-property:top,-ms-transform:scale(1.2);     /*这里也可以用 all*/
        -ms-transition-duration:.5s;                        /*设置过渡持续的时间*/
}
#rotate:hover{
        top:50px;
        -moz-transform:scale(1.2);                          /*Firefox 下放大 120%*/
        -webkit-transform:scale(1.2);                       /*Chrome 下放大 120%*/
        -o-transform:scale(1.2);                            /*Opera 下放大 120%*/
        -ms-transform:scale(1.2);                           /*IE 下放大 120%*/
}
#wall{
        background-image:url(images/bg_main.jpg);
        max-width:600px;                                    /*设置最大宽度*/
        height:300px;                                       /*设置最大高度*/
}
</style>
</head>
<body style="margin:0px;">
<div id="wall"></div>
<div class="preview" style="background-image:none;border:1px #000000 dashed;"></div>
<div class=" preview" id="rotate"></div>
</body>
```

在 Firefox 浏览器中运行本实例，并将鼠标移动到字条上时，将显示逐渐放大的过渡动画效果，运行结果如图 12-8 所示，将鼠标移出后，将逐渐恢复为原来的大小。

图 12-8　在 Firefox 浏览器下的运行结果

12.2.2　设置过渡的时间——transition-duration 属性

在 CSS 3 中使用 transition-duration 属性可以指定过渡持续的时间，该属性的语法格式如下：

```
transition-duration: <time>[ ,<time> ]*
```

<time>用于指定过渡持续的时间，默认值为 0，如果存在多个属性值，以逗号 "," 进行分隔。

 目前主流浏览器并未支持标准的 transition-duration 属性，所以在实际开发中还需要添加各浏览器厂商的前缀。例如，需要为 Firefox 浏览器添加-moz-前缀；为 IE 浏览器添加-ms-前缀；为 Opera 浏览器添加-o-前缀；为 Chrome 浏览器添加-webkit-前缀。

【例 12-7】 应用 transition-duration 属性实现当鼠标移入时逐渐旋转的动画效果，可以使用下面的代码：（实例位置：光盘\MR\源码\第 12 章\12-7）

```
<style>
.preview{
    background:url(images/style0.gif) no-repeat;/*设置背景图片，并且不重复*/
    position:absolute;                          /*设置为绝对布局*/
    top:10px;                                   /*设置顶边距*/
    left: 30px;                                 /*设置左边距*/
    width:240px;                                /*设置宽度*/
    height:210px;                               /*设置高度*/
}
#rotate{
    -moz-transition-duration:1.5s;              /*设置过渡持续的时间*/
    -webkit-transition-duration:1.5s;           /*设置过渡持续的时间*/
    -o-transition-duration:1.5s;                /*设置过渡持续的时间*/
    -ms-transition-duration:1.5s;               /*设置过渡持续的时间*/
}
#rotate:hover{
    top:50px;
    -moz-transform:rotate(30deg);               /*Firefox 下顺时针旋转 30 度*/
    -webkit-transform:rotate(30deg);            /*Chrome 下顺时针旋转 30 度*/
    -o-transform:rotate(30deg);                 /*Opera 下顺时针旋转 30 度*/
    -ms-transform:rotate(30deg);                /*IE 下顺时针旋转 30 度*/
}

#wall{
    background-image:url(images/bg_main.jpg);
    max-width:600px;                            /*设置最大宽度*/
    height:310px;                               /*设置最大高度*/
}
</style>
</head>
<body style="margin:0px;">
<div id="wall"></div>
<div class="preview" style="background-image:none;border:1px #000000 dashed;"></div>
<div class=" preview" id="rotate"></div>
</body>
```

在 Firefox 浏览器中运行本实例，并将鼠标移动到字条上时,将显示逐渐旋转的过渡动画效果,运行结果如图 12-9 所示，将鼠标移出后，将逐渐旋转回原来的位置。

图 12-9 在 Firefox 浏览器下的运行结果

12.2.3 设置过渡延迟时间——transition-delay 属性

在 CSS 3 中使用 transition-duration 属性可以指定过渡的延迟时间，也就是延迟多长时间才开始过渡。该属性的语法格式如下：

```
transition-delay: <time>[ ,<time> ]*
```

<time>用于指定延迟过渡的时间，默认值为 0，如果存在多个属性值，以逗号","进行分隔。

 目前主流浏览器并未支持标准的 transition-delay 属性，所以在实际开发中还需要添加各浏览器厂商的前缀。例如，需要为 Firefox 浏览器添加-moz-前缀；为 IE 浏览器添加-ms-前缀；为 Opera 浏览器添加-o-前缀；为 Chrome 浏览器添加-webkit-前缀。

【例 12-8】 应用 transition-duration 属性实现当鼠标移入时逐渐旋转的动画效果，可以使用下面的代码：（实例位置：光盘\MR\源码\第 12 章\12-8）

```
<style>
.preview{
    background:url(images/style0.gif) no-repeat;/*设置背景图片，并且不重复*/
    position:absolute;                          /*设置为绝对布局*/
    top:10px;                                   /*设置顶边距*/
    left: 30px;                                 /*设置左边距*/
    width:240px;                                /*设置宽度*/
    height:210px;                               /*设置高度*/
}
#rotate{
    -moz-transition-duration:1.5s;             /*设置过渡持续的时间*/
    -moz-transition-delay:0.5s;                /*设置延迟过渡的时间*/
    -webkit-transition-duration:1.5s;          /*设置过渡持续的时间*/
    -webkit-transition-delay:0.5s;             /*设置延迟过渡的时间*/
    -o-transition-duration:1.5s;               /*设置过渡持续的时间*/
    -o-transition-delay:0.5s;                  /*设置延迟过渡的时间*/
    -ms-transition-duration:1.5s;              /*设置过渡持续的时间*/
    -ms-transition-delay:0.5s;                 /*设置延迟过渡的时间*/
```

```
    }
    #rotate:hover{
        -moz-transform:rotate(360deg);                    /*Firefox 下顺时针旋转 360 度*/
        -webkit-transform:rotate(90deg);                  /*Chrome 下顺时针旋转 360 度*/
        -o-transform:rotate(90deg);                       /*Opera 下顺时针旋转 360 度*/
        -ms-transform:rotate(90deg);                      /*IE 下顺时针旋转 360 度*/
    }
    #wall{
        background-image:url(images/bg_main.jpg);
        max-width:320px;                                  /*设置最大宽度*/
        height:310px;                                     /*设置最大高度*/
    }
    </style>
    </head>
    <body style="margin:0px;">
    <div id="wall"></div>
    <div class="preview" style="background-image:none;border:1px #000000 dashed;"></div>
    <div class=" preview" id="rotate"></div>
    </body>
```

在 Firefox 浏览器中运行本实例，并将鼠标移动到字条上时，等待 0.5 秒，开始显示逐渐旋转的过渡动画效果，运行结果如图 12-10 所示。将鼠标移出后，等待 0.5 秒，逐渐旋转回原来的位置。

图 12-10　在 Firefox 浏览器下的运行结果

12.2.4　设置过渡效果——transition-timing-function 属性

在 CSS 3 中使用 transition-timing-function 属性可以指定过渡的动画类型，该属性的语法格式如下：

```
transition-timing-function : linear | ease | ease-in | ease-out | ease-in-out |
cubic-bezier(x1,y1,x2,y2)[ ,linear | ease | ease-in | ease-out | ease-in-out |
cubic-bezier(x1,y1,x2,y2) ]*
```

属性值说明如表 12-3 所示。

表 12-3　　　　　　　　　　　transition-timing-function 属性的属性值说明

属　性　值	说　　明
linear	线性过渡，也就是匀速过渡。等同于贝塞尔曲线(0.0, 0.0, 1.0, 1.0)
ease	平滑过渡，过渡的速度会逐渐慢下来。等同于贝塞尔曲线(0.25, 0.1, 0.25, 1.0)
ease-in	由慢到快，也就是逐渐加速。等同于贝塞尔曲线(0.42, 0, 1.0, 1.0)
ease-out	由快到慢，也就是逐渐减速。等同于贝塞尔曲线(0, 0, 0.58, 1.0)
ease-in-out	由慢到快再到慢，也就是先加速后减速。等同于贝塞尔曲线(0.42, 0, 0.58, 1.0)
cubic-bezier(x1,y1,x2,y2)	特定的贝塞尔曲线类型，如图 12-11 所示。函数中的 x1，y1 用来确定图 18.10 中的 P1 点的位置，x2，y2 用来确定图 12-11 中的 P2 点的位置，其中，4 个参数值需在[0, 1]区间内，否则无效

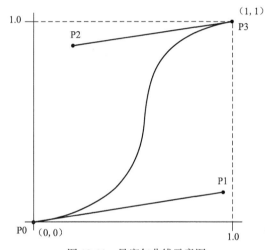

图 12-11　贝塞尔曲线示意图

目前主流浏览器并未支持标准的 transition-timing-function 属性，所以在实际开发中还需要添加各浏览器厂商的前缀。例如，需要为 Firefox 浏览器添加-moz-前缀；为 IE 浏览器添加-ms-前缀；为 Opera 浏览器添加-o-前缀；为 Chrome 浏览器添加-webkit-前缀。

【例 12-9】 实现逐渐加速的旋转动画效果，要求图片旋转 360 度，可以使用下面的代码：（实例位置：光盘\MR\源码\第 12 章\12-9）

```
<style>
.preview{
    background:url(images/style0.gif) no-repeat;/*设置背景图片，并且不重复*/
    position:absolute;                         /*设置为绝对布局*/
    top:10px;                                   /*设置顶边距*/
    left: 30px;                                 /*设置左边距*/
    width:240px;                                /*设置宽度*/
    height:210px;                               /*设置高度*/
}
#rotate{
    -moz-transition-duration:1.5s;              /*设置过渡持续的时间*/
```

```
        -moz-transition-timing-function:ease-in;        /*设置过渡持续的动画类型为由慢到快*/
        -webkit-transition-duration:1.5s;               /*设置过渡持续的时间*/
        -webkit-transition-timing-function:ease-in;    /*设置过渡持续的动画类型为由慢到快*/
        -o-transition-duration:1.5s;                    /*设置过渡持续的时间*/
        -o-transition-timing-function:ease-in;          /*设置过渡持续的动画类型为由慢到快*/
        -ms-transition-duration:1.5s;                   /*设置过渡持续的时间*/
        -ms-transition-timing-function:ease-in;         /*设置过渡持续的动画类型为由慢到快*/
    }
    #rotate:hover{
        -moz-transform:rotate(360deg);                  /*Firefox 下顺时针旋转 360 度*/
        -webkit-transform:rotate(90deg);                /*Chrome 下顺时针旋转 360 度*/
        -o-transform:rotate(90deg);                     /*Opera 下顺时针旋转 360 度*/
        -ms-transform:rotate(90deg);                    /*IE 下顺时针旋转 360 度*/
    }
    #wall{
        background-image:url(images/bg_main.jpg);
        max-width:600px;                                /*设置最大宽度*/
        height:310px;                                   /*设置最大高度*/
    }
    </style>
    </head>
    <body style="margin:0px;">
    <div id="wall"></div>
    <div class="preview" style="background-image:none;border:1px #000000 dashed;"></div>
    <div class=" preview" id="rotate"></div>
    </body>
```

在 Firefox 浏览器中运行本实例,并将鼠标移动到字条上时,将显示逐渐加速的旋转动画效果,运行结果如图 12-12 所示，将鼠标移出后，将逐渐旋转回原来的位置。

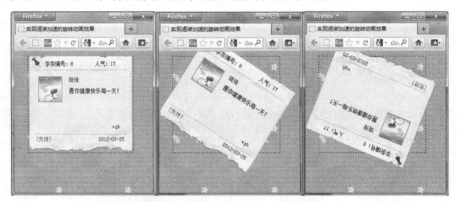

图 12-12　在 Firefox 浏览器下的运行结果

12.3　CSS 动画—animation 属性

要实现 Animation 动画，在定义了关键帧以后，还需要使用动画相关属性来执行关键帧的变化。CSS 3 为 Animation 动画提供下面的 9 个属性：

- animation：复合属性。用于指定对象所应用的动画特效。
- animation-name：用于指定对象所应用的动画名称。
- animation-duration：用于指定对象动画的持续时间，单位为 s（秒），如 1s、5s 等。
- animation-timing-function：用于指定对象动画的过渡类型，其值与 transition-timing-function 属性值相关，也是如图 18.3 所示的属性值。
- animation-delay：用于指定对象动画延迟的时间，单位为 s（秒），如 1s、5s 等。
- animation-iteration-count：用于指定对象动画的循环次数，infinite 表示无限次循环。
- animation-direction：用于指定对象动画在循环中是否反向运动，值为 normal（默认值）表示正常方向，值为 alternate 表示正常与反向交替。
- animation-play-state：用于指定对象动画的状态，值为 running（默认值）表示运动；值为 paused 表示暂停。
- animation-fill-mode：用于指定对象动画时间之外的状态，值为 none（默认值）表示不设置对象动画之外的状态。值为 forwards 表示设置对象状态为动画结束时的状态。值为 backwards 表示设置对象状态为动画开始时的状态。值为 both 表示设置对象状态为动画结束或开始的状态。

目前只有 Firefox、Chrome 和 Safari 浏览器支持与 Animation 动画的相关属性，其他主流浏览器还不支持，但是这 3 个浏览器也并未支持标准的与 Animation 动画的相关属性，需要为 Firefox 浏览器添加-moz-前缀；为 Chrome 和 Safari 浏览器添加-webkit-前缀。

【例 12-10】　实现让图片从完全透明到完全不透明过渡，再逐渐缩小指定比例后还原，再从完全不透明到完全透明，直到图片消失的 Animation 动画，可以使用下面的代码：（实例位置：光盘\MR\源码\第 12 章\12-10）

```
<style>
.preview{
    background:url(images/style0.gif) no-repeat;     /*设置背景图片,并且不重复*/
    position:absolute;                               /*设置为绝对布局*/
    top:10px;                                         /*设置顶边距*/
    left: 30px;                                       /*设置左边距*/
    width:240px;                                      /*设置宽度*/
    height:210px;                                     /*设置高度*/
}
#change{
    opacity:0;
}
/*编写在 Chrome 和 Safari 浏览器中使用的关键帧*/
@-webkit-keyframes complexAnim{
    0%{opacity:0;}                                    /*完全透明*/
    20%{opacity:1;}                                   /*完全不透明*/
    50%{-webkit-transform:scale(0.8);}                /*缩放到 80%*/
    80%{opacity:1;}                                   /*完全不透明*/
    100%{opacity:0;}                                  /*完全透明*/
}
/*编写在 Firefox 浏览器中使用的关键帧*/
```

```
@-moz-keyframes complexAnim{
    0%{opacity:0;}                                          /*完全透明*/
    20%{opacity:1;}                                         /*完全不透明*/
    50%{-moz-transform:scale(0.8);}                         /*缩放到80%*/
    80%{opacity:1;}                                         /*完全不透明*/
    100%{opacity:0;}                                        /*完全透明*/
}
#change:hover{
    /*实现在 Chrome 和 Safari 浏览器的动画效果*/
    -webkit-animation-name:complexAnim;                     /*指定动画名称*/
    -webkit-animation-duration:5s;                          /*指定动画持续的时间*/
    -webkit-animation-iteration-count:infinite;             /*指定无限次循环*/
    /*实现在 Firefox 浏览器的动画效果*/
    -moz-animation-name:complexAnim;                        /*指定动画名称*/
    -moz-animation-duration:5s;                             /*指定动画持续的时间*/
    -moz-animation-iteration-count:infinite;                /*指定无限次循环*/
}
#wall{
    background-image:url(images/bg_main.jpg);
    max-width:320px;                                        /*设置最大宽度*/
    height:310px;                                           /*设置最大高度*/
}
</style>
</head>
<body style="margin:0px;">
<div id="wall"></div>
<div class="preview" style="background-image:none;border:1px #000000 dashed;"></div>
<div class=" preview" id="change"></div>
</body>
```

在 Firefox 浏览器中运行本实例，并将鼠标移动到虚线框上时，字条图片将逐渐显示，当图片完全显示后，图片开始缩小，当缩小到 80%时，再逐渐放大到原图片，最后逐渐消失。运行结果如图 12-13 所示。

图 12-13　在 Firefox 浏览器下的运行结果

12.4　综合实例——模拟进度条效果

使用关键帧 @keyframes 以及 Animation 动画的相关属性可以通过动态改变对象的属性值来实现动画效果。本实例将实现一个模拟进度条的 Animation 动画，即将鼠标移动到进度条区域的最左侧时，进度条开始走动，直到区域的右边界后静止，效果如图 12-14 所示。

图 12-14　在 Chrome 浏览器中显示的模拟进度条效果

在实现本实例时，首先需要分别定义在 Chrome 和 Safari 浏览器中使用的关键帧，以及在 Firefox 浏览器中使用的关键帧，然后应用 Animation 动画的相关属性根据定义好的关键帧生成动画。关键代码如下：

```
<style>
#prog{
    background: url(images/style0.gif) no-repeat;    /*设置背景图片，并且不重复*/
    position: absolute;                              /*设置为绝对布局*/
    top: 106px;                                      /*设置顶边距*/
    left: 109px;                                     /*设置左边距*/
    width: 256px;                                    /*设置宽度*/
    height: 13px;                                    /*设置高度*/
    border: double 1px #666666;                      /**设置边框/
}
/*编写在 Chrome 和 Safari 浏览器中使用的关键帧*/
@-webkit-keyframes complexAnim{
    from{width:1px;}
    to{width:256px;}
}
/*编写在 Firefox 浏览器中使用的关键帧*/
@-moz-keyframes complexAnim{
    from{width:1px;}
    to{width:256px;}
}
#bar:hover{
    /*实现在 Chrome 和 Safari 浏览器的动画效果*/
```

```
        -webkit-animation-name:complexAnim;                    /*指定动画名称*/
        -webkit-animation-duration:5s;                         /*指定动画持续的时间*/
        -webkit-animation-iteration-count:1;                   /*指定仅执行1次*/
        -webkit-animation-fill-mode:forwards;                  /*设置对象状态为动画结束时的状态*/
        /*实现在Firefox浏览器的动画效果*/
        -moz-animation-name:complexAnim;                       /*指定动画名称*/
        -moz-animation-duration:5s;                            /*指定动画持续的时间*/
        -moz-animation-iteration-count:1;                      /*指定仅执行1次*/
        -webkit-animation-fill-mode:forwards;                  /*设置对象状态为动画结束时的状态*/
    }
    #bg{
        background-image:url(images/upFile_bg.gif);
        max-width:400px;                                       /*设置最大宽度*/
        height:250px;                                          /*设置最大高度*/
    }
    #bar{
            background-image:url(images/progressBar.gif);
            width:1px;
            height:13px;
    }
    </style>
    </head>
    <body style="margin:0px;">
    <div id="bg"></div>
    <div id="prog"><div id="bar"></div></div>
    </body>
```

知识点提炼

（1）transform 属性用于实现平移、缩放、旋转和倾斜等 2D 变换，而 transform-origin 属性则是用于设置变换的中心点的。

（2）rotate(<angle>)函数可以实现 2D 旋转，参数<angle>用于指定旋转的角度，其值可取正或负，正值代表顺时针旋转，负值代表逆时针旋转。

（3）scale(<number>[,<number>])、scaleX(<number>)、scaleY(<number>)函数可以实现缩放。

（4）translate(<length>[,<length>])、translateX(<length>)和 translateY(<length>)函数可以实现 2D 平移。

（5）skew(<angle>[,<angle>])、skewX(<angle>)、skewY(<angle>)函数可以实现倾斜。

（6）使用 transition-property 属性可以指定参与过渡的属性。

（7）使用 transition-duration 属性可以指定过渡的延迟时间。

（8）使用 transition-timing-function 属性可以指定过渡的动画类型。

（9）CSS3 中实现动画时，需要使用 animation 属性。

习　题

12-1　在 CSS3 中实现 2D 旋转时，需要使用 transform 属性的什么函数？

12-2　transform 属性支持多个变换函数，在指定多个变换函数时使用什么进行分隔？

12-3　应用 transform 属性的哪个函数可以实现 2D 倾斜？

12-4　应用 transform 属性的什么函数可以实现缩放？

12-5　CSS 3 为 Animation 动画提供哪 9 个常用属性？

第13章
JavaScript 概述

本章要点：

- JavaScript 的历史及特点
- JavaScript 的成功案例库
- 如何搭建 JavaScript 开发环境库
- JavaScript 脚本的两种工具库
- 如何在 HTML 中使用 JavaScript 脚本

在学习 JavaScript 前，需要了解什么是 JavaScript，JavaScript 都有哪些特点，JavaScript 的编写工具以及在 HTML 中的使用等。通过了解这些内容来增强对 JavaScript 语言的理解以方便以后的学习。

13.1　JavaScript 概貌

JavaScript 是 Web 页面中的一种脚本编程语言，也是一种通用的、跨平台的、基于对象和事件驱动并具有安全性的脚本语言。它不需要进行编译，而是直接嵌入在 HTML 页面中，把静态页面转变成支持用户交互并响应相应事件的动态页面。

13.1.1　JavaScript 的历史起源

JavaScript 语言的前身是 LiveScript 语言。由美国 Netscape（网景）公司的布瑞登.艾克（Brendan Eich）为即将在 1995 年发布的 Navigator2.0 浏览器的应用而开发的脚本语言。在与 Sum（升阳）公司联手及时完成了 LiveScript 语言的开发后，就在 Navigator 2.0 即将正式发布前，Netscape 公司将其改名为 JavaScript，也就是最初的 JavaScript 1.0 版本。虽然当时 JavaScript1.0 版本还有很多缺陷，但拥有着 JavaScript 1.0 版本的 Navigator 2.0 浏览器几乎主宰着浏览器市场。

因为 JavaScript 1.0 如此成功，Netscape 公司在 Navigator 3.0 中发布了 JavaScript 1.1 版本。同时微软开始进军浏览器市场，发布了 Internet Explorer 3.0 并搭载了一个 JavaScript 的类似版本，其注册名称为 JScript，这成为 JavaScript 语言发展过程中的重要一步。

在微软进入浏览器市场后，此时有 3 种不同的 JavaScript 版本同时存在，Navigator 中的 JavaScript、IE 中的 JScript 以及 CEnvi 中的 ScriptEase。与其他编程语言不同的是，JavaScript 并没有一个标准来统一其语法或特性，而这 3 种不同的版本恰恰突出了这个问题。1997 年，JavaScript 1.1 版本作为一个草案提交给欧洲计算机制造商协会（ECMA）。最终由来自 Netscape、Sun、微软、

Borland 和其他一些对脚本编程感兴趣的公司的程序员组成了 TC39 委员会，该委员会被委派来标准化一个通用、跨平台、中立于厂商的脚本语言的语法和语义。TC39 委员会制定了"ECMAScript 程序语言的规范书"（又称为"ECMA-262 标准"），该标准通过国际标准化组织(ISO)采纳通过，作为各种浏览器生产开发所使用的脚本程序的统一标准。

13.1.2　JavaScript 的主要特点

JavaScript 脚本语言的主要特点如下：

● 解释性

JavaScript 不同于一些编译性的程序语言，例如 C、C++等，它是一种解释性的程序语言，它的源代码不需要经过编译，而直接在浏览器中运行时被解释。

● 基于对象

JavaScript 是一种基于对象的语言。这意味着它能运用自己已经创建的对象。因此，许多功能可以来自于脚本环境中对象的方法与脚本的相互作用。

● 事件驱动

JavaScript 可以直接对用户或客户输入做出响应，无须经过 Web 服务程序。它对用户的响应，是以事件驱动的方式进行的。所谓事件驱动，就是指在主页中执行了某种操作所产生的动作，此动作称为"事件"。比如按下鼠标、移动窗口、选择菜单等都可以视为事件。当事件发生后，可能会引起相应的事件响应。

● 跨平台

JavaScript 依赖于浏览器本身，与操作环境无关，只要能运行浏览器的计算机，并支持 JavaScript 的浏览器就可以正确执行。

● 安全性

JavaScript 是一种安全性语言，它不允许访问本地的硬盘，并不能将数据存入到服务器上，不允许对网络文档进行修改和删除，只能通过浏览器实现信息浏览或动态交互。这样可有效地防止数据的丢失。

13.1.3　JavaScript 成功案例

使用 JavaScript 脚本实现的动态页面，在 Web 上随处可见。下面将介绍几种 JavaScript 常见的应用。

● 验证用户输入的内容

使用 JavaScript 脚本语言可以在客户端对用户输入的数据进行验证。例如在制作用户注册信息页面时，要求用户输入确认密码，以确定用户输入密码是否准确。如果用户在"确认密码"文本框中输入的信息与"密码"文本框中输入的信息不同，将弹出相应的提示信息，如图 13-1 所示。

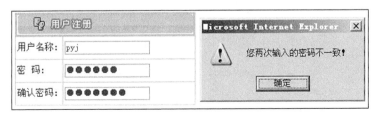

图 13-1　验证两次密码是否一致

● 动画效果

在浏览网页时，经常会看到一些动画效果，使页面显得更加生动。使用 JavaScript 脚本语言也可以实现动画效果，例如在页面中实现下雪的效果，如图 13-2 所示。

● 窗口的应用

在打开网页时经常会看到一些浮动的广告窗口，这些广告窗口是网站最大的盈利手段。我们也可以通过 JavaScript 脚本语言来实现，例如，如图 13-3 所示的广告窗口。

图 13-2　动画效果

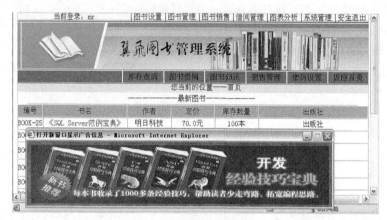

图 13-3　窗口的应用

● 文字特效

使用 JavaScript 脚本语言可以使文字实现多种特效。例如使文字旋转，如图 13-4 所示。

● 中国网络电视台应用的 jQuery 效果

访问中国网络电视台的电视直播页面后，在央视频道栏目中就应用了 jQuery 实现鼠标移入移出效果。将鼠标移动到某个频道上时，该频道内容将添加一个圆角矩形的灰背景，如图 13-5 所示，用于突出显示频道内容，将鼠标移出该频道后，频道内容将恢复为原来的样式。

图 13-4　文字特效

图 13-5　中国网络电视台应用的 jQuery 效果

● 京东网上商城应用的 jQuery 效果

访问京东网上商城的首页时，在右侧有一个为手机和游戏充值的栏目，这里应用了 jQuery 实现了标签页的效果，将鼠标移动到"手机充值"栏目上时，标签页中将显示为手机充值的相关内容，如图 13-6 所示，将鼠标移动到"游戏充值"栏目上时，将显示为游戏充值的相关内容。

● 应用 Ajax 技术实现百度搜索提示

在百度首页的搜索文本框中输入要搜索的关键字时，下方会自动给出相关提示。如果给出的提示有符合要求的内容，可以直接选择，这样可以方便用户。例如，输入"明日科"后，在下面将显示如图 13-7 所示的提示信息。

图 13-6　京东网上商城应用的 jQuery 效果

图 13-7　百度搜索提示页面

13.2　搭建 JavaScript 开发环境

JavaScript 本身是一种脚本语言，不是一种工具，实际运行所写的 JavaScript 代码的软件是环境中的解释引擎——Netscape Navigator 或 Microsoft Internet Explorer 浏览器。JavaScript 依赖于浏览器的支持。

13.2.1　硬件要求

在使用 JavaScript 进行程序开发时，要求使用的硬件开发环境如下：

● 首先必须具备运行 Windows 98、Window XP、Windows Vista、Windows 7 等，Windows 2000 及其 Service Pack 2 或更高版本的基本硬件配置环境。

● 至少 512MB 以上的内存。

● 640*480 分辨率以上的显示器，建议使用 1024*768。

● 至少 1G 以上的可用硬盘空间。

　　　一般情况下，计算机的最低配置往往不能满足复杂的 JavaScript 程序的处理需要，如果增大内存的容量，可以明显地提高程序在浏览器中运行的速度。

13.2.2　软件要求

本书介绍的 JavaScript 基本功能适用于大部分浏览器。为了能够更好地利用本书，建议读者的软件安装配置如下：

- Windows XP、Windows 7 操作系统。
- Netscape Navigator 3.0 浏览器或 Internet Explorer 6.0 浏览器以上版本。

13.2.3 浏览器对 JavaScript 的支持

由于各浏览器对 JavaScript 脚本支持的不一致性，因此，在进行 JavaScript 脚本编程时，首先应确定用户使用的浏览器类型，然后根据浏览器类型编写 JavaScript 脚本。下面将介绍 Netscape 的 Navigator 浏览器和 Microsoft 的 Internet Explorer 浏览器。

1. Netscape Navigator（网景浏览器）

Netscape Navigator（网景浏览器）是最早也是最有影响力的网页浏览器之一，Netscape Navigator 浏览器 1.0 版发布于 1994 年 12 月，比微软 IE 1.0 浏览器发布时间还早一个多月，但由于 IE 浏览器和微软的 Windows 操作系统捆绑在一起，因此对 Netscape 网景浏览器的市场发展造成了巨大影响，使得 Netscape 网景浏览器逐渐淡出主流浏览器行列。

下面介绍 Netscape Navigator 浏览器版本的变化及其支持的 JavaScript 的版本，如表 13-1 所示。

表 13-1　　　　　Netscape Navigator 浏览器版本及所支持的 JavaScript 版本

浏览器版本	JavaScirpt 版本
Navigator2.0	JavaScript 1.0
Navigator3.0	JavaScript 1.1
Navigator4.0	JavaScript 1.2
Navigator4.5	JavaScript 1.3
Navigator6.0	JavaScript 1.5
Navigator7.0	JavaScript 1.5

2. Microsoft Internet Explorer（微软浏览器）

Internet Explorer，原称 Microsoft Internet Explorer，简称 MSIE（一般称成 Internet Explorer，简称 IE），是微软公司推出的一款网页浏览器。IE 浏览器不是最早的浏览器，但由于 IE 浏览器自推出之日起就是免费的，因此几乎将其他收费浏览器置于死地。从一定程度上说，是微软提供免费的 IE 浏览器后带动了整个互联网的发展。

下面介绍 Internet Explorer 浏览器版本的变化及其所支持的 JavaScript 的版本，如表 13-2 所示。

表 13-2　　　　　IE 浏览器版本及所支持的 JavaScript 版本

浏览器版本	JavaScirpt 版本
Internet Explorer 3	JavaScript 1.1
Internet Explorer 4	JavaScript 1.3
Internet Explorer 5	JavaScript 1.4
Internet Explorer 5.5	JavaScript 1.5
Internet Explorer 6	JavaScript 1.5
Internet Explorer 7	JavaScript 1.5
Internet Explorer 8	JavaScript 1.5
Internet Explorer 9	JavaScript 1.8

13.3　编写 JavaScript 的工具

编辑 JavaScript 程序可以使用任何一种文本编辑器，如 Windows 中的记事本、写字板等应用软件。由于 JavaScript 程序可以嵌入 HTML 文件中，因此，读者可以使用任何一种编辑 HTML 文件的工具软件，如 Adobe Dreamweaver 和 Microsoft FrontPage 等。

本书使用的编写工具为 Adobe Dreamweaver CS6。

13.3.1　Adobe Dreamweaver

Dreamweaver 是当今流行的网页编辑工具之一，它采用了多种先进技术，提供图形化程序设计窗口，能够快速高效地创建网页，并生成与之相关的程序代码，使网页创作过程简单化，生成的网页也极具表现力。从 Dreamweaver MX 开始，Dreamweaver 开始支持可视化开发，这对于初学者来说确实是一个比较好的选择，因为它是所见即所得的。其特征包括，语法加亮、函数补全、参数提示等。值得一提的是，Dreamweaver 在提供强大的网页编辑功能的同时，还提供了完善的站点管理机制，极大地方便了程序员对网站的管理工作。

Dreamweaver 工具的开发环境如图 13-8 所示。

图 13-8　Dreamweaver 工具的开发环境

Dreamweaver 工具的开发环境有 3 种视图形式，分别为"代码"、"拆分"和"设计"。在"代码"视图中可编辑代码；在"拆分"视图中，可以同时编辑"代码"视图和"设计"视图中的内容；在"设计"视图中，可以在页面中插入 HTML 元素，进行页面布局和设计；在"代码"视图中可以编写代码。

13.3.2　Microsoft FrontPage

FrontPage 是微软公司开发的一款强大的 Web 制作工具和网络管理向导，它包括 HTML 处理程序、网络管理工具、动画图形创建和编辑工具以及 Web 服务器程序。通过 FrontPage 创建的网站不仅内容丰富而且专业，最值得一提的是，它的操作界面与 Word 的操作界面极为相似，非常容易学习和使用。

FrontPage 工具的开发环境如图 13-9 所示。

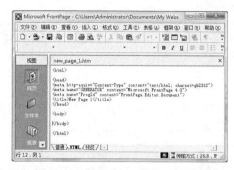

图 13-9　PrrontPage 工具的开发环境

13.4　JavaScript 在 HTML 中的使用

通常情况下，在 Web 页面中使用 JavaScript 有以下两种方法，一种是在页面中直接嵌入 JavaScript 代码，另一种是链接外部 JavaScript 文件。下面分别对这两种方法进行介绍。

13.4.1　在页面中直接嵌入 JavaScript

在 HTML 文档中可以使用<script>…</script>标记将 JavaScript 脚本嵌入到其中。在 HTML 文档中可以使用多个<script>标记，每个<script>标记中可以包含多个 JavaScript 的代码集合。<script>标记常用的属性及说明如表 13-3 所示。

表 13-3　　　　　　　　　　　　　　<script>标记常用的属性及说明

属　　性	说　　明
language	设置所使用的脚本语言及版本
src	设置一个外部脚本文件的路径位置
type	设置所使用的脚本语言，此属性已代替 language 属性
defer	此属性表示当 HTML 文档加载完毕后再执行脚本语言

【例 13-1】在 HTML 页面中直接嵌入 JavaScript 代码，如图 13-10 所示。（实例位置：光盘\MR\源码\第 13 章\13-1）

图 13-10　在 HTML 中直接嵌入 JavaScript 代码

<script> 标记可以放在 Web 页面的 <head></head> 标记中，也可以放在 <body></body> 标记中。

13.4.2　链接外部 JavaScript

在 Web 页面中引入 JavaScript 的另一种方法是采用链接外部 JavaScript 文件的形式。如果脚本代码比较复杂或是同一段代码可以被多个页面所使用，则可以将这些脚本代码放置在一个单独的文件中（保存文件的扩展名为.js），然后在需要使用该代码的 Web 页面中链接该 JavaScript 文件即可。

在 Web 页面中链接外部 JavaScript 文件的语法格式如下：

```
<script language="javascript" src="javascript.js"></script>
```

【例 13-2】　调用外部 JavaScript 文件 function.js。首先编写外部的 JavaScript 文件，命名为 function.js。function.js 文件的完整代码如图 13-11 所示。（实例位置：光盘\MR\源码\第 13 章\13-2）

图 13-11　function.js 文件中的完整代码

然后在 index.html 页面中调用外部 JavaScript 文件 function.js，调用代码如图 13-12 所示。

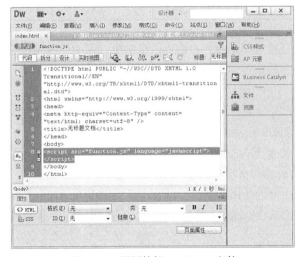

图 13-12　调用外部 JavaScript 文件

在外部 JS 文件中，不需要将脚本代码用<script>和</script>标记括起来。

13.5　综合实例——用 JS 输出中文字符串

本实例将制作一个 HTML 页面，该页面中使用 JavaScript 脚本输出一个"你好"中文字符串，效果如图 13-13 所示。

使用 JavaScript 在网页中输出字符串一般通过 document 对象的 write 方法实现，关键代码如下：

```
<!DOCTYPE html PUBLIC "-//W3C//DTD XHTML 1.0 Transitional//EN" "http://www.w3.org/TR/
xhtml1/DTD/xhtml1-transitional.dtd">
<html xmlns="http://www.w3.org/1999/xhtml">
<head>
<meta  http-equiv="Content-Type"  content="text/html;
charset=utf-8" />
<title>使用 JavaScript 输出"你好"中文字符串</title>
<script type="text/javascript">
document.write("你好");
</script>
</head>
<body>
</body>
</html>
```

图 13-13　使用 JavaScript 输出"你好"中文字符串

知识点提炼

（1）JavaScript 是一种基于对象的语言。

（2）JavaScript 是一种解释性的程序语言，它的源代码不需要经过编译，而直接在浏览器中运行时被解释。

（3）JavaScript 可以直接对用户或客户输入做出响应，无须经过 Web 服务程序。

（4）JavaScript 依赖于浏览器本身，与操作环境无关。只要计算机能运行支持 JavaScript 的浏览器就可以正确执行。

（5）JavaScript 是一种安全性语言，它不允许访问本地的硬盘，并不能将数据存入到服务器上，不允许对网络文档进行修改和删除，只能通过浏览器实现信息浏览或动态交互。

（6）在 Web 页面中使用 JavaScript 有以下两种方法，一种是在页面中直接嵌入 JavaScript 代码，另一种是链接外部 JavaScript 文件。

（7）在 HTML 文档中可以使用<script>…</script>标记将 JavaScript 脚本嵌入到其中。

（8）在 Web 页面中引入 JavaScript 的另一种方法是采用链接外部 JavaScript 文件的形式。

习　　题

13-1　简单描述 JavaScript 的特点。

13-2　常用的编写 JavaScript 的工具有哪些？

13-3　如何在页面中嵌入 JavaScript 脚本？

13-4　如何在页面中链接外部 JavaScript 脚本文件？

第 14 章
JavaScript 语言基础

本章要点：

- JavaScript 的数据结构
- JavaScript 中常用的数据类型
- JavaScript 运算符的使用
- JavaScript 中的表达式
- 流程控制语句的使用
- 函数的定义及调用

　　JavaScript 是一种基于对象和事件驱动并具有安全性的解释型脚本语言。它不但可以用于编写由 Web 浏览器解释执行的客户端的脚本程序，而且还可以编写在服务器端执行的脚本程序，在服务器端处理用户提交的信息并动态地向客户端浏览器返回处理结果。本章将对 JavaScript 的语言基础进行详细讲解。

14.1　JavaScript 数据结构

　　每一种计算机语言都有自己的数据结构，JavaScript 脚本语言的数据结构包括标识符、关键字、常量和变量等。本节将对 JavaScript 脚本语言的数据结构进行详细讲解。

14.1.1　标识符

　　所谓的标识符（identifier），就是一个名称。在 JavaScript 中，标识符用来命名变量和函数，或者用作 JavaScript 代码中某些循环的标签。在 JavaScript 中，合法的标识符命名规则和 Java 以及其他许多语言的命名规则相同，第一个字符必须是字母、下划线（-）或美元符号（$），其后的字符可以是字母、数字或下划线、美元符号。

　　　　数字不允许作为首字符出现，这样 JavaScript 可以轻易地区别开标识符和数字。

　　例如，下面是合法的标识符：

```
i
my_name
_name
$str
n1
```

标识符不能和 JavaScript 中用于其他目的的关键字同名。

14.1.2 关键字

JavaScript 关键字（Reserved Words）是指在 JavaScript 语言中有特定含义，成为 JavaScript 语法中一部分的那些字。JavaScript 关键字是不能作为变量名和函数名使用的。使用 JavaScript 关键字作为变量名或函数名，会使 JavaScript 在载入过程中出现编译错误。与其他编程语言一样，JavaScript 中也有许多关键字，不能被用做标识符（函数名、变量名等），如表 14-1 所示。

表 14-1   JavaScript 的关键字

abstract	continue	finally	instanceof	private	this
Boolean	default	float	int	public	throw
break	do	for	interface	return	typeof
byte	double	function	long	short	true
case	else	goto	native	static	var
catch	extends	implements	new	super	void
char	false	import	null	switch	while
class	final	in	package	synchronized	with

14.1.3 常量

当程序运行时，值不能改变的量为常量（Constant）。常量主要用于为程序提供固定的和精确的值（包括数值和字符串），比如数字、逻辑值真（true）、逻辑值假（false）等都是常量。声明常量使用 const 来进行声明。

语法：

```
const
        常量名：数据类型=值；
```

常量在程序中定义后便会在计算机中一定的位置存储下来，在该程序没有结束之前，它是不发生变化的。如果在程序中过多地使用常量，会降低程序的可读性和可维护性，当一个常量在程序内被多次引用，可以考虑在程序开始处将它设置为变量，然后再引用，当此值需要修改时，则只需更改其变量的值就可以了，既减少出错的机会，又可以提高工作效率。

14.1.4 变量

变量是指程序中一个已经命名的存储单元，它的主要作用就是为数据操作提供存放信息的容器。对于变量的使用首先必须明确变量的命名规则、变量的声明方法及其变量的作用域。

1. 变量的命名

JavaScript 变量的命名规则如下：

- 必须以字母或下划线开头，中间可以是数字、字母或下划线。
- 变量名不能包含空格或加号、减号等符号。
- 不能使用 JavaScript 中的关键字。
- JavaScript 的变量名是严格区分大小写的。例如，UserName 与 username 代表两个不同的变量。

虽然 JavaScript 的变量可以任意命名，但是在进行编程的时候，最好还是使用便于记忆、且有意义的变量名称，以增加程序的可读性。

2. 变量的声明与赋值

在 JavaScript 中，使用变量前需要先声明变量，所有的 JavaScript 变量都由关键字 var 声明，语法格式如下：

```
var variable;
```

在声明变量的同时也可以对变量进行赋值：

```
var variable=11;
```

声明变量时所遵循的规则如下：

可以使用一个关键字 var 同时声明多个变量，例如：

```
var a,b,c              //同时声明 a、b 和 c 3 个变量
```

可以在声明变量的同时对其赋值，即为初始化，例如：

```
var i=1;j=2;k=3;       //同时声明 i、j 和 k 3 个变量，并分别对其进行初始化
```

如果只是声明了变量，并未对其赋值，则其值缺省为 undefined。

var 语句可以用作 for 循环和 for/in 循环的一部分，这样就使循环变量的声明成为循环语法自身的一部分，使用起来比较方便。

也可以使用 var 语句多次声明同一个变量，如果重复声明的变量已经有一个初始值，那么此时的声明就相当于对变量的重新赋值。

当给一个尚未声明的变量赋值时，JavaScript 会自动用该变量名创建一个全局变量。在一个函数内部，通常创建的只是一个仅在函数内部起作用的局部变量，而不是一个全局变量。要创建一个局部变量，不是赋值给一个已经存在的局部变量，而是必须使用 var 语句进行变量声明。

另外，由于 JavaScript 采用弱类型的形式，因此读者可以不必理会变量的数据类型，即可以把任意类型的数据赋值给变量。

例如：声明一些变量，代码如下：

```
var varible=100                //数值类型
var str="有一条路，走过了总会想起"      //字符串
var bue=true                   //布尔类型
```

在 JavaScript 中，变量可以不先声明，而在使用时，再根据变量的实际作用来确定其所属的数据类型。但是建议在使用变量前就对其声明，因为声明变量的最大好处就是能及时发现代码中的错误。由于 JavaScript 是采用动态编译的，而动态编译是不易于发现代码中的错误的，特别是变量命名方面的错误。

3. 变量的作用域

变量的作用域（scope）是指某变量在程序中的有效范围，也就是程序中定义这个变量的区域。在 JavaScript 中变量根据作用域可以分为两种：全局变量和局部变量。全局变量是定义在所有函数之外，作用于整个脚本代码的变量。局部变量是定义在函数体内，只作用于函数体的变量，函数的参数也是局部性的，只在函数内部起作用。例如，下面的程序代码说明了变量的作用域作用不同的有效范围：

```
<script language="javascript">
    var a;                    //该变量在函数外声明,作用于整个脚本代码
    function send()
```

```
            {
            a="JavaScript"
            var b="语言基础"                    //该变量在函数内声明，只作用于该函数体
            alert(a+b);
            }
        </script>
```

JavaScript 中用 ";" 作为语句结束标记，如果不加也可以正确地执行。用 "//" 作为单行注释标记；用 "/*" 和 "*/" 作为多行注释标记；用 "{" 和 "}" 包装成语句块。"//" 后面的文字为注释部分，在代码执行过程中不起任何作用。

4. 变量的生存期

变量的生存期是指变量在计算机中存在的有效时间。从编程的角度来说，可以简单地理解为该变量所赋的值在程序中的有效范围。JavaScript 中变量的生存期有两种：全局变量和局部变量。

全局变量在主程序中定义，其有效范围从其定义开始，一直到本程序结束为止。局部变量在程序的函数中定义，其有效范围只有在该函数之中。当函数结束后，局部变量生存期也就结束了。

14.2 数 据 类 型

每一种计算机语言都有自己所支持的数据类型。在 JavaScript 脚本语言中采用的是弱类型的方式，即一个数据（变量或常量）不必首先作声明，可在使用或赋值时才再确定其数据的类型。当然也可以先声明该数据的类型，即通过在赋值时自动说明其数据类型的。在本节中，将详细介绍 JavaScript 脚本中的几种数据类型。

14.2.1 数字型数据

数字（number）是最基本的数据类型。在 JavaScript 中，和其他程序设计语言（如 C 和 Java）的不同之处在于，它并不区别整型数值和浮点型数值。在 JavaScript 中，所有的数字都是由浮点型表示的。JavaScript 采用 IEEE754 标准定义的 64 位浮点格式表示数字，这意味着它能表示的最大值是 $\pm 1.7976931348623157 \times 10^{308}$，最小值是 $\pm 5 \times 10^{324}$。

当一个数字直接出现在 JavaScript 程序中时，我们称它为数值直接量（numericliteral）。JavaScript 支持数值直接量的形式有几种，下面将对这几种形式进行详细介绍。

在任何数值直接量前加负号（ - ）可以构成它的负数。但是负号是一元求反运算符，它不是数值直接量语法的一部分。

1. 整型数据

在 JavaScript 程序中，十进制的整数是一个数字序列。例如：

```
0
7
-8
1000
```

JavaScript 的数字格式允许精确地表示 - 900719925474092（ - 2^{53}）和 900719925474092（ 2^{53}）之间的所有整数（包括 - 900719925474092（ - 2^{53}）和 900719925474092（ 2^{53}））。但是使用超过这个范围的整数，就会失去尾数的精确性。需要注意的是，JavaScript 中的某些整数运算是对 32

位的整数执行的，它们的范围从 −2147483648（−2^{31}）到 2147483647（2^{31}-1）。

2. 十六进制和八进制

JavaScript 不但能够处理十进制的整型数据，还能识别十六进制（以 16 为基数）的数据。所谓十六进制数据，是以 "0X" 和 "0x" 开头，其后跟随十六进制数字串的直接量。十六进制的数字可以是 0 到 9 中的某个数字，也可以是 a（A）到 f（F）中的某个字母，它们用来表示 0 到 15 之间（包括 0 和 15）的某个值，下面是十六进制整型数据的例子：

```
0xff      //15*16+15=225（基数为10）
0xCAFE911
```

尽管 ECMAScripr 标准不支持八进制数据，但是 JavaScript 的某些实现却允许采用八进制（基数为 8）格式的整型数据。八进制数据以数字 0 开头，其后跟随一个数字序列，这个序列中的每个数字都在 0 和 7 之间（包括 0 和 7），例如：

```
0377      //3*64+7*8+7=255（基数为10）
```

由于某些 JavaScript 实现支持八进制数据，而有些则不支持，所以最好不要使用以 0 开头的整型数据，因为不知道某个 JavaScript 的实现是将其解释为十进制，还是解释为八进制。

3. 浮点型数据

浮点型数据可以具有小数点，它们采用的是传统科学记数法的语法。一个实数值可以被表示为整数部分后加小数点和小数部分。

此外，还可以使用指数法表示浮点型数据，即实数后跟随字母 e 或 E，后面加上正负号，其后再加一个整型指数。这种记数法表示的数值等于前面的实数乘以 10 的指数次幂。

语法：

```
[digits] [.digits] [(E|e[(+|-)])]
```

例如：

```
1.2
.33333333
3.12e11      //3.12×10^11
1.234E-12    //1.234×10^-12
```

虽然实数有无穷多个，但是 JavaScript 的浮点格式能够精确表示出来的却是有限的（确切地说是 18437736874454810627 个），这意味着在 JavaScript 中使用实数时，表示出数字通常是真实数字的近似值。不过即使是近似值也足够用了，这并不是一个实际问题。

14.2.2　字符串型数据

字符串（string）是由 Unicode 字符、数字、标点符号等组成的序列，它是 JavaScript 用来表示文本的数据类型。程序中的字符串型数据是包含在单引号或双引号中的，由单引号定界的字符串中可以含有双引号，由双引号定界的字符串中也可以含有单引号。

例如：

（1）单引号括起来的一个或多个字符，代码如下：

```
'啊'
'活着的人却拥有着一颗沉睡的心'
```

（2）双引号括起来的一个或多个字符，代码如下：

```
"呀"
"我想学习JavaScript"
```

（3）单引号定界的字符串中可以含有双引号，代码如下：

```
'name="myname"'
```

（4）双引号定界的字符串中可以含有单引号，代码如下：

```
"You can call me 'Tom'!"
```

【例 14-1】 下面分别定义 4 个字符串：（实例位置：光盘\MR\源码\第 14 章\14-1）

```
<script language="javascript">
    var string1="I like 'javascript'";      //双引号中包含单引号
    var string2='I like "javascript"';      //单引号中包含双引号
    var string3="I like \"javascript\"";    //双引号中包含双引号
    var string4='I like \'javascript\'';    //单引号中包含单引号
    document.write(string1+"<br>");
    document.write(string2+"<br>");
    document.write(string3+"<br>");
    document.write(string4+"<br>");
</script>
```

执行上面的代码，运行结果如图 14-1 所示。

由上面的实例可以看出，单引号内出现双引号或双引号内出现单引号时，不需要进行转义。但是，双引号内出现双引号或单引号内出现单引号，则必须进行转义（转义字符将在"特殊数据类型"中进行详细讲解）。

图 14-1　定义 4 个字符串并输出

14.2.3　布尔型数据

数值数据类型和字符串数据类型的值都无穷多，但是布尔数据类型只有两个值，这两个合法的值分别由直接量"true"和"false"表示，它说明了某个事物是真还是假。

布尔值通常在 JavaScript 程序中用来比较所得的结果。例如：

```
n==1
```

这行代码测试了变量 n 的值是否和数值 1 相等。如果相等，比较的结果就是布尔值 true，否则结果就是 false。

布尔值通常用于 JavaScript 的控制结构。例如，JavaScript 的 if/else 语句就是在布尔值为 true 时执行一个动作，而在布尔值为 false 时执行另一个动作。通常将一个创建布尔值与使用这个比较的语句结合在一起。例如：

```
if (n==1)
  m=n+1;
else
n=n+1;
```

本段代码检测了 n 是否等于 1，如果相等，就给 m 增加 1，否则给 n 加 1。

有时候可以把两个可能的布尔值看作是"on（true）"和"off（false）"，或者看作是"yes（true）"和"no（false）"，这样比将它们看作是"true"和"false"更为直观。有时候把它们看作是 1（true）和 0（false）会更加有用（实际上 JavaScript 确实是这样做的，在必要时会将 true 转换成 1，将 false 转换成 0）。

14.2.4　特殊数据类型

1. 转义字符

以反斜杠开头的不可显示的特殊字符通常称为控制字符，也被称为转义字符。通过转义字符可以在字符串中添加不可显示的特殊字符，或者防止引号匹配混乱的问题。JavaScript 常用的转义字符如表 14-2 所示。

表 14-2　　　　　　　　　　　　　JavaScript 常用的转义字符

转义字符	描述	转义字符	描述
\b	退格	\v	跳格（Tab，水平）
\n	回车换行	\r	换行
\t	Tab 符号	\\	反斜杠
\f	换页	\OOO	八进制整数，范围 000~777
\'	单引号	\xHH	十六进制整数，范围 00~FF
\"	双引号	\uhhhh	十六进制编码的 Unicode 字符

在 document.writeln();语句中使用转义字符时，只有将其放在格式化文本块中才会起作用，所以脚本必须在<pre>和</pre>的标签内。

例如，下面是应用转义字符使字符串换行，程序代码如下：

```
document.writeln("<pre>");
document.writeln("轻松学习\nJavaScript 语言! ");
document.writeln("</pre>");
```

运行结果：

轻松学习
JavaScript 语言!

如果上述代码不使用<pre>和</pre>的标签，则转义字符不起作用，代码如下：

```
document.writeln("快快乐乐\n平平安安! ");
```

运行结果：

快快乐乐平平安安!

2．未定义值

未定义类型的变量是 undefined，表示变量还没有赋值（如 var a; ），或者赋予一个不存在的属性值（如 var a=String.notProperty; ）。

此外，JavaScript 中有一种特殊类型的数字常量 NaN，即"非数字"。当在程序中由于某种原因发生计算错误后，将产生一个没有意义的数字，此时 JavaScript 返回的数字值就是 NaN。

3．空值（null）

JavaScript 中的关键字 null 是一个特殊的值，它表示为空值，用于定义空的或不存在的引用。如果试图引用一个没有定义的变量，则返回一个 null 值。这里必须要注意的是：null 不等同于空的字符串（""）或 0。

由此可见，null 与 undefined 的区别是，null 表示一个变量被赋予了一个空值，而 undefined 则表示该变量尚未被赋值。

14.2.5　数据类型的转换规则

JavaScript 是一种无类型语言，也就是说，在声明变量时无需指定数据类型，这使得 JavaScript 更具有灵活性和简单性。

在代码执行过程中，JavaScript 会根据需要进行自动类型转换，但是在转换时也要遵循一定的规则。下面介绍几种数据类型之间的转换规则。

其他数据类型转换为数值型数据，如表 14-3 所示。

表 14-3　　　　　　　　　　　　转换为数值型数据

类　　型	转换后的结果
undefined	NaN
null	0
逻辑型	若其值为 true，则结果为 1；若其值为 false，则结果为 0
字符串型	若内容为数字，则结果为相应的数字，否则为 NaN
其他对象	NaN

其他数据类型转换为逻辑型数据，如表 14-4 所示。

表 14-4　　　　　　　　　　　　转换为逻辑型数据

类　　型	转换后的结果
undefined	false
null	false
数值型	若其值为 0 或 NaN，则结果为 false，否则为 true
字符串型	若其长度为 0，则结果为 false，否则为 true
其他对象	true

其他数据类型转换为字符串型数据，如表 14-5 所示。

表 14-5　　　　　　　　　　　　转换为字符串型数据

类　　型	转换后的结果
undefined	"undefined"
null	"NaN"
数值型	NaN、0 或者与数值相对应的字符串
逻辑型	若其值 true，则结果为"true"，若其值为 false，则结果为"false"
其他对象	若存在，则为其结果为 toString()方法的值，否则其结果为"undefined"

　　每一个基本数据类型都存在一个相应的对象，这些对象提供了一些很有用的方法来处理基本数据。在需要的时候，JavaScript 会自动将基本数据类型转换为与其相对应的对象。

　　【例 14-2】 将基本数据提升为对象的应用：（实例位置：光盘\MR\源码\第 14 章\14-2）

```
<script language="javascript">
<!--
var myString=new String("aBcDe");
var lower=myString.toLowerCase();
alert(myString+"转换为小写字母后为: "+lower)
//-->
</script>
```

运行结果如图 14-2 所示。

图 14-2　将基本数据提升为对象

14.3　运算符与表达式

　　本节将介绍 JavaScript 的运算符。运算符是完成一系列操作的符号，JavaScript 的运算符按操作数可以分为单目运算符、双目运算符和多目运算符 3 种；按运算符类型可以分为算术运算符、比较运算符、赋值运算符、逻辑运算符和条件运算符 5 种。

14.3.1　算术运算符

算术运算符用于在程序中进行加、减、乘、除等运算。在 JavaScript 中常用的算术运算符如表 14-6 所示。

表 14-6　　　　　　　　　　　　　　　　JavaScript 中的算术运算符

运 算 符	描 　 述	示 　 例
+	加运算符	4+6　//返回值为 10
-	减运算符	7-2　//返回值为 5
*	乘运算符	7*3　//返回值为 21
/	除运算符	12/3　//返回值为 4
%	求模运算符	7%4　//返回值为 3
++	自增运算符。该运算符有两种情况：i++（在使用 i 之后，使 i 的值加 1）；++i（在使用 i 之前，先使 i 的值加 1）	i=1; j=i++　//j 的值为 1，i 的值为 2 i=1; j=++i　//j 的值为 2，i 的值为 2
--	减运算符。该运算符有两种情况：i--（在使用 i 之后，使 i 的值减 1）；--i（在使用 i 之前，先使 i 的值减 1）	i=6; j=i--　//j 的值为 6，i 的值为 5 i=6; j=--i　//j 的值为 5，i 的值为 5

【例 14-3】　通过 JavaScript 在页面中定义变量，再通过算术运算符计算变量的运行结果：（实例位置：光盘\MR\源码\第 14 章\14-3）

```
<title>运用 JavaScript 运算符</title>
<script type="text/javascript">
    var num1=120,num2 = 25;                              //定义两个变量
    document.write("120+25=" + (num1+num2)+"<br>");      //计算两个变量的和
    document.write("120-25="+(num1-num2)+"<br>");        //计算两个变量的差
    document.write("120*25="+(num1*num2)+"<br>");        //计算两个变量的积
    document.write("120/25="+(num1/num2)+"<br>");        //计算两个变量的余数
    document.write("(120++)="+(num1++)+"<br>");          //自增运算
    document.write("++120="+(++num1)+"<br>");
</script>
```

本实例运行结果如图 14-3 所示。

14.3.2　比较运算符

比较运算符的基本操作过程是：首先对操作数进行比较，这个操作数可以是数字也可以是字符串，然后返回一个布尔值 true 或 false。在 JavaScript 中常用的比较运算符如表 14-7 所示。

图 14-3　在页面中计算两个变量
的算术运算结果

表 14-7　　　　　　　　　　　　　　　　JavaScript 中的比较运算符

运 算 符	描 　 述	示 　 例
<	小于	1<6　//返回值为 true
>	大于	7>10　//返回值为 false

续表

运　算　符	描　　　　述	示　　　例
<=	小于等于	10<=10 //返回值为 true
>=	大于等于	3>=6 //返回值为 false
==	等于。只根据表面值进行判断，不涉及数据类型	"17"==17 //返回值为 true
===	绝对等于。根据表面值和数据类型同时进行判断	"17"===17 //返回值为 false
!=	不等于。只根据表面值进行判断，不涉及数据类型	"17"!=17 //返回值为 false
!==	不绝对等于。根据表面值和数据类型同时进行判断	"17"!==17 //返回值为 true

【例 14-4】 应用比较运算符计算实现两个数值之间的大小比较：（实例位置：光盘\MR\源码\第 14 章\14-4）

```
<script>
    var age = 25;                                          //定义变量
    document.write("age 变量的值为: "+age+"<br>");        //输出变量值
    document.write("age>=20: "+(age>=20)+"<br>");         //实现变量值比较
    document.write("age<20: "+(age<20)+"<br>");
    document.write("age!=20: "+(age!=20)+"<br>");
    document.write("age>20: "+(age>20)+"<br>");
</script>
```

运行本实例，结果如图 14-4 所示。

14.3.3　赋值运算符

图 14-4　比较运算符的使用

JavaScript 中的赋值运算可以分为简单赋值运算和复合赋值运算。简单赋值运算是将赋值运算符（=）右边表达式的值保存到左边的变量中；而复合赋值运算混合了其他操作（算术运算操作、位操作等）和赋值操作。例如：

sum+=i;　　　　　　 //等同于 sum=sum+i;

JavaScript 中的赋值运算符如表 14-8 所示。

表 14-8　　　　　　　　　　　　　JavaScript 中的赋值运算符

运 算 符	描　　　　述	示　　　例
=	将右边表达式的值赋给左边的变量	userName="mr"
+=	将运算符左边的变量加上右边表达式的值赋给左边的变量	a+=b //相当于 a=a+b
-=	将运算符左边的变量减去右边表达式的值赋给左边的变量	a-=b //相当于 a=a-b
*=	将运算符左边的变量乘以右边表达式的值赋给左边的变量	a*=b //相当于 a=a*b
/=	将运算符左边的变量除以右边表达式的值赋给左边的变量	a/=b //相当于 a=a/b
%=	将运算符左边的变量用右边表达式的值求模，并将结果赋给左边的变量	a%=b //相当于 a=a%b
&=	将运算符左边的变量与右边表达式的值进行逻辑与运算，并将结果赋给左边的变量	a&=b //相当于 a=a&b
!=	将运算符左边的变量与右边表达式的值进行逻辑或运算，并将结果赋给左边的变量	a|=b //相当于 a=a|b
^=	将运算符左边的变量与右边表达式的值进行异或运算，并将结果赋给左边的变量	a^=b //相当于 a=a^b

14.3.4　字符串运算符

字符串运算符是用于两个字符型数据之间的运算符，除了比较运算符外，还可以是+和+=运算符。其中，+运算符用于连接两个字符串，而+=运算符则连接两个字符串，并将结果赋给第一个字符串。表 14-9 给出了 JavaScript 中的字符运算符。

表 14-9　　　　　　　　　　　JavaScript 中的字符运算符

运 算 符	描　　　述	示　　　例
+	连接两个字符串	"mr"+"book"
+=	连接两个字符串并将结果赋给第一个字符串	var name = "mr" name += "book"

【例 14-5】　在网页中弹出一个提示对话框，显示进行字符串运算后变量的值，代码如下（实例位置：光盘\MR\源码\第 14 章\14-5）

```
var a="One "+"world "; //将两个字符串连接后的值赋值给变量 a
a+="One Dream"          //连接两个字符串，并将结果赋给第一个字符串
alert(a);
```

运行代码，结果如图 14-5 所示。

图 14-5　字符串相连

14.3.5　布尔运算符

在 JavaScript 中增加了几个布尔逻辑运算符，JavaScript 支持的常用布尔运算符如表 14-10 所示。

表 14-10　　　　　　　　　　　布尔运算符

布尔运算符	描　　　述
!	取反
&=	与之后再赋值
&	逻辑与
|=	或之后赋值
|	逻辑或
^=	异或之后赋值
^	逻辑异或
?:	三目运算符

14.3.6　条件运算符

条件运算符是 JavaScript 支持的一种特殊的三目运算符，其语法格式如下：

操作数?结果 1:结果 2

如果"操作数"的值为 true，则整个表达式的结果为"结果 1"，否则为"结果 2"。

例如，判断定义两个变量，值都为 10，然后判断两个变量是否相等，如果相等则返回"正确"，否则返回"错误"，代码如下：

```
<script language="javascript">
var a=10;
```

```
var b=10;
alert(a==b)?正确:失败;
</script>
```

14.3.7 其他运算符

1. 位操作运算符

位运算符分为两种，一种是普通位运算符，另一种是位移运算符。在进行运算前，都先将操作数转换为 32 位的二进制整数，然后再进行相关运算，最后的输出结果将以十进制表示。位操作运算符对数值的位进行操作，如向左或向右移位等。JavaScript 中常用的位操作运算符如表 14-11 所示。

表 14-11　　　　　　　　　　　　位操作运算符

位操作运算符	描　　述
&	与运算符
|	或运算符
^	异或运算符
~	非运算符
<<	左移
>>	带符号右移
>>>	填 0 右移

2. typeof 运算符

typeof 运算符返回它的操作数当前所容纳的数据的类型，这对于判断一个变量是否已被定义特别有用。

【例 14-6】 本实例应用 typeof 运算符返回当前所容纳数据类型，代码如下（实例位置：光盘\MR\源码\第 14 章\14-6）

```
<script language="javascript">
    var a=3;
    var b="name";
    var c=null;
    alert("a 的类型为"+(typeof a)+"\nb 的类型为"+(typeof b)+"\nc 的类型为"+(typeof c));
</script>
```

执行上面的代码，运行结果如图 14-6 所示。

 　　　　typeof 运算符把类型信息当作字符串返回。typeof 返回值有 6 种可能："number"、"string"、"boolean"、"object"、"function"和"undefined"。

3. new 运算符

通过 new 运算符来创建一个新对象。

语法：

```
new constructor[(arguments)]
```

● constructor：必选项。对象的构造函数。如果构造函数没有参数，则可以省略圆括号。

图 14-6　使用 typeof 运算符获取
数据类型

● arguments：可选项。任意传递给新对象构造函数的参数。

例如，应用 new 运算符来创建新对象，代码如下：

```
Object1 = new Object;
Array2 = new Array();
Date3 = new Date("August 8 2008");
```

14.3.8 运算符优先级

JavaScript 运算符都有明确的优先级与结合性。优先级较高的运算符将先于优先级较低的运算符进行运算，结合性则是指具有同等优先级的运算符将按照怎样的顺序进行运算。结合性有向左结合和向右结合，例如表达式"a+b+c"，向左结合也就是先计算"a+b"，即"(a+b)+c"；而向右结合也就是先计算"b+c"，即"a+(b+c)"。JavaScript 运算符的优先级顺序及其结合性如表 2.9 所示。

表 14-12　　　　　　　　　　JavaScript 运算符的优先级与结合性

优 先 级	结 合 性	运 算 符
最高	向左	.、[ ]、( )
	向右	++、--、-、!、delete、new、typeof、void
	向左	*、/、%
	向左	+、-
	向左	<<、>>、>>>
	向左	<、<=、>、>=、in、instanceof
	向左	==、!=、===、!===
由高到低依次排列	向左	&
	向左	^
	向左	|
	向左	&&
	向左	||
	向右	?
	向右	=
	向右	*=、/=、%=、+=、-=、<<=、>>=、>>>=、&=、^=、|=
最低	向左	,

【例 14-7】 本实例演示如何使用()来改变运算的优先级。表达式"a=1+2*3"的结果为 7，因为乘法的优先级比加法的优先级高，将被优先运行。通过括号"()"运算符的优先级改变之后，括号内表达式将被优先执行，所以表达式"b=(1+2)*3"的结果为 9。代码如下（实例位置：光盘\MR\源码\第 14 章\14-7）

```
<script language="javascript">
<!--
    var a=1+2*3;              //按自动优先级计算
    var b=(1+2)*3;           //使用()改变运算优先级
    alert("a="+a+"\nb="+b);  //分行输出结果
-->
```

```
</script>
```

运行结果如图 14-7 所示。

14.3.9 表达式

图 14-7 运算符
的优先级使用

表达式是一个语句集合，像一个组一样，计算结果是个单一值，然后这个结果被 JavaScript 归入下列数据类型之一：boolean、number、string、function 或者 object。

一个表达式本身可以简单的如一个数字或者变量，或者它可以包含许多连接在一起的变量关键字以及运算符。例如，表达式 x=7 将值 7 赋给变量 x，整个表达式计算结果为 7，因此在一行代码中使用此类表达式是合法的。一旦将 7 赋值给 x 的工作完成，那么 x 也将是一个合法的表达式。除了赋值运算符，还有许多可以用来形成一个表达式的其他运算符，例如，算术运算符、字符串运算符、逻辑运算符等。

14.4 流程控制语句

语句是对计算机下达的命令，每一个程序都是由很多个语句组合起来的，也就是说语句是组成程序的基本单元，同时它也控制着整个程序的执行流程。本节将对 JavaScript 中的流程控制语句及其使用方法进行详细的讲解。

14.4.1 条件控制语句

所谓条件控制语句就是对语句中不同条件的值进行判断，进而根据不同的条件执行不同的语句。条件控制语句主要包括两类：一类是 if 判断语句，另一类是 switch 多分支语句。下面对这两种类型的条件控制语句进行详细的讲解。

1. if 语句

if 条件判断语句是最基本、最常用的流程控制语句，可以根据条件表达式的值执行相应的处理。if 语句的语法格式如下：

```
if(expression){
    statement 1
}else{
    statement 2
}
```

- expression：必选项，用于指定条件表达式，可以使用逻辑运算符。
- statement 1：用于指定要执行的语句序列。当 expression 的值为 true 时，执行该语句序列。
- statement 2：用于指定要执行的语句序列。当 expression 的值为 false 时，执行该语句序列。

if...else 条件判断语句的执行流程如图 14-8 所示。

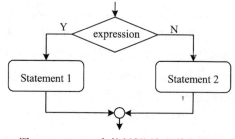

图 14-8 if...else 条件判断语句的执行流程

上述 if 语句是典型的二路分支结构。其中 else 部分可以省略，而且 statement1 为单一语句时，其两边的大括号也可以省略。

例如，下面的 3 段代码的执行结果是一样的，都可以计算 2 月份的天数。

```
//计算 2 月份的天数
var year=2009;
var month=0;
if((year%4==0 && year%100!=0)||year%400==0){    //判断指定年是否为闰年
    month=29;
}else{
    month=28;
}
//计算 2 月份的天数
var year=2009;
var month=0;
if((year%4==0 && year%100!=0)||year%400==0)     //判断指定年是否为闰年
    month=29;
else{
    month=28;
}
//计算 2 月份的天数
var year=2009;
var month=0;
if((year%4==0 && year%100!=0)||year%400==0){    //判断指定年是否为闰年
    month=29;
}else month=28;
```

2. if...else 语句

if...else 语句是 if 语句的标准形式，在 if 语句简单形式的基础之上增加一个 else 从句，当 expression 的值是 false 时则执行 else 从句中的内容。

语法：
```
if(expression){
    statement1
}else{
    statement2
}
```

在 if 语句的标准形式中，首先对 expression 的值进行判断，如果它的值是 true，则执行 statement1 语句块中的内容，否则执行 statement2 语句块中的内容。

例如，根据变量的值不同，输出不同的内容：
```
var form=0;                      //定义一个变量，值为 0
if(form==1){                     //判断变量的值是否为 1
    alert("form==1");            //如果变量的值为 1，则弹出 form==1
}else{                           //使用 else 从句
    alert("form!=1");            //如果变量的值不为 1，则弹出 form!=1
}
```
运行结果：form!=1。

3. if...elseif 语句

if 语句是一种使用很灵活的语句，除了可以使用 if...else 语句的形式，还可以使用 if ... else if 语句的形式。if...else if 语句的语法格式如下：
```
if (expression 1){
    statement 1
```

```
    }else if(expression 2){
        statement 2
    }
    ...
    else if(expression n){
        statement n
    }else{
        statement n+1
    }
```

if...else if 语句的执行流程如图 14-9 所示。

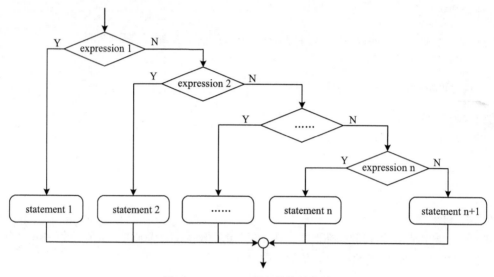

图 14-9　if...else if 语句的执行流程

例如，应用 else if 语句对多条件进行判断。首先判断 m 的值是否小于或等于 1，如果是则执行 alert("m<=1");；否则将继续判断 m 的值是否大于 1 并小于或等于 10，如果是则执行 alert(m>1&&m<=10);否则将继续判断 m 的值是否大于 10 并且小于或等于 100，如果是则执行 alert("m>10&&m<=100");；最后如果上述的条件都不满足，则执行 alert("m>100");。程序代码如下：

```
var m=56;                                    //定义一个变量 m 值为 56
if(m<=1)                                      //判断如果 m<=1 则执行下面的内容
    alert("m<=1");
else if(m>1&&m<=10)                           //判断如果 m>1&&m<=10 则执行下面的内容
    alert(m>1&&m<=10);
    else if(m>10&&m<=100)                     //判断如果 m>10&&m<=100 则执行下面的内容
        alert("m>10&&m<=100");
        else                                  //判断如果 m 的值不符合上述条件则输出下面的内容
            alert("m>100");
```

运行结果：m>10&&m<=100。

【例 14-8】 判断用户是否输入用户名与密码。代码如下（实例位置：光盘\MR\源码\第 14 章\14-8）

（1）在页面中添加用户登录表单及表单元素。具体代码如下：

```
<form name="form1" method="post" action="">
    <table width="221" border="1" cellspacing="0" cellpadding="0" bordercolor=
"#FFFFFF" bordercolordark="#CCCCCC" bordercolorlight="#FFFFFF">
```

```
<tr>
  <td height="30" colspan="2" bgcolor="#eeeeee">·用户登录</td>
</tr>
<tr>
  <td width="59" height="30">用户名: </td>
  <td width="162"><input name="user" type="text" id="user"/></td>
</tr>
<tr>
  <td height="30">密  码: </td>
  <td><input name="pwd" type="text" id="pwd"/></td>
</tr>
<tr>
  <td height="30" colspan="2" align="center"><input name="Button" type="button"
class="btn_grey" value="登录" onClick="check()"/>
     
  <input name="Submit2" type="reset" class="btn_grey" value="重置"/></td>
</tr>
</table>
</form>
```

（2）编写自定义的 JavaScript 函数 check()，用于通过 if 语句验证登录信息是否为空。check()
函数的具体代码如下：

```
<script language="javascript">
    function check(){
        var name = form1.user.value;            //获取用户添加的用户名信息
        var pwd = form1.pwd.value;               //获取用户添加的密码信息
        if((name=="") || (name ==null)){         //判断用户名是否为空
            alert("请输入用户名! ");
            form1.user.focus();                  //用户名文本框获取焦点
            return;
        }else if((pwd =="")||(pwd == null)){     //判断密码是否为空
            alert("请输入密码! ");
            form1.pwd.focus();                   //密码文本框获取焦点
            return;
        }else{
            form1.submit();                      //提交表单
        }
    }
</script>
```

运行程序，如果没有添加用户名信息，单击"登录"按钮，将显示如图 14-10 所示的提示对
话框。

else if 语句在实际中的应用也是十分广泛的，例
如，可以通过该语句来实现一个时间问候语的功能。
即获取系统当前时间，根据不同的时间段输出不同的
问候内容。

【例 14-9】 使用 else if 语句输出问候语。首先定
义一个变量获取当前时间，然后再应用 getHours()方
法获取系统当前时间的小时值，最后应用 else if 语句

图 14-10　弹出提示框

判断在不同的时间段内输出不同的问候语。代码如下（实例位置：光盘\MR\源码\第 14 章\14-9）

```
<script language="javascript">
function data(){                          //定义一个函数 data
    var now=new Date();                   //定义变量获取当前时间
    var hour=now.getHours();              //定义变量获取当前时间的小时值
    if ((hour>5)&&(hour<=7))
        alert("早上好! ");                //如果当前时间在 5～7 时之间，则输出"早上好! "
    else if ((hour>7)&&(hour<=11))
        alert("上午好! 祝您好心情");      //如果时间在 7～11 时之间，则输出"上午好! 祝您好心情"
    else if ((hour>11)&&(hour<=13))
        alert("中午好! ");                //如果时间在 11～13 时之间，则输出"中午好! "
    else if ((hour>13)&&(hour<=17))
        alert("下午好! ");                //如果时间在 13～17 时之间，则输出"下午好! "
    else if ((hour>17)&&(hour<=21))
        alert("晚上好! ");                //如果时间在 17～21 时之间，则输出"晚上好! "
    else if ((hour>21)&&(hour<=23))
        alert("夜深了，注意身体哦");      //如果时间在 21～23 时之间，则输出"夜深了，注意身体哦"
    else  alert("凌晨了! 该休息了! ");   //如果时间不符合上述条件，则输出"凌晨了! 该休息了! "
}
</script>
```

运行结果如图 14-11 所示。

图 14-11　应用 else if 语句输出问候语

4．if 语句的嵌套

if 语句不但可以单独使用，而且可以嵌套应用，即在 if 语句的从句部分嵌套另外一个完整的 if 语句。在 if 语句中嵌套使用 if 语句，其外层 if 语句的从句部分的大括号{}可以省略。但是，在使用嵌套的 if 语句时，最好是使用大括号{}来确定相互之间的层次关系。否则，由于大括号使用位置的不同，可能导致程序代码的含义完全不同，从而输出不同的内容。例如在下面的两个示例中由于大括号的位置不同，结果导致程序的输出结果完全不同。

示例一：

在外层 if 语句中应用大括号{}，首先判断外层 if 语句 m 的值是否小于 1，如果 m 小于 1，则执行下面的内容。然后当外层 if 语句 m 的值大于 10 时，则执行下面的内容，程序关键代码如下：

```
var m=12;n=m;      //m、n 值都为 12
if(m<1){           //首先判断外层 if 语句 m 的值是否小于 1,如果 m 小于 1 则执行下面的内容
    if(n==1)       //在 m 小于 1 时,判断嵌套的 if 语句中 n 的值是否等于 1,如果 n 等于 1 则输出下面的内容
        alert("判断 M 小于 1, N 等于 1");
    else           //如果 n 的值不等于 1 则输出下面的内容
        alert("判断 M 小于 1, N 不等于 1");
}else if(m>10){    //判断外层 if 语句 m 的值是否大于 10,如果 m 满足条件,则执行下面的语句
    if(n==1)       //如果 n 等于 1,则执行下面的语句
        alert("判断 M 大于 10, N 等于 1");
    else           //n 不等于 1,则执行下面的语句
        alert("判断 M 大于 10, N 不等于 1");
}
```

运行结果：判断 M 大于 10，N 等于 1。

示例二：

更改示例 1 代码中大括号{}的位置，将大括号"}"放置在 else 语句之前，这时程序代码的含义就发生了变化，程序代码如下：

```
var m=12;n=m;        //m、n 值都为 12
if(m<1){             //首先判断外层 if 语句 m 的值是否小于 1,如果 m 小于 1 则执行下面的内容
    if(n==1)         //在 m 小于 1 时,判断嵌套的 if 语句中 n 的值是否等于 1,如果 n 等于 1 则输出下面的内容
        alert("判断 M 小于 1, N 等于 1");
    else             //如果 n 的值不等于 1 则输出下面的内容
        alert("判断 M 小于 1, N 不等于 1");
}else if(m>10){      //判断外层 if 语句 m 的值是否大于 10,如果 m 满足条件,则执行下面的语句
    if(n==1)         //如果 n 等于 1,则执行下面的语句
        alert("判断 M 大于 10, N 等于 1");
}else                //当 m 的值不满足条件时,则执行下面的语句
        alert("判断 M 大于 10, N 不等于 1");
```

此时的大括号"}"被放置在 else 语句之前，else 语句表达的含义也发生了变化（当嵌套语句中 n 的值不等于 1 时将没有任何输出），它不再是嵌套语句中不满足条件时要执行的内容，而是外层语句中的内容，表达的是当外层 if 语句不满足给出的条件时执行的内容。

由于大括号"}"位置的变化，结果导致相同的程序代码有了不同的含义，从而导致该示例没有任何内容输出。

在嵌套应用 if 语句的过程中，最好是使用大括号{}确定程序代码的层次关系。

5. switch 语句

switch 是典型的多路分支语句，其作用与嵌套使用 if 语句基本相同，但 switch 语句比 if 语句更具有可读性，而且 switch 语句允许在找不到一个匹配条件的情况下执行默认的一组语句。switch 语句的语法格式如下：

```
switch (expression){
    case judgement 1:
        statement 1;
        break;
    case judgement 2:
        statement 2;
        break;
...
    case judgement n:
        statement n;
        break;
    default:
        statement n+1;
        break;
}
```

- expression：任意的表达式或变量。
- judgement：任意的常数表达式。当 expression 的值与某个 judgement 的值相等时，就执行此 case 后的 statement 语句；如果 expression 的值与所有的 judgement 的值都不相等，则执

行 default 后面的 statement 语句。

● break：用于结束 switch 语句，从而使 JavaScript 只执行匹配的分支。如果没有了 break 语句，则该 switch 语句的所有分支都将被执行，switch 语句也就失去了使用的意义。

switch 语句的执行流程如图 14-12 所示。

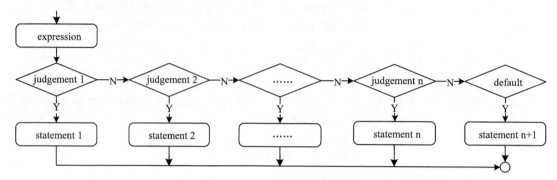

图 14-12　switch 语句的执行流程

【例 14-10】　应用 switch 判断当前是星期几。代码如下（实例位置：光盘\MR\源码\第 14 章\14-10）

```javascript
<script language="javascript">
var now=new Date();                  //获取系统日期
var day=now.getDay();                //获取星期
var week;
switch (day){
   case 1:
     week="星期一";
     break;
case 2:
     week="星期二";
     break;
case 3:
     week="星期三";
     break;
case 4:
     week="星期四";
     break;
case 5:
     week="星期五";
     break;
case 6:
     week="星期六";
     break;
default:
     week="星期日";
   break;
}
document.write("今天是"+week);        //输出中文的星期
</script>
```

运行本例，会将当前是星期几在页面中显示，运行结果如图 14-13 所示。

图 14-13　显示当前是星期几

在程序开发的过程中，使用 if 语句还是使用 switch 语句可以根据实际情况而定，尽量做到物尽其用，不要因为 switch 语句的效率高就一味地使用，也不要因为 if 语句常用就不应用 switch 语句。要根据实际的情况，具体问题具体分析，使用最适合的条件语句。一般情况下对于判断条件较少的可以使用 if 条件语句，但是在实现一些多条件的判断时，就应该使用 switch 语句。

14.4.2　循环控制语句

所谓循环语句主要就是在满足条件的情况下反复的执行某一个操作。循环控制语句主要包括：while、do...while 和 for，下面分别进行讲解。

1. while 语句

与 for 语句一样，while 语句也可以实现循环操纵。while 循环语句也称为前测试循环语句，它是利用一个条件来控制是否要继续重复执行这个语句。while 循环语句与 for 循环语句相比，无论是语法还是执行的流程，都较为简明易懂。while 循环语句的语法格式如下：

```
while(expression){
    statement
}
```

- expression：一个包含比较运算符的条件表达式，用来指定循环条件。
- statement：用来指定循环体，在循环条件的结果为 true 时，重复执行。

while 循环语句之所以命名为前测试循环，是因为它要先判断此循环的条件是否成立，然后才进行重复执行的操作。也就是说，while 循环语句执行的过程是先判断条件表达式，如果条件表达式的值为 true，则执行循环体，并且在循环体执行完毕后，进入下一次循环，否则退出循环。

while 循环语句的执行流程如图 14-14 所示。

在使用 while 语句时，也一定要保证循环可以正常结束，即必须保证条件表达式的值存在为 false 的情况，否则将形成死循环。例如，下面的循环语句就会造成死循环，原因是 i 永远都小于 100。

```
var i=1;
while(i<=100){
    alert(i);        //输出 i 的值
}
```

while 循环语句经常用于循环执行的次数不确定的情况下。

【例 14-11】　通过 while 循环语句实现在页面中列举出累加和不大于 10 的所有自然数。代码如下（实例位置：光盘\MR\源码\第 14 章\14-11）

```
<script language="javascript">
    var i=1;                              //由于是计算自然数，所以 i 的初始值设置为 1
    var sum=i;
    var result="";
    document.write("累加和不大于 10 的所有自然数为：<br>");
    while(sum<10){
        sum=sum+i;                        //累加 i 的值
        document.write(i+'<br>');         //输出符合条件的自然数
        i++;                              //该语句一定不要少
```

```
    }
</script>
```

运行本实例，结果如图 14-15 所示。

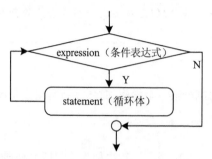

图 14-14 while 循环语句的执行流程

图 14-15 while 循环累积和不大于 10 的自然数

2. do...while 语句

do...while 循环语句也称为后测试循环语句，它也是利用一个条件来控制是否要继续重复执行这个语句。与 while 循环所不同的是，它先执行一次循环语句，然后再去判断是否继续执行。do...while 循环语句的语法格式如下：

```
do{
    statement
} while(expression);
```

● statement：用来指定循环体，循环开始时首先被执行一次，然后在循环条件的结果为 true 时，重复执行。
● expression：一个包含比较运算符的条件表达式，用来指定循环条件。

　　　　do…while 循环语句执行的过程是：先执行一次循环体，然后再判断条件表达式，如果条件表达式的值为 true，则继续执行，否则退出循环。也就是说，do…while 循环语句中的循环体至少被执行一次。

do...while 循环语句的执行流程如图 14-16 所示。

do...while 循环语句同 while 循环语句类似，也常用于循环执行的次数不确定的情况。

　　　　do…while 语句结尾处的 while 语句括号后面有一个分号"；"，在书写的过程中一定不能遗漏，否则 JavaScript 会认为循环语句是一个空语句，后面大括号{}中的代码一次也不会执行，并且程序会陷入死循环。

3. for 循环

for 循环语句也称为计次循环语句，一般用于循环次数已知的情况，在 JavaScript 中应用比较广泛。for 循环语句的语法格式如下：

```
for(initialize;test;increment){
    statement
}
```

● initialize：初始化语句，用来对循环变量进行初始化赋值。
● test：循环条件，一个包含比较运算符的表达式，用来限定循环变量的边限。如果循环变量超过了该边限，则停止该循环语句的执行。
● increment：用来指定循环变量的步幅。

● statement：用来指定循环体，在循环条件的结果为 true 时，重复执行。

说明　for 循环语句执行的过程是：先执行初始化语句，然后判断循环条件，如果循环条件的结果为 true，则执行一次循环体，否则直接退出循环。最后执行迭代语句，改变循环变量的值，至此完成一次循环。接下来将进行下一次循环，直到循环条件的结果为 false，才结束循环。

for 循环语句的执行流程如图 14-17 所示。

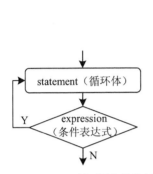

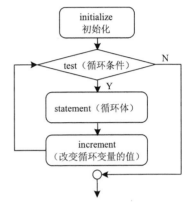

图 14-16　do…while 循环语句的执行过程　　　　图 14-17　for 循环语句的执行流程

为使读者更好的了解 for 语句的使用，下面通过一个具体的实例来介绍 for 语句的使用方法。

【例 14-12】计算 100 以内所有奇数的和。代码如下（实例位置：光盘\MR\源码\第 14 章\14-12）

```
<script language="javascript">
var sum=0;
for(i=1;i<100;i+=2){
    sum=sum+i;                    //计算 100 以内各奇数之和
}
alert("100 以内所有奇数的和为："+sum); //输出计算结果
</script>
```

运行程序，将会弹出提示框，显示运算结果，如图 14-18 所示。　　图 14-18　计算 100 以内奇数和

说明　在使用 for 语句时，一定要保证循环可以正常结束，也就是必须保证循环条件的结果存在为 false 的情况，否则循环体将无休止地执行下去，从而形成死循环。例如，下面的循环语句就会造成死循环，原因是 i 永远大于等于 1。

```
for(i=1;i>=1;i++){
    alert(i);
}
```

14.4.3　跳转语句

1. continue 语句

continue 语句和 break 语句类似，不同的是：continue 语句用于中止本次循环，并开始下一次循环。其语法格式如下：

```
continue;
```

注意　continue 语句只能应用在 while、for、do…while 和 switch 语句中。

例如，在 for 语句中通过 continue 语句计算金额大于等于 1000 的数据的和的代码如下：

```
var total=0;
var sum=new Array(1000,1200,100,600,736,1107,1205);        //声明一个一维数组
for ( i=0;i<sum.length;i++ ) {
    if (sum[i]<1000) continue;                             //不计算金额小于 1000 的数据
    total+=sum[i];
}
    document.write("累加和为: "+total);                      //输出计算结果
```

运行结果为："累加和为：4512"。

当使用 continue 语句中止本次循环后，如果循环条件的结果为 false，则退出循环，否则继续下一次循环。break 语句通常用在 for、while、do…while 或 switch 语句中。

2. break 语句

break 语句用于退出包含在最内层的循环或者退出一个 switch 语句。break 语句的语法格式如下：

```
break;
```

例如，在 for 语句中通过 break 语句中断循环的代码如下。

```
var sum=0;
for ( i=0;i<100;i++ ) {
    sum+=i;
    if (sum>10) break;                     //如果 sum>10 就会立即跳出循环
}
document.write("0 至"+i+"(包括"+i+")之间自然数的累加和为: "+sum);
```

运行结果为："0 至 5（包括 5）之间自然数的累加和为：15"。

【例 14-13】 本实例通过 JavaScript 实现在页面中显示距离 2013 年元旦的天数。如果 2013 年元旦已经过去了，系统也会给出提示信息。代码如下（实例位置：光盘\MR\源码\第 14 章\14-13）

（1）定义 JavaScript 函数，实现判断系统当前时间与 2013 年元旦相聚的天数。代码如下：

```
function countdown(title,Intime,divId){
var online= new Date(Intime);                          //根据参数定义时间对象
var now = new Date();                                  //定义当前系统时间对象
var leave = online.getTime() - now.getTime();          //计算时间差
var day = Math.floor(leave / (1000 * 60 * 60 * 24))+1;
if (day > 1){
        if(document.all){
            divId.innerHTML="<b>——距"+ title+"还有"+day +"天! </b>"; //页面显示信息
        }
}else{
    if (day == 1) {
        if(document.all){
            divId.innerHTML="<b>——明天就是"+title+"啦!</b>";
        }
    }else{
        if (day == 0) {divId.innerHTML="<b>今天就是"+title+"呀! </b>";
        }else{
            if(document.all){
                divId.innerHTML="<b>——唉呀! "+title+"已经过了! </b>";
            }
```

```
              }
          }
      }
  }
```

（2）在页面中定义表格，用于显示当前时间距离 2013 年元旦的天数。代码如下：

```
<table width="350" height="450" border="0" align="center"
      cellpadding="0" cellspacing="0">
  <tr>
    <td valign="bottom" ><table width="346" height="418" border="0"
        cellpadding="0" cellspacing="0">
      <tr>
        <td width="76">    </td>
        <td width="270">
              <div id="countDown">
                 <b>—</b></div>
              <script language="javascript">
                 countdown("2013年元旦","1/1/2013",countDown);
                 <!--调用 JavaScript 函数-->
              </script>
        </td>
      </tr>
    </table></td>
  </tr>
</table>
```

运行程序,会将当前系统时间距离 2013 年元旦的天数显示在页面中, 结果如图 14-19 所示。

图 14-19　显示时间间隔天数

14.5　函　　数

函数实质上就是可以作为一个逻辑单元对待的一组 JavaScript 代码。使用函数可以使代码更为简洁, 提高重用性。在 JavaScript 中, 大约 95%的代码都是包含在函数中的。本节将对 JavaScript 中函数的使用进行详细讲解。

14.5.1　函数的定义

在 JavaScript 中, 函数的定义是由关键字 function、函数名加一组参数以及置于大括号中需要执行的一段代码定义的。定义函数的基本语法如下：

```
function functionName([parameter 1, parameter 2,……]){
    statements;
    [return expression;]
}
```

- functionName：必选, 用于指定函数名。在同一个页面中, 函数名必须是唯一的, 并且区分大小写。
- parameter：可选, 用于指定参数列表。当使用多个参数时, 参数间使用逗号进行分隔。一个函数最多可以有 255 个参数。
- statements：必选, 是函数体, 用于实现函数功能的语句。
- expression：可选, 用于返回函数值。expression 为任意的表达式、变量或常量。

例如，定义一个用于计算商品金额的函数 account()，该函数有两个参数，用于指定单价和数量，返回值为计算后的金额。具体代码如下：

```
function account(price,number){
    var sum=price*number;                         //计算金额
    return sum;                                    //返回计算后的金额
}
```

14.5.2　函数的调用

函数定义后并不会自动执行，要执行一个函数需要在特定的位置调用函数，调用函数需要创建调用语句，调用语句包含函数名称、参数具体值。

1. 函数的简单调用

函数的定义语句通常被放在 HTML 文件的<head>段中，而函数的调用语句通常被放在<body>段中，如果在函数定义之前调用函数，执行将会出错。

函数的定义及调用语法如下：

```
<html>
<head>
<script type="text/javascript">
function functionName(parameters){              //定义函数
    some statements;
}
</script>
</head>
<body>
    functionName(parameters);                   //调用函数
</body>
</html>
```

- functionName：函数的名称。
- parameters：参数名称。

> 函数的参数分为形式参数和实际参数，其中形式参数为函数赋予的参数，它代表函数的位置和类型，系统并不为形参分配相应的存储空间。调用函数时传递给函数的参数称为实际参数，实参通常在调用函数之前已经被分配了内存，并且赋予了实际的数据，在函数的执行过程中，实际参数参与了函数的运行。

【例 14-14】 本实例通过 JavaScript 实现在页面中显示距离 2013 年元旦的天数。如果 2013 年元旦已经过去了，系统也会给出提示信息。代码如下（实例位置：光盘\MR\源码\第 14 章\14-14）

```
<html>
<head>
<meta http-equiv="Content-Type" content="text/html; charset=UTF-8"/>
<title>函数的简单应用</title>
<script type="text/javascript">
function print(statement1,statement2,statement3){
    alert(statement1+statement2+statement3);    //在页面中弹出对话框
}
</script>
</head>
<body>
<script type="text/javascript">
```

```
    print("第一个 JavaScript 函数程序 ","作者:","wsy"); //在页面中调用 print ( ) 函数
</script>
</body>
</html>
```

运行结果如图 14-20 所示。

图 14-20　函数的应用

调用函数的语句将字符串"第一个 JavaScript 函数程序"、"作者"和"wsy",分别赋予变量 statement1、statement2 和 statement3。

2. 在事件响应中调用函数

当用户单击某个按钮或某个复选框时都将触发事件,通过编写程序对事件做出反应的行为称为响应事件。在 JavaScript 语言中,将函数与事件相关联就完成了响应事件的过程。比如当用户单击某个按钮时执行相应的函数。

可以使用如下代码实现以上的功能。

```
<script language="javascript">
function test(){                                       //定义函数
    alert("test");
}
</script>
</head>
<body>
<form action="" method="post" name="form1">
<input type="button" value="提交" onClick="test();"> //在按钮事件触发时调用自定义函数
</form>
</body>
```

在上述代码中可以看出,首先定义一个名为 test()的函数,函数体比较简单,使用 alert()语句返回一个字符串,最后在按钮 onClick 事件中调用 test()函数。当用户单击提交按钮后将弹出相应对话框。

3. 通过链接调用函数

函数除了可以在响应事件中被调用之外,还可以在链接中被调用,在<a>标签中的 href 标记中使用"javascript:关键字"格式来调用函数,当用户单击这个链接时,相关函数将被执行,下面的代码实现了通过链接调用函数。

```
<script language="javascript">
function test(){                                       //定义函数
    alert("我喜欢 JavaScript");
}
</script>
</head>
<body>
<a href="javascript:test();">test</a>                  //在链接中调用自定义函数
</body>
```

4. 函数参数的使用

在 JavaScript 中定义函数的完整格式如下:

```
function 自定义函数名（形参 1, 形参 2, ……）
{
    函数体
```

```
}
</script>
```

定义函数时，在函数名后面的圆括号内可以指定一个或多个参数（参数之间用逗号","分隔）。指定参数的作用在于，当调用函数时，可以为被调用的函数传递一个或多个值。

我们把定义函数时指定的参数称为形式参数，简称形参。而把调用函数时实际传递的值称为实际参数，简称实参。

如果定义的函数有参数，那么调用该函数的语法格式如下：

函数名（实参1，实参2，……）

通常，在定义函数时使用了多少个形参，在函数调用时也必须给出多少个实参（这里需要注意的是，实参之间也必须用逗号","分隔）。

5. 使用函数的返回值

有时需要在函数中返回一个值在其他函数中使用，为了能够返回给变量一个值，可以在函数中添加 return 语句，将需要返回的值赋予到变量，最后将此变量返回。

语法：

```
<script type="text/javascript">
function functionName(parameters){
    var results=somestaments;
    return results;
}
</script>
```

● results：函数中的局部变量。

● return：函数中返回变量的关键字。

返回值在调用函数时不是必须定义的。

【例 14-15】 本实例主要用于调用自定义函数计算 3 个参数的平均值。代码如下（实例位置：光盘\MR\源码\第 14 章\14-15）

```
<html>
<head>
<meta http-equiv="Content-Type" content="text/html; charset=UTF-8"/>
<title>函数的返回值</title>
<script type="text/javascript">
function setValue(num1,num2,num3){
    var avg=(num1+num2+num3)/3;                          //取 3 个参数的平均值
    return avg;                                          //返回 avg 变量
}
function getValue(num1,num2,num3){
    document.writeln("参数分别为："+num1+"、"+num2+"、"+num3+"。");
    var value=setValue(num1,num2,num3);                  //调用 setValue()函数
    document.write("取参数平均值，运行结果为："+value);     //在屏幕打印此函数的返回值
}
</script>
</head>
<body>
<script type="text/javascript">
    getValue(60,59,60);                                  //调用 getValue()函数
```

```
</script>
</body>
</html>
```

运行结果如图 14-21 所示。

图 14-21　函数返回值的应用

14.5.3　几种特殊的函数

除了使用基本的 function 语句之外，还可使用另外两种方式来定义函数，即使用构造函数 Function()和使用函数直接量，这两者之间存在很重要的差别，分别如下：

（1）构造函数 Function()允许在运行时动态创建和编译 JavaScript 代码，而函数直接量却是程序结构的一个静态部分，就像函数语句一样。

（2）每次调用构造函数 Function()时都会解析函数体，并且创建一个新的函数对象。如果对构造函数的调用出现在一个循环中，或者出现在一个经常被调用的函数中，这种方法的效率将非常低。而函数直接量不论出现在循环体还是出现在嵌套函数中，既不会在每次调用时都被重新编译，也不会在每次遇到时都创建一个新的函数对象。

（3）使用 Function()创建的函数使用的不是静态作用域，相反地，该函数总是被当作顶级函数来编译。

1．JavaScript 中的内置函数

在使用 JavaScript 语言时，除了可以自定义函数之外，还可以使用 JavaScript 的内置函数，这些内置函数是由 JavaScript 语言自身提供的函数。

JavaScript 中的内置函数如表 14-13 所示。

表 14-13　　　　　　　　　　　　　JavaScript 中的内置函数

函　　数	说　　明
eval()	求字符串中表达式的值
isFinite()	判断一个数值是否为无穷大
inNaN()	判断一个数值是否为 NaN
parseInt()	将字符型转化为整型
parseFloat()	将字符型转化为浮点型
encodeURI()	将字符串转化为有效的 URL
encodeURIComponent()	将字符串转化为有效的 URL 组件
decodeURI()	对 encodeURL()编码的文本进行解码
DecodeURIComponent()	对 encodeURIComponent()编码的文本进行解码

下面将对一些常用的内置函数做详细介绍。

（1）parseInt()函数

该函数主要将首位为数字的字符串转化成数字，如果字符串不是以数字开头，那么将返回 NaN。

语法：

```
parseInt(StringNum,[n]);
```

● StringNum：需要转换为整型的字符串。

● n：提供在 2～36 之间的数字表示所保存数字的进制数。这个参数在函数中不是必须的。

（2）parseFloat()函数

该函数主要将首位为数字的字符串转化成浮点型数字，如果字符串不是以数字开头，那么将返回 NaN。

语法：

```
parseFloat(StringNum);
```

参数 StringNum 表示需要转换为浮点型的字符串。

（3）isNaN()函数

该函数主要用于检验某个值是否为 NaN。

语法：

```
isNaN(Num);
```

参数 Num 表示需要验证的数字。

如果参数 Num 为 NaN，函数返回值为 true，如果参数 Num 不是 NaN，函数返回值为 false。

（4）isFinite()函数

该函数主要用于检验某个表达式是否为无穷大。

语法：

```
isFinite(Num);
```

参数 Num 表示需要验证的数字。

（5）encodeURI()函数

该函数主要用于返回一个 URI 字符串编码后的结果。

语法：

```
encodeURI(url);
```

参数 url 表示需要转化为网络资源地址的字符串。

URI 与 URL 都可以表示网络资源地址，URI 比 URL 表示范围更加广泛，但在一般情况下，URI 与 URL 可以是等同的。encodeURI()函数只对字符串中有意义的字符进行转义。例如将字符串中的空格转化为"%20"。

（6）decodeURI()函数

该函数主要用于将已编码为 URI 的字符串解码成最初的字符串并返回。

语法：

```
decodeURI(url);
```

参数 url 表示需要解码的网络资源地址。

decodeURI 函数可以将使用 encodeURI() 转码的网络资源地址转化为字符串并返回，也就是说 decodeURI() 函数是 encodeURI() 函数的逆向操作。

【例 14-16】 本实例主要演示上述内置函数的使用。代码如下：（实例位置：光盘\MR\源码\第 14 章\14-16）

```javascript
<script type="text/javascript">
/*
parseInt()函数
*/
var num1="123abc"
var num2="abc123"
document.write("（1）使用 parseInt()函数:<br>");
document.write("123abc 转化结果为:"+parseInt(num1)+"<br>");
document.write("abc123 转化结果为:"+parseInt(num2)+"<br><br>");
/*
parseFloat()函数
*/
var num3="123.456789abc"
document.write("（2）使用 parseFloat()函数: <br>");
document.write("123.456789abc 转化结果为:"+parseFloat(num3)+"<br><br>");
/*
isNaN()函数
*/
document.write("（3）使用 isNaN()函数: <br>");
document.write("123.456789abc 转化后是否为 NaN:"+isNaN(parseFloat(num3))+"<br>");
document.write("abc123 转化结果后是否为 NaN:"+isNaN(parseInt(num2))+"<br><br>");
/*
isFinite()函数
*/
document.write("（4）使用 isFinite()函数<br>");
document.write("1 除以 0 的结果是否为无穷大: "+isFinite(1/0)+"<br><br>");
/*
encodeURI()函数
*/
document.write("（5）使用 encodeURI()函数<br>");
document.write("转化为网络资源地址为: "+encodeURI("http://127.0.0.1/save.html?name=测试")+"<br><br>");
/*
decodeURI()函数
*/
document.write("（6）使用 decodeURI()函数<br>");
document.write("转化网络资源地址的字符串为: "+decodeURI(encodeURI("http://127.0.0.1/save.html?name=测试"))+"<br><br>");
</script>
```

运行结果如图 14-22 所示。

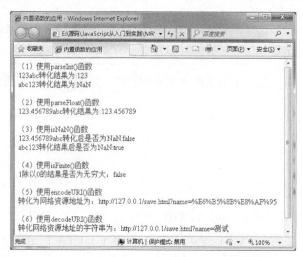

图 14-22　内置函数的应用

2. 嵌套函数的使用

所谓嵌套函数即在函数内部再定义一个函数，这样定义的优点在于可以使内部函数轻松获得外部函数的参数以及函数的全局变量等。

语法：

```
<script type="text/javascript">
var outter=10;
function functionName(parameters1,parameters2){        //定义外部函数
    function InnerFunction(){                           //定义内部函数
        somestatements;
    }
}
</script>
```

● functionName：外部函数名称。

● InnerFunction：嵌套函数名称。

【例 14-17】 本实例主要实现在嵌套函数中取全局变量以及外部函数参数的和。代码如下：
（实例位置：光盘\MR\源码\第 14 章\14-17）

```
<html>
<head>
<meta http-equiv="Content-Type" content="text/html; charset=UTF-8"/>
<title>嵌套函数的应用</title>
<script type="text/javascript">
var outter=10;                                      //定义全局变量
function add(number1,number2){                       //定义外部函数
    function innerAdd(){                             //定义内部函数
        alert("参数的加和为: "+(number1+number2+outter)); //取参数的和
    }
    return innerAdd();                               //调用内部函数
}
</script>
</head>
<body>
<script type="text/javascript">
```

```
add(10,10);                                   //调用外部函数
</script>
</body>
</html>
```

运行结果如图 14-23 所示。

内部函数 innerAdd()获取了外部函数的参数 number1、number2 以及全局变量 outter 的值，然后在内部类中将这 3 个变量相加，并返回这 3 个变量的和。最后在外部函数中调用了内部函数。

可以看到嵌套函数在 JavaScript 语言中非常强大，但使用嵌套函数时要当心，因为它会使程序可读性降低。

图 14-23　嵌套函数的应用

3. 递归函数的使用

所谓递归函数就是函数在自身的函数体内调用自身，使用递归函数时一定要当心，处理不当将会使程序进入死循环，递归函数只在特定的情况下使用，比如处理阶乘问题。

语法：
```
<script type="text/javascript">
var outter=10;
function functionName(parameters1){
    functionName(parameters2);
}
</script>
```

参数 functionName 表示递归函数名称。

【例 14-18】本实例主要使用递归函数取得 10!的值，其中 10!=10*9!，而 9!=9*8!，以此类推，最后 1!=1。这样的数学公式在 JavaScript 程序中可以很容易使用函数进行描述，可以使用 f(n)表示 n!的值，当 1<n<10 时，f(n)=n*f(n-1)，当 n<=1 时，f(n)=1。代码如下（实例位置：光盘\MR\源码\第 14 章\14-18）

```
<html>
<head>
<meta http-equiv="Content-Type" content="text/html; charset=UTF-8"/>
<title>递归函数的应用</title>
<script type="text/javascript">
function f(num){                       //定义递归函数
    if(num<=1){                        //如果 num<=1
        return 1;                      //返回 1
    }
    else{
        return f(num-1)*num;           //调用递归函数
    }
}
</script>
</head>
<body>
<script type="text/javascript">
alert("10!的结果为："+f(10));          //调用函数
</script>
</body>
</html>
```

本实例运行结果如图 14-24 所示。

图 14-24　递归函数的应用

14.6 综合实例——将长数字分位显示

本实例主要通过自定义函数实现将输入的数字字符格式化为分位显示的字符串。运行程序，在"请输入要转换的长数字"文本框中输入要转换的数字后，单击"提交"按钮，将会在转换结果中显示分位显示之后的数字，如图 14-25 所示。

程序开发步骤如下：

（1）编写把一个长数字分位显示的函数 convert，该函数只有一个参数 num，用于传递需要转换的数字字符串，返回值为转换后的字符串。代码如下：

图 14-25 将长数字分位显示

```javascript
<script language="javascript">
function convert(num){
  var result=0;
  var dec="";
  if (isNaN(num)){
   result=0;
  }else{
   if (num.length<4){
       result=num;
   }else{
       pos=num.indexOf(".",1);
       if (pos>0){
        dec=num.substr(pos);            //小数部分的字符串，包括小数点
        res=num.substr(0,pos);
       }else{
        res=num;
       }
       var tempResult="";
       for(i=res.length;i>0;i-=3){         //将整数部分分位显示
         if(i-3>0){
         tempResult=","+res.substr(i-3,3)+tempResult;
         }else{
            tempResult=res.substr(0,i)+tempResult;
         }
       }
       result=tempResult+dec;
   }
  }
  return result;
}
</script>
```

（2）编写 JavaScript 自定义函数 deal()，用于将转换后的字符串输出到页面的指定位置，代码如下：

```javascript
<script language="javascript">
function deal(){
    result.innerHTML=" 转换结果："+convert(form1.number.value);
```

```
}
</script>
```

（3）在页面添加一个<div>标记，将其命名为"result"，用于显示转换后的字符串。代码如下：

```
<div id="result">转换结果: </div>
```

（4）在页面的合适位置添加"转换"按钮，在该按钮的 onClick 事件中调用 deal()函数将长数字分位显示，代码如下：

```
<input name="Submit" type="button" class="go-wenbenkuang" value=" 转换 " onClick=
"deal()"/>
```

知识点提炼

（1）JavaScript 对字母大小写是敏感（严格区分字母大小写）的。

（2）JavaScript 关键字（Reserved Words）是指在 JavaScript 语言中有特定含义，成为 JavaScript 语法中一部分的那些字。

（3）变量是指程序中一个已经命名的存储单元，它的主要作用就是为数据操作提供存放信息的容器。

（4）在 JavaScript 中，使用变量前需要先声明变量，所有的 JavaScript 变量都由关键字 var 声明。

（5）字符串（string）是由 Unicode 字符、数字、标点符号等组成的序列，它是 JavaScript 用来表示文本的数据类型。

（6）运算符是完成一系列操作的符号，JavaScript 的运算符按操作数可以分为单目运算符、双目运算符和多目运算符 3 种。按运算符类型可以分为算术运算符、比较运算符、赋值运算符、逻辑运算符和条件运算符 5 种。

（7）条件控制语句就是对语句中不同条件的值进行判断，进而根据不同的条件执行不同的语句。条件控制语句主要包括两类：一类是 if 判断语句，另一类是 switch 多分支语句。

（8）循环语句主要就是在满足条件的情况下反复的执行某一个操作，循环控制语句主要包括：while、do…while 和 for 语句等。

（9）在 JavaScript 中，函数是由关键字 function、函数名加一组参数以及置于大括号中需要执行的一段代码定义的。

（10）函数定义后并不会自动执行，要执行一个函数则应在特定的位置调用函数，调用函数需要创建调用语句，调用语句包含函数名称、参数具体值。

（11）有时需要在函数中返回一个数值以在其他函数中使用，为了能够返回给变量一个值，可以在函数中添加 return 语句，将需要返回的值赋予到变量，最后将此变量返回。

（12）在使用 JavaScript 语言时，除了可以自定义函数之外，还可以使用 JavaScript 的内置函数，这些内置函数是由 JavaScript 语言自身提供的函数。

习　　题

14-1　如何在 JavaScript 中定义常量？

14-2　JavaScript 中数字型数据主要有哪几种数据类型？

14-3　简述 if 语句和 switch 语句的区别。

14-4　常见的循环控制语句有哪几种？

14-5　如何定义并调用函数？

14-6　如何通过链接调用函数？

14-7　常用的函数种类有哪些？它们各自有什么用处？

第 15 章
JavaScript 内置对象

本章要点:
- 字符串对象的常用方法
- Math 对象的使用
- Number 对象的使用
- Boolean 对象的使用
- Date 日期对象的使用
- Array 对象的输入输出
- 常用的数组操作

在 Web 编程中,字符串、数值和数组对象总是会被大量地生成和处理,正确地使用和处理字符串、数值和数组,对于网站开发人员来说十分重要。本章将主要介绍常用的字符串对象、数值处理对象以及数组对象。

15.1 字符串对象 String

字符串是程序设计中经常使用的一种数据类型,在 JavaScript 中,字符串主要用于用户表单的确认等。本节将对字符串对象 String 的使用进行详细讲解。

15.1.1 search 方法

search 方法返回使用表达式搜索时,第一个匹配的字符串在整个被搜索字符串中的位置,该方法的语法格式为:

```
search(regExp);
```

regExp 参数可以是需要在 stringObject 中检索的子串,也可以是需要检索的 RegExp 对象。要执行忽略大小写的检索,请追加标志 i。

例如:在本例中,在字符串中检索 "W3School" 子串,代码如下:

```
<script type="text/javascript">
var str="Visit W3School!"
document.write(str.search(/W3School/))
</script>
```

输出结果为:6。

15.1.2　match 方法

match 方法的作用与 RegExp 对象的 exec 方法类似，使用正则表达式模式对字符串进行搜索，并返回一个包含搜索结果的数组。该方法的语法格式为：

```
match(rgExp);
```

如果没有为正则表达式设置全局标志（g），match 方法产生的结果与没有设置全局标志（g）的 exec 方法的结果完全相同。

如果设置了全局标志（g），match 方法返回的数组中包含所有完整的匹配结果，元素 0～n 依次是每个完整的匹配结果。

传递给 match 方法的参数是一个 RegExp 类型的对象实例，即用表达式作为 match 方法的参数去搜索字符串；而传递给 exec 方法的参数是一个 String 类型的对象实例，即用表达式对象去搜索作为 exec 方法参数的字符串。

例如，在 "Hello world!" 字符串中检索不同的子串，代码如下：

```
<script type="text/javascript">
var str="Hello world!"
document.write(str.match("world") + "<br />")        //查找匹配的字符串
document.write(str.match("World") + "<br />")        //查找匹配的字符串
document.write(str.match("worlld") + "<br />")       //查找匹配的字符串
document.write(str.match("world!"))                  //查找匹配的字符串
</script>
```

输出结果为：

```
world
null
null
world!
```

15.1.3　split 方法

split()方法用于把一个字符串分割成字符串数组。该方法的语法格式如下：

```
split([separator[,limit]])
```

该方法返回按照某种分割标志符将一个字符串拆分为若干个子字符串时所产生的子字符串数组。separator 是分割标志符参数，可以是多个字符或一个正则表达式，并不作为返回到数组元素的一部分，参数 limit 限制返回元素的个数。

在本例中，按照不同的方式来分割字符串，代码如下：

```
<script type="text/javascript">
var str="How are you doing today?"
document.write(str.split(" ") + "<br />")
document.write(str.split("") + "<br />")
document.write(str.split(" ",3))
</script>
```

输出结果为：

```
How,are,you,doing,today?
H,o,w, ,a,r,e, ,y,o,u, ,d,o,i,n,g, ,t,o,d,a,y,?
How,are,you
```

15.1.4　replace 方法

replace()方法用于在字符串中用一些字符替换另一些字符，或替换一个与正则表达式匹配的子串。该方法的语法格式为：

```
stringObject.replace(regexp/substr,replacement);
```

该方法使用表达式模式对字符串执行搜索，并搜索到的内容用指定的字符串替换，返回一个字符串对象，包含了替换后的内容。replace 方法执行后，将更新 RegExp 对象中的有关静态属性以反映匹配情况。该方法需要两个参数，其含义分别如下：

- RegExp：搜索时要使用的表达式对象。如果是字符串，不按正则表达式的方式进行模糊搜索，而进行精确搜索。
- ReplaceText：用于替换搜索到的内容的字符串，其中可以使用一些特殊的字符组合来表示匹配变量。其中，$&是整个表达式模式在被搜索字符串中所匹配的字符串，$是表达式模式在被搜索字符串中所匹配的字符串左边的所有内容，$$则是普通意义的 "$" 字符。

例如：将字符串中的 "Microsoft" 替换为 "W3School"，代码如下：

```
<script type="text/javascript">
var str="Visit Microsoft!"
document.write(str.replace(/Microsoft/, "W3School"))
</script>
```

输出结果为：Visit W3School!。

15.2　常用的数值处理对象

JavaScript 中的整数没有小数部分，也不包含小数点，而浮点数则一定包含小数点和小数部分。JavaScript 生成的许多内部值，如数组的下标值、数组和字符串的 length 属性等，都有整数组成。浮点数一般是数值除法、特殊值（如 PI）和用户输入的值的结果，本节将对 JavaScript 中常用的数值处理对象进行详细介绍。

15.2.1　Math 对象

Math 对象提供了大量的数学常量和数学函数。在使用 Math 对象时，不能使用 new 关键字创建对象实例，而应直接使用 "对象名.成员" 的格式来访问其属性或方法。下面将对 Math 对象的属性和方法进行介绍。

1. Math 对象的属性

Math 对象的属性是数学中常用的常量，如表 15-1 所示。

表 15-1　　　　　　　　　　　　　　　　Math 对象的属性

属　　性	描　　述	属　　性	描　　述
E	欧拉常量（2.718281828459045）	LOG2E	以 2 为底数的 e 的对数（1.4426950408889633）
LN2	2 的自然对数（0.6931471805599453）	LOG10E	以 10 为底数的 e 的对数（0.4342944819032518）
LN10	10 的自然对数（2.3025850994046）	PI	圆周率常数 π（3.141592653589793）
SQRT2	2 的平方根（1.4142135623730951）	SQRT1-2	0.5 的平方根（0.7071067811865476）

例如：

```
var piValue = Math.PI;                    //计算圆周率
var rootofTwo = Math.SQRT2;               //计算平方根
```

2. Math 对象的方法

Math 对象的方法是数学中常用的函数，如表 15-2 所示。

表 15-2   Math 对象的方法

属 性	描 述	示 例
abs(x)	返回 x 的绝对值	Math.abs(-10); //返回值为 10
acos(x)	返回 x 弧度的反余弦值	Math.acos(1); //返回值为 0
asin(x)	返回 x 弧度的反正弦值	Math.asin(1); //返回值为 1.5707963267948965
atan(x)	返回 x 弧度的反正切值	Math.atan(1); //返回值为 0.7853981633974483
atan2(x,y)	返回从 x 轴到点（x,y）的角度，其值在-PI 与 PI 之间	Math.atan2(10,5);//返回值为 1.1071487177940904

ceil(x)	返回大于或等于 x 的最小整数	Math.ceil(1.05); //返回值为 2
		Math.ceil(-1.05); //返回值为-1

cos(x)	返回 x 的余弦值	Math.cos(0); //返回值为 1
exp(x)	返回 e 的 x 乘方	Math.exp(4); //返回值为 54.598150033144236

floor(x)	返回小于或等于 x 的最大整数	Math.floor(1.05); //返回值为 1
		Math.floor(-1.05);//返回值为-2

log(x)	返回 x 的自然对数	Math.log(1); //返回值为 0
max(x,y)	返回 x 和 y 中的最大数	Math.max(2,4); //返回值为 4
min(x,y)	返回 x 和 y 中的最小数	Math.min(2,4); //返回值为 2
pow(x,y)	返回 x 对 y 的次方	Math.pow(2,4); //返回值 16
random()	返回 0 和 1 之间的随机数	Math.random(); //返回值为类似 0.8867056997839715 的随机数

round(x)	返回最接近 x 的整数，即四舍五入函数	Math.round(1.05);//返回值为 1
		Math.round(-1.05); //返回值为-1

sin(x)	返回 x 的正弦值	Math.sin(0); //返回值为 0
sqrt(x)	返回 x 的平方根	Math.sqrt(2); //返回值为 1.4142135623730951
tan(x)	返回 x 的正切值	Math.tan(90); //返回值为-1.995200412208242

例如，计算两个数值中的较大值，可以通过 Math 对象的 max()函数。代码如下：

```
var larger = Math.max(value1,value2);
```

或者计算一个数的 10 次方，代码如下：

```
var result = Math.pow(value1,10);
```

或者使用四舍五入函数计算最相近的整数值，代码如下：

```
var result = Math.round(value);
```

【例 15-1】 随机产生指定位数的验证码（实例位置：光盘\MR\源码\第 15 章\15-1）

（1）编写随机产生指定位数的验证码函数 checkCode，该函数只有一个参数 digit，用于指定生产的验证码的位数，返回值为指定位数的验证码，代码如下：

```
function checkCode(digit){
    //自动生成验证码
    var result="";
    for(i=0;i<parseInt(digit);i++){
        result=result+(parseInt(Math.random()*10)).toString();
    }
    return result;
}
</script>
```

（2）编写 JavaScript 自定义函数 deal，调用 convert 函数将转换后的字符串显示在指定位置，代码如下：

```
<script language="javascript">
function deal(){
    result.innerHTML="  产生的验证码: "+checkCode(form1.digit.value);
}
</script>
```

（3）在页面添加一个<div>标记，将其命名为"result"，用于显示生产的验证码。代码如下：

```
<div id="result">  产生的验证码: </div>
```

（4）在页面的合适为是添加"生成"按钮，在该按钮的 onClick 事件中调用 deal 函数生成验证码，代码如下：

```
<input name="Submit" type="button" class="go-wenbenkuang"
value="生成" onClick="deal()">
```

运行程序，结果如图 15-1 所示。

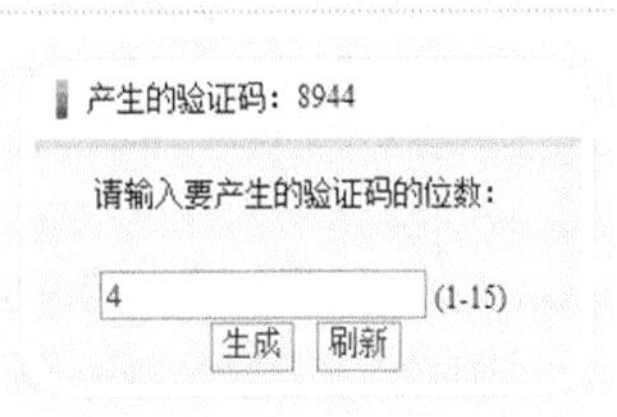

图 15-1　随机生成验证码

15.2.2　Number 对象

由于 JavaScript 使用简单数值完成日常数值的计算，因此，Number 对象很少被使用，当需要访问某些常量值时，如数字的最大或最小可能值、正无穷大或负无穷大时，该对象显得非常有用。

1. 创建 Number 对象

Number 对象是原始数值的包装对象，使用该对象可以将数字作为对象直接进行访问。它可以不与运算符 new 一起使用，而直接作为转化函数来使用。以这种方式调用 Number()时，它会把自己的参数转化成一个数字，然后返回转换后的原始数值（或 NaN）。

语法：

```
numObj=new Number(value);
```

● numObj：要赋值为 Number 对象的变量名。

● value：是可选项。是新对象的数字值。如果忽略 Boolvalue，则返回值为 0。

例如，创建一个 Number 对象。代码如下：

```
var numObj1=new Number();
var numObj2=new Number(0);
var numObj3=new Number(-1);
document.write(numObj1+"<br>");
document.write(numObj2+"<br>");
document.write(numObj3+"<br>");
```

运行结果：

```
0
0
-1
```

2. Number 对象的属性

（1）MAX_VALUE 属性

该属性用于返回 Number 对象的最大可能值。

语法：

```
value=Number.MAX_VALUE;
```

参数 value 表示存储 Number 对象的最大可能值的变量。

例如，获取 Number 对象的最大可能值。代码如下：

```
var maxvalue=Number.MAX_VALUE;
document.write(maxvalue);
```

运行结果：1.7976931348623157e+308。

（2）MIN_VALUE 属性

该属性用于返回 Number 对象的最小可能值。

语法：

```
value=Number.MIN_VALUE;
```

参数 value 表示存储 Number 对象的最小可能值的变量。

例如，获取 Number 对象的最小可能值。代码如下：

```
var maxvalue=Number.MIN_VALUE;
document.write(maxvalue);
```

运行结果：5e-324。

（3）NEGTIVE_INFINITY 属性

该属性用于返回 Number 对象的负无穷大的值。

语法：

```
value=Number.NEGTIVE_INFINITY;
```

参数 value 表示存储 Number 对象负无穷大的值。

例如，获取 Number 对象的负无穷大的值。代码如下：

```
var negative=Number.NEGATIVE_INFINITY;
document.write(negative);
```

运行结果：-Infinity。

（4）POSITIVE_INFINITY 属性

该属性用于返回 Number 对象的正无穷大的值。

语法：

```
value=Number.POSITIVE_INFINITY;
```

参数 value 表示存储 Number 对象正无穷大的值。

例如，获取 Number 对象的正无穷大的值。代码如下：

```
var positive=Number.POSITIVE_INFINITY;
document.write(positive);
```

运行结果：Infinity。

3. Number 对象的方法

（1）toString()方法

该方法可以把 Number 对象转换成一个字符串，并返回结果。

语法：

```
NumberObject.toString(radix);
```

- Radix：可选项。规定表示数字的基数，使用 2～36 之间的整数。若省略该参数，则使用基数为 10。但要注意，如果该参数是 10 以外的其他值，则 ECMAScript 标准允许实现返回任意值。
- 返回值：数字的字符串表示。

例如，将数字转换成字符串。代码如下：

```
var num=new Number(10);
document.write(num.toString()+"<br>");          //将数字以十进制形式转换成字符串
document.write(num.toString(10)+"<br>");         //将数字以十进制形式转换成字符串
document.write(num.toString(2)+"<br>");          //将数字以二进制形式转换成字符串
document.write(num.toString(8)+"<br>");          //将数字以八进制形式转换成字符串
document.write(num.toString(16));                //将数字以十六进制形式转换成字符串
```

运行结果：

```
10
10
1010
12
a
```

（2）toLocaleString()方法

该方法可以把 Number 对象转换为本地格式的字符串。

语法：

```
NumberObject.toLocaleString();
```

返回值为数字的字符串表示，根据本地的规范进行格式化，可能影响到小数点或千分位分隔符采用的标点符号。

例如，将数字转换成字符串。代码如下：

```
var num=new Number(10);
document.write(num.toLocaleString()+"<br>");
```

运行结果：10.00。

（3）toFixed()方法

该方法将 Number 对象四舍五入为指定小数位数的数字，然后转换成字符串。

语法：

```
NumberObject.toFixed(num);
```

- Num：必需。规定小数的位数，是 0～20 之间的值（包括 0 和 20），有些实现可以支持更大的数值范围。如果省略该参数，用 0 代替。
- 返回值：数字的字符串表示，不采用指数计数法，小数点后有固定的 num 位数字。如果 num 参数为空，默认值为 0。如果 num 大于 1e+21，则该方法只调用 NumberObject.toString()，返回采用指数计数法表示的字符串。

例如，将数字的小数部份以指定位数进行四舍五入后转换成字符串。代码如下：

```
var num=new Number(10.25416);
document.write(num.toFixed()+"<br>");
document.write(num.toFixed(0)+"<br>");
document.write(num.toFixed(1)+"<br>");
document.write(num.toFixed(3)+"<br>");
document.write(num.toFixed(7)+"<br>");
```

运行结果：
```
10
10
10.3
10.254
10.2541600
```
（4）toExponential()方法

该方法利用指数计数法计算 Number 对象的值，然后将其转换成字符串。

语法：
```
NumberObject.toExponential(num);
```
- Num：必选项。规定指数计数法中的小数位数，是 0～20 之间的值（包括 0 和 20），有些实现可以支持更大的数值范围。如果省略该参数，将使用尽可能多的数字。
- 返回值：数字的字符串表示，采用指数计数法，即小数点之前有一位数字，小数点之后有 num 位数字，该数字的小数部分将被舍入，必要时用 0 补足，以便它达到指定的长度。

例如，将数字以指数计数法计算后转换成字符串。代码如下：
```
var num=new Number(2000000.45);
document.write(num.toExponential()+"<br>");
document.write(num.toExponential(0)+"<br>");
document.write(num.toExponential(1)+"<br>");
document.write(num.toExponential(3)+"<br>");
document.write(num.toExponential(7)+"<br>");
```
运行结果：
```
2.00000045e+6
2e+6
2.0e+6
2.000e+6
2.0000005e+6
```
（5）toPrecision()方法

该方法将 Number 对象转换成字符串，并根据不同的情况选择定点计数法或指数计数法。

语法：
```
NumberObject.toPrecision (num);
```
- Num：必选项。规定指数计数法中的小数位数，是 0～20 之间的值（包括 0 和 20），有些实现可以支持更大的数值范围。如果省略该参数，将使用尽可能多的数字。
- 返回值：数字的字符串表示，包含 num 个有效数字。如果 num 足够大，能够包括整数部分的所有数字，那么返回的字符串将采用定点计数法。否则，采用指数计数法，即小数点前有一位数字，小数点后有 num-1 位数字。必要时，该数字会被舍入或用 0 补足。

例如，根据不同的情况，使用定点计数法或指数计数法将数字转换成字符串。代码如下：
```
var num = new Number(10000);
document.write (num.toPrecision(4)+"<br>");        //返回的字符串采用定点计数法
document.write (num.toPrecision(10));              //返回的字符串采用指数计数法
```
运行结果：
```
000e+4
10000.00000
```

15.2.3　Boolean 对象

在 JavaScript 中经常会使用 Boolean 值作为条件对结果进行检测，Boolean 值可以从 Boolean 对象中获得相关的属性和方法，也可以通过 Boolean 对象的相关方法将 Boolean 值转换成字符串。

1. 创建 Boolean 对象

Boolean 对象是 JavaScript 的一种基本数据类型，是一个把布尔值打包的布尔对象。可以通过 Boolean 对象创建新的 Boolean 值。

语法：

```
boolObj=new Boolean([boolValue]);
```

- boolObj：要赋值为 Boolean 对象的变量名。
- BoolValue：可选项。是新对象的初始 Boolean 值。如果忽略 Boolvalue，或者其值为 false、0、null、NaN 或空字符串，则该 Boolean 对象的初始值为 false。否则，初始值为 true。

> Boolean 对象是 Boolean 数据类型的包装器。每当 Boolean 数据类型转换为 Boolean 对象时，JavaScript 都隐含地使用 Boolean 对象。很少会显式地调用 Boolean 对象。

【例 15-2】　创建 Boolean 对象：（实例位置：光盘\MR\源码\第 15 章\15-2）

```
BoolObj1=new Boolean(false);
BoolObj2=new Boolean(0);
BoolObj3=new Boolean(null);
BoolObj4=new Boolean("");
BoolObj5=new Boolean();
BoolObj6=new Boolean(1);
BoolObj7=new Boolean(true);
document.write(BoolObj1+"<br>");
document.write(BoolObj2+"<br>");
document.write(BoolObj3+"<br>");
document.write(BoolObj4+"<br>");
document.write(BoolObj5+"<br>");
document.write(BoolObj6+"<br>");
document.write(BoolObj7+"<br>");
```

运行本实例，结果如图 15-2 所示。

2. Boolean 对象的属性

Boolean 对象的属性有 constructor 和 prototype，下面分别为大家进行介绍。

图 15-2　创建 boolean 对象

（1）constructor 属性

该属性用于对当前对象的函数的引用。

例如，判断当前对象是否为布尔对象。代码如下：

```
var newBoolean=new Boolean();
if (newBoolean.constructor==Boolean)
    document.write("布尔型对象");
```

（2）prototype 属性

该熟悉可以对对象添加属性和方法。

例如，用自定义属性，并为其属性进行赋值。代码如下：

```
var newBoolean=new Boolean();
Boolean.prototype.mark=null;              //向对象中添加属性
```

```
newBoolean.mard=1;                              //向添加的属性中赋值
alert(newBoolean.mard);
```

3. Boolean 对象的方法

Boolean 对象有 toString()和 valueOf()两个方法，下面对其进行介绍。

（1）toString()方法

该方法用于将 Boolean 值转换成字符串。

语法：

```
BooleanObject.toString();
```

返回值为 BooleanObject 的字符串表示。

例如：将 Boolean 对象的值转换成字符串，代码如下：

```
var newBoolean=new Boolean(1);
if (newBoolean.toString()=="true")
    document.write("true");
else
    document.write("false");
```

运行程序，页面输出"true"。

（2）valueOf()方法

该方法用于返回 Boolean 对象的原始值。

语法：

```
BooleanObject.valueOf();
```

返回值为 BooleanObject 的字符串表示。

例如，获取 Boolean 对象的值，代码如下：

```
var newBoolean=new Boolean();
newBoolean=true;
document.write(newBoolean.valueOf());
```

运行程序，页面输出 true。

15.2.4　Date 对象

在 Web 开发过程中，可以使用 JavaScript 的 Date 对象（日期对象）来实现对日期和时间的控制。如果想在网页中显示计时时钟，就得重复生成新的 Date 对象来获取当前计算机的时间。用户可以使用 Date 对象执行各种使用日期和时间的过程。

1. 创建 Date 对象

日期对象是对一个对象数据类型求值，该对象主要负责处理与日期和时间有关的数据信息。在使用 Date 对象前，首先要创建该对象，其创建格式如下：

```
dateObj = new Date();
dateObj = new Date(dateVal);
dateObj = new Date(year, month, date[, hours[, minutes[, seconds[,ms]]]]);
```

Date 对象语法中各参数的说明如表 15-3 所示。

表 15-3　　　　　　　　　　　　　　　　Date 对象的参数说明

参　　数	说　　　　明
dateObj	必选项。要赋值为 Date 对象的变量名
dateVal	必选项。如果是数字值，dateVal 表示指定日期与 1970 年 1 月 1 日午夜间全球标准时间的毫秒数。如果是字符串，则 dateVal 按照 parse 方法中的规则进行解析。dateVal 参数也可以是从某些 ActiveX(R)对象返回的 VT_DATE 值

参　数	说　明
year	必选项。完整的年份，比如，1976（而不是 76）
month	必选项。表示的月份，是从 0 到 11 之间的整数（1 月至 12 月）
date	必选项。表示日期，是从 1 到 31 之间的整数
hours	可选项。如果提供了 minutes 则必须给出。表示小时，是从 0 到 23 的整数（午夜到 11pm）
minutes	可选项。如果提供了 seconds 则必须给出。表示分钟，是从 0 到 59 的整数
seconds	可选项。如果提供了 ms 则必须给出。表示秒钟，是从 0 到 59 的整数
ms	可选项。表示毫秒，是从 0 到 999 的整数

下面以示例的形式来介绍如何创建日期对象。

例如，返回当前的日期和时间。

```
var newDate=new Date();
document.write(newDate);
```

运行结果：Wed Jan 2 19:34:27 UTC+0800 2008。

例如，用年、月、日（2008-1-2）来创建日期对象。代码如下：

```
var newDate=new Date(2008,2,2);
document.write(newDate);
```

运行结果：Sun Mar 2 00:00:00 UTC+0800 2008。

例如，用年、月、日、小时、分钟、秒（2008-2-2 19:18:50）来创建日期对象。代码如下：

```
var newDate=new Date(2008,2,2);
document.write(newDate);
```

运行结果：Sun Mar 2 19:18:50 UTC+0800 2008。

例如，以字符串形式创建日期对象（2008-1-2 19:41:40）。代码如下：

```
var newDate=new Date("Jan 2,2008 19:41:40");
document.write(newDate);
```

运行结果：Wed Jan 2 19:41:40 UTC+0800 2008。

2. Date 对象的属性

Date 对象的属性有 constructor 和 prototype，它们与 String 对象中的属性语法相同。在这里介绍这两个属性的用法。

（1）constructor 属性

例如，判断当前对象是否为日期对象。代码如下：

```
var newDate=new Date();
if (newDate.constructor==Date)
    document.write("日期型对象");
```

运行结果：日期型对象。

（2）prototype 属性

例如，用自定义属性来记录当前日期是本周的周几。代码如下：

```
var newDate=new Date();            //当前日期为 2008-1-3
Date.prototype.mark=null;          //向对象中添加属性
newDate.mard=newDate.getDay();     //向添加的属性中赋值
alert(newDate.mard);
```

运行结果：4。

3. Date 对象的方法

Date 对象是 JavaScript 的一种内部数据类型。该对象没有可以直接读写的属性，所有对日期和时间的操作都是通过方法完成的。Date 对象的方法如表 15-4 所示。

表 15-4   Date 对象的方法

方　　法	说　　明
Date()	返回系统当前的日期和时间
getDate()	从 Date 对象返回一个月中的某一天(1～31)
getDay()	从 Date 对象返回一周中的某一天(0～6)
getMonth()	从 Date 对象返回月份(0～11)
getFullYear()	从 Date 对象以四位数字返回年份
getYear()	从 Date 对象以两位或 4 位数字返回年份
getHours()	返回 Date 对象的小时(0～23)
getMinutes()	返回 Date 对象的分钟(0～59)
getSeconds()	返回 Date 对象的秒数(0～59)
getMilliseconds()	返回 Date 对象的毫秒(0～999)
getTime()	返回 1970 年 1 月 1 日至今的毫秒数
getTimezoneOffset()	返回本地时间与格林威治标准时间的分钟差(GMT)
getUTCDate()	根据世界时从 Date 对象返回月中的一天(1～31)
getUTCDay()	根据世界时从 Date 对象返回周中的一天(0～6)
getUTCMonth()	根据世界时从 Date 对象返回月份(0～11)
getUTCFullYear()	根据世界时从 Date 对象返回四位数的年份
getUTCHours()	根据世界时返回 Date 对象的小时(0～23)
getUTCMinutes()	根据世界时返回 Date 对象的分钟(0～59)
getUTCSeconds()	根据世界时返回 Date 对象的秒钟(0～59)
getUTCMilliseconds()	根据世界时返回 Date 对象的毫秒(0～999)
parse()	返回 1970 年 1 月 1 日午夜到指定日期(字符串)的毫秒数
setDate()	设置 Date 对象中月的某一天(1～31)
setMonth()	设置 Date 对象中月份(0～11)
setFullYear()	设置 Date 对象中的年份(四位数字)
setYear()	设置 Date 对象中的年份(两位或四位数字)
setHours()	设置 Date 对象中的小时(0～23)
setMinutes()	设置 Date 对象中的分钟(0～59)
setSeconds()	设置 Date 对象中的秒钟(0～59)
setMilliseconds()	设置 Date 对象中的毫秒(0～999)
setTime()	通过从 1970 年 1 月 1 日午夜添加或减去指定数目的毫秒来计算日期和时间
setUTCDate()	根据世界时设置 Date 对象中月份的一天(1～31)
setUTCMonth()	根据世界时设置 Date 对象中的月份(0～11)

方　法	说　明
setUTCFullYear()	根据世界时设置 Date 对象中的年份(四位数字)
setUTCHours()	根据世界时设置 Date 对象中的小时(0～23)
setUTCMinutes()	根据世界时设置 Date 对象中的分钟(0～59)
setUTCSeconds()	根据世界时设置 Date 对象中的秒(0～59)
setUTCMilliseconds()	根据世界时设置 Date 对象中的毫秒(0～999)
toSource()	代表对象的源代码
toString()	把 Date 对象转换为字符串
toTimeString()	把 Date 对象的时间部分转换为字符串
toDateString()	把 Date 对象的日期部分转换为字符串
toGMTString()	根据格林威治时间，把 Date 对象转换为字符串
toUTCString()	根据世界时，把 Date 对象转换为字符串
toLocaleString()	根据本地时间格式，把 Date 对象转换为字符串
toLocaleTimeString()	根据本地时间格式，把 Date 对象的时间部分转换为字符串
toLocaleDateString()	根据本地时间格式，把 Date 对象的日期部分转换为字符串
UTC()	根据世界时，获得一个日期，然后返回 1970 年 1 月 1 日午夜到该日期的毫秒数
valueOf()	返回 Date 对象的原始值

15.3　数　组　对　象

数组提供了一种快速、方便地管理一组相关数据的方法，通过数组可以对大量性质相同的数据进行存储、排序、插入及删除等操作，从而可以有效地提高程序开发效率及改善程序的编写方式。本节将对 JavaScript 中的数组对象进行详细讲解。

15.3.1　数组对象 Array

可以把数组看作一个单行表格，该表格的每一个单元格中都可以存储一个数据，而且各单元格中存储的数据类型可以不同，这些单元格被称为数组元素。每个数组元素都有一个索引号，通过索引号可以方便地引用数组元素。数组是 JavaScript 中唯一用来存储和操作有序数据集的数据结构。

1. Array 对象概述

在 JavaScript 中，数组使用 Array 对象表示。

● 创建 Array 对象

可以用静态的 Array 对象创建一个数组对象，以记录不同类型的数据。

语法：

```
arrayObj = new Array();
arrayObj = new Array([size]);
arrayObj = new Array([element0[, element1[, ...[, elementN]]]]);
```

➢ arrayObj：必选项。要赋值为 Array 对象的变量名。

➤ size：可选项。设置数组的大小。由于数组的下标是从零开始，创建元素的下标将从 0 到 size-1。

➤ elementN：可选项。存入数组中的元素。使用该语法时必须有一个以上元素。

例如，创建一个可存入 3 个元素的 Array 对象，并向该对象中存入数据。代码如下：

```
arrayObj = new Array(3);
arrayObj[0]= "a";
arrayObj[0]= "b";
arrayObj[0]= "c";
```

例如，创建 Array 对象的同时，向该对象中存入数组元素。代码如下：

```
arrayObj = new Array(1,2,3,"a","b")
```

用第一个语法创建 Array 对象时，元素的个数是不确定的，用户可以在赋值时任意定义。第二个语法指定的数组的长度，在对数组赋值时，元素个数不能超过其指定的长度。第三个语法是在定义时，对数组对象进行赋值，其长度为数组元素的个数。

● Array 对象的常用属性

在 Array 对象中有 3 个属性，分别是 length、constructor 和 prototype。下面分别对这 3 个属性进行详细介绍。

（1）length 属性

该属性用于返回数组的长度。

语法：

```
array.length;
```

例如，获取已创建的字符串对象的长度。代码如下：

```
var arr=new Array(1,2,3,4,5,6,7,8);
document.write(arr.length);
```

运行结果：8。

例如，增加已有数组的长度。代码如下：

```
var arr=new Array(1,2,3,4,5,6,7,8);
arr[arr.length]=arr.length+1;
document.write(arr.length);
```

运行结果：9。

当用 new Array()创建数组时，并不对其进行赋值，length 属性的返回值为 0。

（2）prototype 属性

该属性的语法与 String 对象的 prototype 属性相同，下面以实例的形式对该属性的应用进行说明。

【例 15-3】 本实例是利用 prototype 属性自定义一个方法，用于显示数组中的全部数据：（实例位置：光盘\MR\源码\第 15 章\15-3）

```
<script language="javascript">
<!--
Array.prototype.outAll=function(ar)
{
    for(var i=0;i<this.length;i++)
    {
        document.write(this[i]);
```

```
        document.write(ar);
    }
    document.write("<br>");
}
var arr=new Array(1,2,3,4,5,6,7,8);
arr.outAll("");
//-->
</script>
```

运行结果如图 15-3 所示。

● Array 对象的常用方法

Array 对象中的方法如表 15-5 所示。

图 15-3　利用自定义方法显示数组中的全部数据

表 15-5　　　　　　　　　　　　　　　　Array 对象的方法

方　　法	说　　明
concat()	连接两个或更多的数组，并返回结果
pop()	删除并返回数组的最后一个元素
push()	向数组的末尾添加一个或多个元素，并返回新的长度。
shift()	删除并返回数组的第一个元素
splice()	删除元素，并向数组添加新元素
unshift()	向数组的开头添加一个或多个元素，并返回新的长度
reverse()	颠倒数组中元素的顺序
sort()	对数组的元素进行排序
slice()	从某个已有的数组返回选定的元素
toSource()	代表对象的源代码
toString()	把数组转换为字符串，并返回结果
toLocaleString()	把数组转换为本地数组，并返回结果
join()	把数组的所有元素放入一个字符串。元素通过指定的分隔符进行分隔
valueOf()	返回数组对象的原始值

2. Array 对象的输入输出

本节主要对 Array 对象的输入与输出进行详细讲解。

● Array 对象的输入

向 Array 对象中输入数组元素有 3 种方法，分别如下：

（1）在定义 Array 对象时直接输入数据元素

这种方法只能在数组元素确定的情况下才可以使用。

例如，在创建 Array 对象的同时存入字符串数组。代码如下：

```
arrayObj = new Array("a","b","c","d");
```

（2）利用 Array 对象的元素下标向其输入数据元素

该方法可以随意的向 Array 对象中的各元素赋值，或是修改数组中的任意元素值。

例如，在创建一个长度为 7 的 Array 对象后，向下标为 3 和 4 的元素中赋值。

```
arrayObj = new Array(7);
arrayObj[3] = "a";
arrayObj[4] = "b";
```

（3）利用 for 语句向 Array 对象中输入数据元素

该方法主要用于批量向 Array 对象中输入数组元素，一般用于向 Array 对象中赋初值。

例如，使用者可以通过改变变量 n 的值（必须是数值型），给数组对象 arrayObj 赋指定个数的数值元素。代码如下：

```
Var n=7
arrayObj = new Array();
for (var i=0;i<n;i++){
    arrayObj[i]=i;
}
```

例如，给指定元素个数的 Array 对象赋值。代码如下：

```
arrayObj = new Array(7);
for (var i=0;i<arrayObj.length;i++){
    arrayObj[i]=i;
}
```

● Array 对象的输出

将 Array 对象中的元素值进行输出有 3 种方法：

（1）用下标获取指定元素值

该方法通过 Array 对象的下标，获取指定的元素值。

例如，获取 Array 对象中的第 3 个元素的值。代码如下：

```
arrayObj = new Array("a","b","c","d");
var s=arrayObj[2];
```

注意　　　　Array 对象的元素下标是从 0 开始的。

（2）用 for 语句获取数组中的元素值

该方法是利用 for 语句获取 Array 对象中的所有元素值。

例如，获取 Array 对象中的所有元素值。代码如下：

```
arrayObj = new Array("a","b","c","d");
for (var i=0;i<arrayObj.length;i++){
    str=str+arrayObj[i].toString();
}
document.write(str);
```

运行结果：abcd。

（3）用数组对象名输出所有元素值

该方法是用创建的数组对象本身显示数组中的所有元素值。

例如，显示数组中的所有元素值。代码如下：

```
arrayObj = new Array("a","b","c","d");
document.write(arrayObj);
```

运行结果：abcd。

15.3.2　常用的数组操作方法

1. 数组的添加和删除

数组的添加和删除可以使用 concat()、pop()、push()、shift()、splice() 和 unshift() 方法实现，下面分别进行讲解。

● concat()方法

该方法用于将其他数组连接到当前数组的尾端。

语法：

```
arrayObject.concat(arrayX,arrayX,......,arrayX);
```

> arrayObject：必选项。数组名称。

> arrayX：必选项。该参数可以是具体的值，也可以是数组对象。

例如，在数组的尾部添加数组元素。代码如下：

```
var arr=new Array(1,2,3,4,5,6,7,8);
document.write(arr.concat(9,10));
```

例如，在数组的尾部添加其他数组。代码如下：

```
var arr1=new Array('a','b','c');
var arr2=new Array('d','e','f');
document.write(arr1.concat(arr2));
```

● shift()方法

该方法用于把数组中的第一个元素从数组中删除，并返回删除元素的值。

语法：

```
arrayObject.shift();
```

> arrayObject：必选项，数组名称。

> 返回值：在数组中删除的第一个元素的值。

例如，删除数组中的第一个元素。代码如下：

```
var arr=new Array(1,2,3,4,5,6,7,8);
var Del=arr. shift();
document.write('删除元素为:'+Del+';删除后的数组为:'+arr);
```

● pop()方法

该方法用于删除并返回数组中的最后一个元素。

语法：

```
arrayObject.pop();
```

返回值为 Array 对象的最后一个元素。

例如，删除数组中的最后一个元素。代码如下：

```
var arr=new Array(1,2,3,4,5,6,7,8);
var Del=arr.pop();
document.write('删除元素为:'+Del+';删除后的数组为:'+arr);
```

● push()方法

该方法向数组的末尾添加一个或多个元素，并返回添加后的数组长度。

语法：

```
arrayObject.push(newelement1,newelement2,....,newelementX);
```

push()方法中各参数的说明如表 15-6 所示。

表 15-6　　　　　　　　　　　　　push()方法中的参数说明

参　　　数	说　　　明
arrayObject	必选项。数组名称
newelement1	必选项。要添加到数组的第一个元素
newelement2	可选项。要添加到数组的第二个元素

参　　数	说　　明
newelementX	可选项。可添加多个元素
返回值	把指定的值添加到数组后的新长度

【例 15-4】　删除数组中的最后一个元素：（实例位置：光盘\MR\源码\第 15 章\15-4）

```
var arr=new Array(1,2,3,4);
document.write('原数组:'+arr+'<br>');
document.write('添加元素后的数组长度:'+arr.push(5,6,7)+'<br>');
document.write('新数组:'+arr);
```

运行结果如图 15-4 所示。

● unshift()方法

该方法向数组的开头添加一个或多个元素。

语法：

```
arrayObject.unshift(newelement1,newelement2,....,newelementX);
```

unshift()方法中各参数的说明如表 15-7 所示。

表 15-7　　　　　　　　　　　　　　unshift()方法中的参数说明

参　　数	说　　明
ArrayObject	必选项。数组名称
newelement1	必选项。向数组添加的第一个元素
newelement2	可选项。向数组添加的第二个元素
NewelementX	可选项。可添加多个元素

例如，向 arr 数组的开关添加元素 1、2 和 3。代码如下：

```
var arr=new Array(4,5,6,7);
document.write('原数组:'+arr+'<br\>');
arr.unshift(1,2,3);
document.write('新数组:'+arr);
```

2．设置数组的排列顺序

将数组中的元素按照指定的顺序进行排列可以通过 reverse()和 sort()方法实现。

● reverse()方法

该方法用于颠倒数组中元素的顺序。

语法：

```
arrayObject.reverse();
```

参数 arrayObject 为必选项，表示数组名称。

【例 15-5】　将数组中的元素顺序颠倒后显示：（实例位置：光盘\MR\源码\第 15 章\15-5）

```
var arr=new Array(1,2,3,4);
document.write('原数组:'+arr+'<br\>');
arr.reverse();
document.write('颠倒后的数组:'+arr);
```

运行本实例，结果如图 15-5 所示。

图 15-4　删除数组中最后一个元素

图 15-5　将数组颠倒输出

- sort()方法

该方法用于对数组的元素进行排序。

语法：

```
arrayObject.sort(sortby);
```

> **arrayObject**：必选项。数组名称。
> **sortby**：可选项。规定排序的顺序，必须是函数。

　　　　如果调用该方法时没有使用参数，将按字母顺序对数组中的元素进行排序，也就是按照字符的编码顺序进行排序。如果想按照其他标准进行排序，就需要提供比较函数。

例如，将数组中的元素按字符的编码顺序进行显示。代码如下：

```
var arr=new Array(2,1,4,3);
document.write('原数组:'+arr+'<br\>');
arr.sort();
document.write('排序后的数组:'+arr);
```

15.3.3　获取数组中的某段数组元素

获取数组中的某段数组元素主要用 slice()方法实现。

slice()方法可从已有的数组中返回选定的元素。

语法：

```
arrayObject.slice(start,end);
```

- start：必选项。规定从何处开始选取。如果是负数，那么它规定从数组尾部开始算起的位置。也就是说，-1 指最后一个元素，-2 指倒数第二个元素，以此类推。
- end：可选项。规定从何处结束选取。该参数是数组片断结束处的数组下标。如果没有指定该参数，那么切分的数组包含从 start 到数组结束的所有元素。如果这个参数是负数，那么它将从数组尾部开始算起。
- 返回值：返回截取后的数组元素，该方法返回的数据中不包括 end 索引所对应的数据。

【例 15-6】　获取数组中某段数组元素：（实例位置：光盘\MR\源码\第 15 章\15-6）

```
<script language="javascript">
<!--
var arr=new Array("a","b","c","d","e","f");
document.write("原数组:"+arr+"<br>");
document.write("获取数组中第 3 个元素后的所有元素信息:"+arr.slice(2)+"<br>");
document.write("获取数组中第 2 个到第 5 个的元素信息"+arr.slice(1,5)+"<br>");
document.write("获取数组中倒数第 2 个元素后的所有信息"+arr.slice(-2));
//-->
</script>
```

运行程序，会将原数组，以及截取数组中元素后的数据输出，运行结果如图 15-6 所示。

15.3.4 将数组转换成字符串

将数组转换成字符串主要通过 toString()、toLocaleString() 和 join()方法实现。

图 15-6 获取数组中某段数组元素

- toString()方法

该方法可把数组转换为字符串，并返回结果。

语法：

```
arrayObject.toString();
```

➤ arrayObject：必选项。数组名称。

➤ 返回值：以字符串显示 arrayObject。返回值与没有参数的 join()方法返回的字符串相同。

在转换成字符串后，数组中的各元素以逗号分隔。

例如，将数组转换成字符串。代码如下：

```
var arr=new Array("a","b","c","d","e","f");
document.write(arr.toString());
```

- toLocaleString()方法

该方法将数组转换成本地字符串。

语法：

```
arrayObject.toLocaleString();
```

➤ arrayObject：必选项，数组名称。

➤ 返回值：本地字符串。

toLocaleString 方法首先调用每个数组元素的 toLocaleString()方法，然后使用地区特定的分隔符把生成的字符串连接起来，形成一个字符串。

例如，将数组转换成用 "," 号分隔的字符串。代码如下：

```
var arr=new Array("a","b","c","d","e","f");
document.write(arr.toLocaleString());
```

- join()方法

该方法将数组中的所有元素放入一个字符串中。

语法：

```
arrayObject.join(separator);
```

➤ separator：可选项。指定要使用的分隔符。如果省略该参数，则使用逗号作为分隔符。

➤ 返回值：返回一个字符串。该字符串是把 arrayObject 的每个元素转换为字符串，然后把这些字符串连接起来，在两个元素之间插入 separator 字符串而生成的。

➤ 例如，以指定的分隔符将数组中的元素转换成字符串。代码如下：

```
var arr=new Array("a","b","c","d","e","f");
document.write(arr.join("#"));
```

15.4　综合实例——使用数组存储商品信息

本实例将实现使用数组存储商品信息并输出的功能，运行程序，将显示如图 15-7 所示的运行结果。

实例本实例的关键是如何定义数组，并输出数组元素，这里主要使用 Array 对象创建数组，并使用 for 循环遍历输出数组中的所有元素。代码如下：

图 15-7　使用数组存储商品信息

```
<script language = "javascript">
    var info;
    info = new Array(5);
    info[0] = "BH001";
    info[1] = "ASP.NET 编程词典";
    info[2] = "软件";
    info[3] = "珍藏版";
    info[4] = "798";
    document.write("商品信息: </br>");
    for(var i=0;i<info.length;i++){
        document.write(info[i]+"</br>");
    }
</script>
```

知识点提炼

（1）search 方法返回使用表达式搜索时，第一个匹配的字符串在整个被搜索字符串中的位置，该方法的语法格式为："search(regExp);"。

（2）match 方法的作用与 RegExp 对象的 exec 方法类似，使用正则表达式模式对字符串进行搜索，并返回一个包含搜索结果的数组。该方法的语法格式为："match（rgExp）;"。

（3）split 方法用于把一个字符串分割成字符串数组。

（4）replace 方法用于在字符串中用一些字符替换另一些字符，或替换一个与正则表达式匹配的子串。

（5）Math 对象提供了大量的数学常量和数学函数。在使用 Math 对象时，不能使用 new 关键字创建对象实例，而应直接使用"对象名.成员"的格式来访问其属性或方法。

（6）Number 对象是原始数值的包装对象，使用该对象可以将数字作为对象直接进行访问。

（7）Boolean 对象是 JavaScript 的一种基本数据类型，是一个把布尔值打包的布尔对象。

（8）日期对象 Date 是对一个对象数据类型的值，该对象主要负责处理与日期和时间有关的数据信息。

（9）数组提供了一种快速、方便地管理一组相关数据的方法，通过数组可以对大量性质相同的数据进行存储、排序、插入及删除等操作，从而可以有效地提高程序开发效率及改善程序的编写方式。

（10）在 JavaScript 中，数组使用 Array 对象表示。

习　题

15-1　分割字符串需要使用字符串对象的什么方法？

15-2　简述 Math 对象和 Number 对象的作用。

15-3　在 JavaScript 中，如何将日期格式化为长日期格式？

15-4　如何在 JavaScript 中创建数组？

15-5　数组的输入输出操作如何实现？

15-6　将数组转换为字符串的方法有哪几种？

第 16 章
JavaScript 对象编程与事件处理

本章要点:

- document 文档对象的使用
- window 窗口对象的使用
- DOM 对象的使用
- JavaScript 中的事件处理
- DOM 事件模型
- 表单相关的事件
- 鼠标键盘事件的使用
- 页面事件的使用

JavaScript 是基于对象(object-based)的语言，其常用的对象有文档对象、窗口对象和 DOM 对象等，它的一个最基本的特征就是采用事件驱动(event-driven)。它可以使在图形界面环境下的一切操作变得简单化。通常鼠标或热键的动作称之为事件（Event）。由鼠标或热键引发的一连串程序动作，称之为事件驱动（Event Driver）。而对事件进行处理的程序或函数，称之为事件处理程序（Event Handler）。本章将对 JavaScript 中的对象编程和事件处理进行详细讲解。

16.1　文档（document）对象

文档对象(document)代表浏览器窗口中的文档,该对象是 window 对象的子对象,由于 window 对象是 DOM 对象模型中的默认对象, 因此 window 对象中的方法和子对象不需要使用 window 来引用。通过 document 对象可以访问 HTML 文档中包含的任何 HTML 标记并可以动态的改变 HTML 标记中的内容。例如表单、图像、表格和超链接等。该对象在 JavaScript 1.0 版本中就已经存在, 在随后的版本中又增加了几个属性和方法。document 对象层次结构如图 16-1 所示。

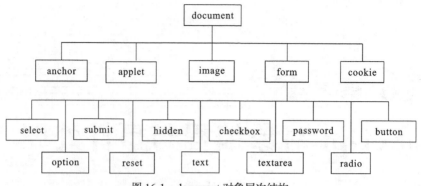

图 16-1　document 对象层次结构

16.1.1　文档对象的常用属性、方法与事件

本节将详细介绍文档对象（Document 对象）常用的属性、方法和事件。

1. Document 对象的常用属性

Document 对象常用的属性及说明如表 16-1 所示。

表 16-1　　　　　　　　　　　　　　　　Document 对象属性及说明

属　　性	说　　明
alinkColor	链接文字的颜色，对应于<body>标记中的 alink 属性
all[]	存储 HTML 标记的一个数组(该属性本身也是一个对象)
anchors[]	存储锚点的一个数组。(该属性本身也是一个对象)
bgColor	文档的背景颜色，对应于<body>标记中的 bgcolor 属性
cookie	表示 cookie 的值
fgColor	文档的文本颜色(不包含超链接的文字)对应于<body>标记中的 text 属性值
forms[]	存储窗体对象的一个数组(该属性本身也是一个对象)
fileCreatedDate	创建文档的日期
fileModifiedDate	文档最后修改的日期
fileSize	当前文件的大小
lastModified	文档最后修改的时间
images[]	存储图像对象的一个数组(该属性本身也是一个对象)
linkColor	未被访问的链接文字的颜色，对应于<body>标记中的 link 属性
links[]	存储 link 对象的一个数组(该属性本身也是一个对象)
vlinkColor	表示已访问的链接文字的颜色，对应于<body>标记的 vlink 属性
title	当前文档标题对象
body	当前文档主体对象
readyState	获取某个对象的当前状态
URL	获取或设置 URL

2. Document 对象的常用方法

Document 对象的常用方法和说明如表 16-2 所示。

表 16-2   Document 对象方法及说明

方　　法	说　　　　　明
close	文档的输出流
open	打开一个文档输出流并接收 write 和 writeln 方法的创建页面内容
write	向文档中写入 HTML 或 JavaScript 语句
writeln	向文档中写入 HTML 或 JavaScript 语句，并以换行符结束
createElement	创建一个 HTML 标记
getElementById	获取指定 id 的 HTML 标记

3．Document 对象的常用事件

多数浏览器内部对象都拥有很多事件，下面将以表格的形式给出常用的事件及何时触发这些事件。JavaScript 的常用事件如表 16-3 所示。

表 16-3   JavaScript 的常用事件

事　　件	说　　　　　明
onabort	对象载入被中断时触发
onblur	元素或窗口本身失去焦点时触发
onchange	改变<select>元素中的选项或其他表单元素失去焦点，并且在其获取焦点后内容发生过改变时触发
onclick	单击鼠标左键时触发。当光标的焦点在按钮上，并按下回车键时，也会触发该事件
ondblclick	双击鼠标左键时触发
onerror	出现错误时触发
onfocus	任何元素或窗口本身获得焦点时触发
onkeydown	键盘上的按键（包括 Shift 或 Alt 等键）被按下时触发，如果一直按着某键，则会不断触发。当返回 false 时，取消默认动作
onkeypress	键盘上的按键被按下，并产生一个字符时发生。也就是说，当按下 Shift 键或 Alt 等键时不触发。如果一直按下某键时，会不断触发。当返回 false 时，取消默认动作
onkeyup	释放键盘上的按键时触发
onload	页面完全载入后，在 Window 对象上触发；所有框架都载入后，在框架集上触发；<img>标记指定的图像完全载入后，在其上触发；或<object>标记指定的对象完全载入后，在其上触发
onmousedown	单击任何一个鼠标按键时触发
onmousemove	鼠标在某个元素上移动时持续触发
onmouseout	将鼠标从指定的元素上移开时触发
onmouseover	鼠标移到某个元素上时触发
onmouseup	释放任意一个鼠标按键时触发
onreset	单击重置按钮时，在<form>上触发
onresize	窗口或框架的大小发生改变时触发
onscroll	在任何带滚动条的元素或窗口上滚动时触发
onselect	选中文本时触发
onsubmit	单击提交按钮时，在<form>上触发
onunload	页面完全卸载后，在 Window 对象上触发；或者所有框架都卸载后，在框架集上触发

16.1.2 Document 对象的应用

本节主要通过使用 Document 对象的属性和方法来演示一些常用的实例，例如链接文字颜色设置、获取并设置 URL 等实例，本章将对 Document 对象常用的应用进行详细介绍。

1. 链接文字颜色设置

链接文字颜色设置通过使用 alinkColor 属性、linkColor 属性和 vlinkColor 属性来实现。

（1）alinkColor 属性

该属性用来获取或设置当链接获得焦点时显示的颜色。

语法：

```
[color=]document.alinkcolor[=setColor];
```

- setColor：设置颜色的名称或颜色的 RGB 值，setColor 是可选项。
- color：字符串变量，用来获取颜色值，color 是可选项。

（2）linkColor 属性

该属性用来获取或设置页面中未单击的链接的颜色。

语法：

```
[color=]document.linkColor[=setColor];
```

- setColor：设置颜色的名称或颜色的 RGB 值，setColor 是可选项。
- color：字符串变量，用来获取颜色值，color 是可选项。

（3）vlinkColor 属性

该属性用来获取或设置页面中单击过的链接的颜色。

语法：

```
[color=]document.vlinkColor[=setColor];
```

- setColor：设置颜色的名称或颜色的 RGB 值，setColor 是可选项。
- color：字符串变量，用来获取颜色值，color 是可选项。

【例 16-1】 本实例分别设置了超链接 3 个状态的文字颜色：（实例位置：光盘\MR\源码\第 16 章\16-1）

```
<body>
<font size="10pt"  face="隶书"><a id="a1" href="www.mingrisoft.com">JavaScript 论坛
</a></font>
<script language="JavaScript">
document.vlinkColor ="#00CCFF";
document.linkColor="green";
document.alinkColor="000000";
</script>
</body>
```

运行程序，未单击超链接时，超链接字体的颜色为绿色如图 16-2 所示；单击超链接时，超链接字体的颜色为黑色如图 16-3 所示；单击过超链接时，超链接的字体颜色为淡蓝色如图 16-4 所示。

图 16-2 未单击链接时为绿色

2. 文档前景色和背景色设置

文档前景色和背景色的设置可以使用 gbColor 属性和 fgColor 属性来实现。

图 16-3　单击链接时为黑色　　　　　　　　　　图 16-4　已单击链接时为淡蓝色

（1）bgColor 属性

该属性用来获取或设置页面的背景颜色。

语法：

```
[color=]document.bgColor[=setColor];
```

- setColor：设置颜色的名称或颜色的 RGB 值，setColor 是可选项。
- color：字符串变量，用来获取颜色值，color 是可选项。

（2）fgColor 属性

该属性用来获取或设置页面的前景颜色，即为页面中文字的颜色。

语法：

```
[color=]document.fgColor[=setColor];
```

- setColor：设置颜色的名称或颜色的 RGB 值，setColor 是可选项。
- color：字符串变量，用来获取颜色值，color 是可选项。

【例 16-2】　本实例每间隔一秒改变一次文档的前景色和背景色。（实例位置：光盘\MR\源码\第 16 章\16-2）

```
<body>
背景自动变色
<script language="javascript">
var Arraycolor=new Array("#00FF66","#FFFF99","#99CCFF","#FFCCFF","#FFCC99","#00FFFF",
    "#FFFF00","#FFCC00","#FF00FF");
var n=0;
function turncolors(){
    n++;
    if (n==(Arraycolor.length-1)) n=0;
    document.bgColor = Arraycolor[n];                //设置页面的背景颜色
    document.fgColor=Arraycolor[n-1];                //设置页面的文字颜色
    setTimeout("turncolors()",1000);
}
turncolors();
</script>
</body>
```

当运行示例时文档的前景色和背景色如图 16-5 所示，在间隔一秒后文档的前景色和背景色将会自动改变为如图 16-6 所示的颜色。

图 16-5　自动变色前　　　　　　　　　　　　图 16-6　自动变色后

3. 查看文档创建时间、修改时间和文档大小

查看文档创建日期、修改日期和文档大小，可以使用 fileCreatedDate 属性、fileModifiedDate 属性、lastModified 属性和 fileSize 属性来实现。

（1）fileCreatedDate 属性

该属性用来获取文档的创建日期。

语法：

```
[date=]fileCreatedDate;
```

（2）fileModifiedDate 属性

该属性用来获取文档最后修改的日期。

语法：

```
[date=]fileModifiedDate;
```

（3）lastModified 属性

该属性用来获取文档最后修改的时间。

语法：

```
[date=]lastModified;
```

（4）fileSize 属性

该属性用来获取文档的大小。

语法：

```
[size=]fileSize;
```

【例 16-3】 本实例在页面中显示了该文档的创建日期、修改日期和该文档的大小。（实例位置：光盘\MR\源码\第 16 章\16-3）

```
<body>
查看文件创建时间、修改时间和文档大小<br>
<script lanage="javaScript">
<!--
document.write("<b>该文档创建日期: </b>"+document.fileCreatedDate+"<br>");
document.write("<b>该文档修改日期: </b>"+document.fileModifiedDate+"<br>");
document.write("<b>该文档修改时间: </b>"+document.lastModified+"<br>");
document.write("<b>该文档大小: </b>"+document.fileSize+"<br>");
-->
</script>
</body>
```

运行结果如图 16-7 所示。

4. 获取并设置 URL

获取并设置 URL 主要可以使用 URL 属性来实现，该属性是用来获取或设置当前文档的 URL。

语法：

```
[url=]document.URL[=setUrl];
```

图 16-7　查看文档创建时间、修改时间和大小

- url：字符串表达式，用来存储当前文档的 URL。url 是可选项。
- setUrl：字符串变量，用来设置当前文档的 URL。setUrl 是可选项。

【例 16-4】 本实例在页面中显示了当前文档的 URL，并可以通过文本框来输入需要跳转页面的 URL，单击"跳转"按钮将跳转到新的页面：（实例位置：光盘\MR\源码\第 16 章\16-4）

```
<body>
  <script language="javascript">
    <!--
        document.write("<b>当前页面的 URL: </b>"+document.URL);
        function setURL(t)
        {
            document.URL=t;
            var u=document.URL;
            return u;
        }
    -->
  </script>
  <p>
输入要跳转的页面 URL:
    <input name="titleName"  type="text"><input name="Input" value="跳转" onClick=
"setURL(titleName.value)" type="button">
  </p>
</p>
</body>
```

运行结果如图 16-8 所示。

5. 获取对象的当前状态

在文档中获取某个对象的当前状态可以使用 readyState 属性来实现。readyState 属性是用来获取文档中某个对象的当前状态。

语法：

```
[state=]obj.readyState;
```

● obj：需要显示状态的对象，必选项。
● state：字符串变量，用来获取当前对象的状态，其状态值及说明如表 16-4 所示。

表 16-4   状态值及说明

状 态 值	说 明
loading	表示该对象正在载入数据
loaded	表示该对象载入数据完毕
interactive	用户可以和该对象进行交互，不管该对象是否已加载完毕
complete	该对象初始化完毕

【例 16-5】 本实例在页面中显示了文本框对象和 document 对象的当前状态：（实例位置：光盘\MR\源码\第 16 章\16-5）

```
<body>
<input name="t1" type="text">
<script language="javascript">
    <!--
        document.write("<br><b>文本框当前状态: </b>"+t1.readyState+"<br>");
        document.write("<b>document 对象的当前状态: </b>"+document.readyState);
    -->
</script>
</body>
```

运行结果如图 16-9 所示。

图 16-8　显示当前页面的 URL　　　　　图 16-9　获取对象当前状态

6. 在文档中输出数据

在文档中输出数据可以使用 write 方法和 writeln 方法来实现。

（1）write 方法

该方法用来向 HTML 文档中输出数据，其数据包括字符串、数字和 HTML 标记等。

语法：

```
document.write(text);
```

参数 text 表示在 HTML 文档中输出的内容。

（2）writeln 方法

该方法与 write 方法作用相同，唯一的区别在于 writeln 方法在所输出的内容后，添加了一个回车换行符。但回车换行符只有在 HTML 文档中<pre></pre>标记（此标记把文档中的空格、回车、换行等表现出来）内才能被识别。

语法：

```
document.writeln(text);
```

参数 text 表示在 HTML 文档中输出的内容。

【例 16-6】　本实例使用 write 方法和 writeln 方法在页面中输出了几段文字。（实例位置：光盘\MR\源码\第 16 章\16-6）

```
<body>
<script language="javascript">
    <!--
        document.write("使用 write 方法输出的第一段内容! ");
        document.write("使用 write 方法输出的第二断内容<hr color='#003366'>");
        document.writeln("使用 writeln 方法输出的第一段内容! ");
        document.writeln("使用 writeln 方法输出的第二断内容<hr color='#003366'>");
    -->
</script>
<pre>
<script language="javascript">
    <!--
        document.writeln("在 pre 标记内使用 writeln 方法输出的第一段内容! ");
        document.writeln("在 pre 标记内使用 writeln 方法输出的第二段内容");
    -->
</script>
</pre>
</body>
```

运行效果如图 16-10 所示。

图 16-10　在文档中输出数据

7．动态添加一个 HTML 标记

动态添加一个 HTML 标记可以使用 createElement()方法来实现。CreateElement()方法可以根据一个指定的类型来，创建一个 HTML 标记。

语法：

```
sElement=document.createElement(sName);
```

- sElement：用来接收该方法返回的一个对象。
- sName：用来设置 HTML 标记的类型和基本属性。

【例 16-7】 本实例通过单击"动态添加文本"按钮，将会在页面中动态添加一个文本框。（实例位置：光盘\MR\源码\第 16 章\16-7）

```
<html xmlns="http://www.w3.org/1999/xhtml">
<head>
<meta http-equiv="Content-Type" content="text/html; charset=gb2312" />
<title>无标题文档</title>
<script language="javascript">
    <!--
        function addText()
        {
            var txt=document.createElement("input");
            txt.type="text";
            txt.name="txt";
            txt.value="动态添加的文本框";
            document.fm1 .appendChild(txt);
        }
    -->
</script>
</head>
<body>
<form name="fm1">
<input type="button" name="btn1" value="动态添加文本框" onclick="addText();" />
</form>
</body>
</html>
```

运行效果如图 16-11 所示。

8．获取文本框并修改其内容

获取文本框并修改其内容可以使用 getElementById()方法来实现。getElementById()方法可以通过指定的 id 来获取 HTML 标记，并将其返回。

图 16-11　动态添加一个文本框

语法：

```
sElement=document.getElementById(id);
```

● sElement：用来接收该方法返回的一个对象。

● id：用来设置需要获取 HTML 标记的 id 值。

【例 16-8】 本实例在页面加载后的文本框中将会显示"初始文本内容"，当单击按钮后将会改变文本框中的内容。（实例位置：光盘\MR\源码\第 16 章\16-8）

```
<body>
<script language="javascript">
    <!--
        function c1()
        {
            var t=document.getElementById("txt");
            t.value="修改文本内容"
        }
    -->
</script>
<input type="text" id="txt" value="初始文本内容"/>
<input type="button" value="更改文本内容" name="btn" onclick="c1();" />
</body>
```

运行结果如图 16-12 和图 16-13 所示。

图 16-12 显示按钮和文本框

图 16-13 获取并修改文本内容

16.2 窗口（window）对象

Window 对象代表的是打开的浏览器窗口，通过 Window 对象可以控制窗口的大小和位置、由窗口弹出的对话框、打开窗口与关闭窗口，还可以控制窗口上是否显示地址栏、工具栏和状态栏等栏目。对于窗口中的内容，Window 对象可以控制是否重载网页、返回上一个文档或前进到下一个文档。

在框架方面，Window 对象可以处理框架与框架之间的关系，并通过这种关系在一个框架处理另一个框架中的文档。Window 对象还是所有其他对象的顶级对象，通过对 Window 对象的子对象进行操作，可以实现更多的动态效果。

16.2.1 窗口对象的常用属性与方法

Window 对象作为对象的一种，也有着其自己的方法和属性，本节将对其属性和方法进行讲解。

1．Window 对象的属性

顶层 Window 对象是所有其他子对象的父对象，它出现在每一个页面上，并且可以在单个 JavaScript 应用程序中被多次使用。

Window 对象的属性以及说明如表 16-5 所示。

表 16-5　　　　　　　　　　　　　　Window 对象的属性

属　　性	描　　述
document	对话框中显示的当前文档
frames	表示当前对话框中所有 frame 对象的集合
location	指定当前文档的 URL
name	对话框的名字
status	状态栏中的当前信息
defaultstatus	状态栏中的当前信息
top	表示最顶层的浏览器对话框
parent	表示包含当前对话框的父对话框
opener	表示打开当前对话框的父对话框
closed	表示当前对话框是否关闭的逻辑值
self	表示当前对话框
screen	表示用户屏幕，提供屏幕尺寸、颜色深度等信息
navigator	表示浏览器对象，用于获得与浏览器相关的信息

2．Window 对象的方法

Window 对象的方法以及说明如表 16-6 所示。

表 16-6　　　　　　　　　　　　　　Window 对象的方法

方　　法	描　　述
alert()	弹出一个警告对话框
confirm()	在确认对话框中显示指定的字符串
prompt()	弹出一个提示对话框
open()	打开新浏览器对话框并且显示由 URL 或名字引用的文档，并设置创建对话框的属性
close()	关闭被引用的对话框
focus()	将被引用的对话框放在所有打开对话框的前面
blur()	将被引用的对话框放在所有打开对话框的后面
scrollTo(x,y)	把对话框滚动到指定的坐标
scrollBy(offsetx,offsety)	按照指定的位移量滚动对话框
setTimeout(timer)	在指定的毫秒数过后，对传递的表达式求值
setInterval(interval)	指定周期性执行代码
moveTo(x,y)	将对话框移动到指定坐标处
moveBy(offsetx,offsety)	将对话框移动到指定的位移量处
resizeTo(x,y)	设置对话框的大小

续表

方　　法	描　　述
resizeBy(offsetx,offsety)	按照指定的位移量设置对话框的大小
print()	相当于浏览器工具栏中的 "打印" 按钮
navigate(URL)	使用对话框显示 URL 指定的页面
status()	状态条，位于对话框下部的信息条
Defaultstatus()	状态条，位于对话框下部的信息条

3. Window 对象的使用

Window 对象可以直接调用其方法和属性，例如：

```
window.属性名
window.方法名（参数列表）
```

Window 是不需要使用 new 运算符来创建的对象。因此，在使用 Window 对象时，只要直接使用 "Window" 来引用 Window 对象即可，代码如下：

```
window.alert（"字符串"）;
window.document.write（"字符串"）;
```

在实际运用中，JavaSctipt 允许使用一个字符串来给窗口命名，也可以使用一些关键字来代替某些特定的窗口。例如，使用 "self" 代表当前窗口、"parent" 代表父级窗口等。对于这种情况，可以用这些字符串来代表 "window"，代码如下：

```
parent.属性名
parent.方法名（参数列表）
```

16.2.2　控制窗口

通过 Window 对象除了可以打开窗口与关闭窗口之外，控制窗口的大小和位置、由窗口弹出的对话框，还可以控制窗口上是否显示地址栏、工具栏和状态栏等栏目。返回上一个文档或前进到下一个文档，甚至于还可以停止加载文档。

1. 移动窗口

下面介绍几种移动窗口的方法。

（1）moveTo()方法

利用 moveTo()方法可以将窗口移动到指定坐标(x,y)处。

语法：

```
window.moveTo(x,y);
```

● x：窗口左上角的 x 坐标。

● y：窗口左上角的 y 坐标。

例如，将窗口移动到指定到坐标（300,300）处，代码如下：

```
window.moveTo(300,300);
```

　　　　moveTo()方法是 Navigator 和 IE 都支持的方法，它不属于 W3C 标准的 DOM。

（2）resizeTo()方法

利用 resizeTo()方法可以将当前窗口改变成(x,y)大小，x、y 分别为宽度和高度。

语法：

```
window.resizeTo(x,y);
```

● x：窗口的水平宽度。

● y：窗口的垂直宽度。

例如，将当前窗口改变成(300,200)大小，代码如下：

```
window.moveTo(300,200);
```

（3）screen 对象

screen 对象是 JavaScript 中的屏幕对象，反映了当前用户的屏幕设置。该对象的常用属性如表 16-7 所示。

表 16-7　　　　　　　　　　　　　　screen 对象的常用属性

属　　　性	说　　　明
width	用户整个屏幕的水平尺寸，以像素为单位
height	用户整个屏幕的垂直尺寸，以像素为单位
pixelDepth	显示器的每个像素的位数
colorDepth	返回当前颜色设置所用的位数，1 代表黑白；8 代表 256 色；16 代表增强色；24/32 代表真彩色。8 位颜色支持 256 种颜色，16 位颜色（通常叫做"增强色"）支持大概 64000 种颜色，而 24 位颜色（通常叫做"真彩色"）支持大概 1600 万种颜色
availHeight	返回窗口内容区域的垂直尺寸，以像素为单位
availWidth	返回窗口内容区域的水平尺寸，以像素为单位

例如，使用 screen 对象设置屏幕属性，代码如下：

```
window.screen.width          //屏幕宽度
window.screen.height         //屏幕高度
window.screen.colorDepth     //屏幕色深
window.screen.availWidth     //可用宽度
window.screen.availHeight    //可用高度(除去任务栏的高度)
```

【例 16-9】 本实例是在窗口打开时，将窗口放在屏幕的左上角，并将窗口从左到右以随机的角度进行移动，当窗口的外边框碰到屏幕四边时，窗口将进行反弹。（实例位置：光盘\MR\源码\第 16 章\16-9）

```
<script language="JavaScript">
window.resizeTo(300,300)            //指定将窗口改变的大小
window.moveTo(0,0)                  //将窗口移动到指定坐标处
inter=setInterval("go()", 1);
var aa=0
var bb=0
var a=0
var b=0
function go()
{
    try{
    if (aa==0)
    a=a+2;
    if (a>screen.availWidth-300)
    aa=1;
    if (aa==1)
```

```
        a=a-2;
        if (a==0)
        aa=0;
        if (bb==0)
        b=b+2;
        if (b>screen.availHeight-300)
        bb=1;
        if (bb==1)
        b=b-2;
        if (b==0)
        bb=0;
        window.moveTo(a,b);
        }
        catch(e){}
    }
</script>
```

运行结果如图 16-14 和图 16-15 所示。

图 16-14　窗口移动前的效果

图 16-15　窗口移动后的效果

2. 改变窗口大小

利用 window 对象的 resizeBy()方法可以实现将当前窗口改变指定的大小(x,y)，当 x、y 的值大于 0 时为扩大，小于 0 时为缩小。

语法：

```
window.resizeBy(x,y)
```

- x：放大或缩小的水平宽度。
- y：放大或缩小的垂直宽度。

【例 16-10】 本实例在打开 index.htm 文件后，在该页面中单击"单击此链接打开一个自动改变大小的窗口"超链接，在屏幕的左上角将会弹出一个"改变窗口大小"的窗口，并动态改变窗口的宽度和高度，直到与屏幕大小相同为止。（实例位置：光盘\MR\源码\第 16 章\16-10）

编写用于实现打开窗口特殊效果的 JavaScript 代码。自定义函数 go1()，用于打开指定的窗口，并设置其位置和大小。代码如下：

```
<script language=JavaScript>
var winheight,winsize,x;
function go1(){
    winheight=100;
    winsize=100;
    x=5;
    win2=window.open("melody.htm","","scrollbars='no'");
    win2.moveTo(0,0);
```

```
    win2.resizeTo(100,100);
    go2();
}
```

自定义函数 go2()，用于动态改变窗口的大小，代码如下：

```
function go2()
{
    if (winheight>=screen.availHeight-3)
        x=0
    win2.resizeBy(5,x)
    winheight+=5
    winsize+=5
    if (winsize>=screen.width-5){
        winheight=100
        winsize=100
        x=5
        return
    }
    setTimeout("go2()",50)
}
</script>
```

运行结果如图 16-16 和图 16-17 所示。

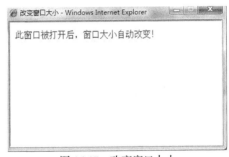

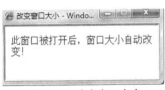

图 16-16　改变窗口大小　　　　　　　　　图 16-17　改变窗口大小

在本实例中，首先利用 window 对象的 open 方法来打开一个已有的窗口，然后利用 screen 对象的 availHeight 属性来获取屏幕可工作区域的高度，再利用 moveTo()和 resizeTo()方法来指定窗口的位置及大小，并利用 resizeBy()方法使窗口逐渐变大，直到窗口大小与屏幕的工作区大小相同。

3. 窗口滚动

利用 window 对象的 scroll()方法可以指定窗口的当前位置，从而实现窗口滚动效果。

语法：

```
scroll(x,y);
```

● x：屏幕的横向坐标。

● y：屏幕的纵向坐标。

Window 对象中有 3 种方法可以用来滚动窗口中的文档，这 3 种方法的使用如下：

```
window.scroll(x,y)
window.scrollTo(x,y)
window.scrollBy(x,y)
```

以上 3 种方法的具体解释如下：

● scroll()：该方法可以将窗口中显示的文档滚动到指定的绝对位置。滚动的位置由参数 x 和 y 决定，其中 x 为要滚动的横向坐标，y 为要滚动的纵向坐标。两个坐标都是相对文档的左上角而言的，即文档的左上角坐标为（0,0）。

- scrollTo()：该方法的作用与 scroll() 方法完全相同。Scroll() 方法是 JavaScript 1.1 中所规定的，而 scrollTo() 方法是 JavaScript 1.2 中所规定的。建议使用 scrollTo() 方法。
- scrollBy：该方法可以将文档滚动到指定的相对位置上，参数 x 和 y 是相对当前文档位置的坐标。如果参数 x 的值为正数，则向右滚动文档，如果参数 x 值为负数，则向左滚动文档。与此类似，如果参数 y 的值为正数，则向下滚动文档，如果参数 y 的值为负数，则向上滚动文档。

【例 16-11】 本实例是在打开页面时，当页面出现纵向滚动条时，页面中的内容将从上向下进行滚动，当滚动到页面最底端时停止。（实例位置：光盘\MR\源码\第 16 章\16-11）

```javascript
<script language="JavaScript">
var position = 0;
function scroller(){
   if (true){
     position++;
     scroll(0,position);
     clearTimeout(timer);
     var timer = setTimeout("scroller()",10);
   }
}
scroller();
</script>
```

运行结果如图 16-18 所示。

图 16-18　窗口自动滚动

4. 访问窗口历史

利用 history 对象实现访问窗口历史，history 对象是一个只读的 URL 字符串数组，该对象主要用来存储一个最近所访问网页的 URL 地址的列表。

语法：

```
[window.]history.property|method([parameters])
```

history 对象的常用属性以及说明如表 16-8 所示。

表 16-8　　　　　　　　　　　　history 对象的常用属性

属　　性	描　　述
length	历史列表的长度，用于判断列表中的入口数目
current	当前文档的 URL
next	历史列表的下一个 URL
previous	历史列表的前一个 URL

history 对象的常用方法以及说明如表 16-9 所示。

表 16-9　　　　　　　　　　　　History 对象的常用方法

方　　法	描　　述
back()	退回前一页
forward()	重新进入下一页
go()	进入指定的网页

例如，利用 history 对象中的 back()方法和 forward()方法来引导用户在页面中跳转，代码如下：

```
<a href="javascript:window.history.forward();">forward</a>
<a href="javascript:window.history.back ();">back</a>
```

还可以使用 history.go()方法指定要访问的历史记录。若参数为正数，则向前移动；若参数为负数，则向后移动。例如：

```
<a href="javascript:window.history.go(-1);">向后退一次</a>
<a href="javascript:window.history.back (2);">向后前进两次/a>
```

使用 history.length 属性能够访问 history 数组的长度，可以很容易地转移到列表的末尾。例如：

```
<a href="javascript:window.history.go(window.historylength-1);">末尾</a>
```

5. 控制窗口状态栏

下面介绍几种控制窗口状态栏的方法。

（1）status()方法

改变状态栏中的文字可以通过 window 对象的 status()方法实现。status()方法主要功能是设置或给出浏览器窗口中状态栏的当前显示信息。

语法：

```
window.status=str;
```

（2）defaultstatus()方法

语法：

```
window.defaultstatus=str;
```

status()方法与 defaultstatus()方法的区别在于信息显示时间的长短。Defaultstatus()方法的值会在任何时间显示，而 status()方法的值只在某个事件发生的瞬间显示。

【例 16-12】本实例在状态栏中使用 JavaScript 编写一个文字从右向左依次弹出的效果，当页面显示后状态栏中的文字将会从右边向左边一个一个的弹出，等文字在状态栏中全部输出完毕后，程序将会清空状态栏中的文字。然后重复执行文字从右向左依次弹出的操作。（实例位置：光盘\MR\源码\第 16 章\16-12）

```
<script language="JavaScript">
var message = " 欢迎来到明日科技主页，　请您提出宝贵意见！　　"    //状态栏信息
var position = 150                                          //位置
var delay = 10                                              //弹出文字的间隔时间
var statusobj = new statusMessageObject()
function statusMessageObject(p,d)
{
    this.msg = message;
    this.out = " ";
    this.pos = position;
    this.delay = delay;
    this.i = 0;
    this.reset = clearMessage;
}
function clearMessage()                                     //清空信息
{
    this.pos = POSITION;
}
function brush()
{
    for (statusobj.i = 0; statusobj.i < statusobj.pos; statusobj.i++)
```

```
        {
        statusobj.out += " ";
        }
        if (statusobj.pos >= 0)
            statusobj.out += statusobj.msg;
        else
            statusobj.out = statusobj.msg.substring(-statusobj.pos,statusobj.msg.length);
            window.status = statusobj.out;
            statusobj.out = " ";
            statusobj.pos--;
        if (statusobj.pos < -(statusobj.msg.length))
        {
        statusobj.reset();
        }
        setTimeout ('brush()',statusobj.delay);
    }
function outtext(space,position)
{
        var msg = statusobj.msg;
        var out = "";
        for (var i=0; i<position; i++)
        {
            out += msg.charAt(i);
        }
        for (i=1;i<space;i++)
        {
            out += " ";
        }
        out += msg.charAt(position);
        window.status = out;
        if (space <= 1)
        {
            position++;
            if (msg.charAt(position) == ' '){
            position++; }
            space = 100-position;
        }
        else if (space > 3)
        {
            space *= .75;
        }
        else
        {
            space--;
        }
        if (position != msg.length)
        {
        var cmd = "outtext(" + space + "," + position + ")";
        scrollID = window.setTimeout(cmd,statusobj.delay);
        }
        else
        {
        window.status="";
        space=0;
        position=0;
        cmd = "outtext(" + space + "," + position + ")";
```

```
scrollID = window.setTimeout(cmd,statusobj.delay);
return false
}
return true
}
outtext(100,0);
</script>
```

图 16-19　状态栏的文字设置

运行结果如图 16-19 所示。

6. 窗口时间与超时设定

可以设置一个窗口在某段时间后执行何种操作，称为设置超时，实现该功能时，主要需要使用 Window 对象的 setTimeout() 方法和 clearTimeout() 方法，其主要功能和用法如下。

Window 对象的 setTimeout() 方法用于设置一个超时，以便在将来的某个时间触发某段代码的运行。基本语法是 "timerId=setTimeout（要执行的代码，以毫秒为单位的时间）;"，其中，"要执行的代码"可以是一个函数，也可以是其他 JavaScript 语句；"以毫秒为单位的时间"指代码执行前需要等待的时间，即超时时间。

可以在超时事件为执行前来中止该超时设置，使用 Window 对象的 clearTimeout() 方法实现。其语法为 "clearTimeout(timerId)"。

16.2.3　窗口事件

Window 对象支持很多事件，但绝大多数不是通用的。本节介绍通用窗口事件和扩展窗口事件。

1. 通用窗口事件

可以通用于各种浏览器的窗口事件很少，表 16-10 中列出了这些事件，这些事件的使用方法为：

```
window.通用事件名=要执行的 JavaScript 代码
```

表 16-10　　　　　　　　　　　　通用窗口事件

事　件	描　述
onfocus 事件	当浏览器窗口获得焦点时激活
onblur 事件	浏览器窗口失去焦点时激活
onload 事件	当文档完全载入窗口时触发，但需注意，事件并非总是完全同步
onunload 事件	当文档未载入时触发
onresize 事件	当用户改变窗口大小时触发
onerror 事件	当出现 JavaScript 错误时，触发一个错误处理事件

可以在设置 <body> 元素的 HTML 事件属性时添加事件处理器。例如：

```
<body onload="alert('entering Window');" onunload="alert('leaving Window')">
```

2. 扩展窗口事件

IE 浏览器和 Netscape 浏览器为 Window 对象增加了很多事件，下面列出一些比较常用的事件，如表 16-11 所示。

表 16-11	常用扩展窗口事件
事　件	描　述
onafterprint	窗口被打印后触发
onbeforeprint	窗口被打印或被打印预览之前激活
onbeforeunload	窗口未被载入之前触发，发生于 onunload 事件之前
ondragdrop	文档被拖到窗口上时触发（仅用于 Netscape）
onhelp	当帮助键（通常是 F1）被按下时触发
onresizeend	调整大小的进程结束时激活。通常是用户停止拖曳浏览器窗口边角时激活
onresizestart	调整大小的进程开始时激活。通常是用户开始拖曳浏览器窗口边角时激活
onscroll	滚动条往任意反向滚动时触发

16.3　DOM 对象

DOM 是 Document Object Model（文档对象模型）的缩写，它是由 W3C(World Wide Web 委员会)定义的。本节将对 DOM 对象的使用进行详细讲解。

16.3.1　DOM 概述

DOM 是与浏览器或平台的接口，使其可以访问页面中的其他标准组件。DOM 解决了 Javascript 与 Jscript 之间的冲突，给开发者定义了一个标准的方法，使他们来访问站点中的数据、脚本和表现层对象。

1. DOM 分层

文档对象模型采用的分层结构为树形结构，以树节点的方式表示文档中的各种内容。先以一个简单的 HTML 文档说明一下。代码如下：

```
<html >
<head>
<title>标题内容</title>
</head>
<body>
<h3>三号标题</h3>
<b>加粗内容</b>
</body>
</html>
```

以上文档可以使用图 16-20 对 DOM 的层次结构进行说明。

通过图 16-20 可以看出，在文档对象模型中，每一个对象都可以称为一个节点(Node)，下面将介绍一下几种节点的概念。

● 根节点

在最顶层的<html>节点，称为是根节点。

● 父节点

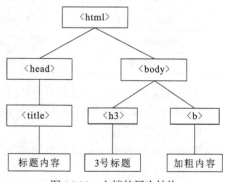

图 16-20　文档的层次结构

一个节点之上的节点是该节点的父节点(parent)。例如，<html>就是<head>和<body>的父节点，<head>就是<title>的父节点。

● 子节点

位于一个节点之下的节点就是该节点的子节点。例如，<head>和<body>就是<html>的子节点，<title>就是<head>的子节点。

● 兄弟节点

如果多个节点在同一个层次，并拥有着相同的父节点，这几个节点就是兄弟节点(sibling)。例如，<head>和<body>就是兄弟节点，<he>和<b>就是兄弟节点。

● 后代

一个节点的子节点的结合可以称为是该节点的后代(descendant)。例如，<head>和<body>就是<html>的后代，<h3>和<b>就是<body>的后代。

● 叶子节点

在树形结构最底部的节点称为叶子节点。例如，"标题内容"、"3 号标题"和"加粗内容"都是叶子节点。

在了解节点后，下面将介绍文档模型中节点的 3 种类型，分别如下：

● 元素节点：在 HTML 中，<body>、<p>、<a>等一系列标记，是这个文档的元素节点。元素节点组成了文档模型的语义逻辑结构。

● 文本节点：包含在元素节点中的内容部分，如<p>标签中的文本等等。一般情况下，不为空的文本节点都是可见并呈现于浏览器中的。

● 属性节点：元素节点的属性，如<a>标签的 href 属性与 title 属性等等。一般情况下，大部分属性节点都是隐藏在浏览器背后，并且是不可见的。属性节点总是被包含于元素节点当中。

2. DOM 级别

W3C 在 1998 年 10 月标准化了 DOM 第一级，它不仅定义了基本的接口，还包含了所有 HTML 接口。在 2000 年 11 月标准化了 DOM 第二级，在第二级中不但对核心的接口升级，还定义了使用文档事件和 Css 样式表的标准的 API。Netscape 的 Navigator 6.0 浏览器和 Microsoft 的 Internet Explorer 5.0 浏览器，都支持了 W3C 的 DOM 第一级的标准。目前，Netscape、Firefox（FF 火狐浏览器）等浏览器已经支持 DOM 第二级的标准，但 Internet Explorer（IE）还不完全支持 DOM 第二级的标准。

16.3.2　DOM 对象节点属性

在 DOM 中通过使用节点属性可以对各节点进行查询，查询出各节点的名称、类型、节点值、子节点和兄弟节点等。DOM 常用的节点属性如表 16-12 所示。

表 16-12　　　　　　　　　　　DOM 常用的节点属性

属　性	说　明
nodeName	节点的名称
nodeValue	节点的值，通常只应用于文本节点
nodeType	节点的类型。
parentNode	返回当前节点的父节点。

属　　性	说　　明
childNodes	子节点列表
firstChild	返回当前节点的第一个子节点
lastChild	返回当前节点的最后一个子节点
previousSibling	返回当前节点的前一个兄弟节点
nextSibling	返回当前节点的后一个兄弟节点
attributes	元素的属性列表

1. 访问指定节点

使用 getElementById 方法来访问指定 id 的节点，并用 nodeName 属性、nodeType 属性和 nodeValue 属性来显示出该节点的名称、节点类型和节点的值。

（1）nodeName 属性

该属性用来获取某一个节点的名称。

语法：

［sName=］obj.nodeName;

参数 sName 为字符串变量，用来存储节点的名称。

（2）nodeType 属性

该属性用来获取某个节点的类型。

语法：

［sType=］obj.nodeType;

参数 sType 为字符串变量，用来存储节点的类型，该类型值为数值型。该参数的类型如表 16-13 所示。

表 16-13　　　　　　　　　　　　sType 参数的类型

类　　型	数　值	节　点　名	说　　明
元素（element）	1	标记	任何 HTML 或 XML 的标记
属性（attribute）	2	属性	标记中的属性
文本（text）	3	#text	包含标记中的文本
注释（comment）	8	#comment	HTML 的注释
文档（document）	9	#document	文档对象
文档类型（documentType）	10	DOCTYPE	DTD 规范

（3）nodeValue 属性

该属性将返回节点的值。

语法：

［txt=］obj.nodeValue;

参数 txt 为字符串变量，用来存储节点的值，除文本节点类型外，其他类型的节点值都为"null"。

【例 16-13】 本实例在页面弹出的提示框中，显示了指定节点的名称、节点的类型和节点的值。（实例位置：光盘\MR\源码\第 16 章\16-13）

```
<head>
<title>访问指定节点</title>
</head>
<body id="b1">
<h3 >三号标题</h3>
<b>加粗内容</b>
<script language="javascript">
    <!--
        var by=document.getElementById("b1");        //访问 id 为"b1"的节点
        var str;
        str="节点名称:"+by.nodeName+"\n";              //获取节点名称
        str+="节点类型:"+by.nodeType+"\n";             //获取节点类型
        str+="节点值:"+by.nodeValue+"\n";              //获取节点值
        alert(str);                                  //弹出显示对话框
    -->
</script>
</body>
```

程序运行结果如图 16-21 所示。

2. 遍历文档树

遍历文档树通过使用 parentNode 属性、firstChild 属性、lastChild 属性、previousSibling 属性和 nextSibling 属性来实现。

图 16-21　显示指定节点名称、类型和值

（1）parentNode 属性

该属性返回当前节点的父节点。

语法：

`[pNode=]obj.parentNode;`

参数 pNode 用来存储父节点，如果不存在父节点将返回"null"。

（2）firstChild 属性

该属性返回当前节点的第一个子节点。

语法：

`[cNode=]obj.firstChild;`

参数 cNode 用来存储第一个子节点，如果不存在将返回"null"。

（3）lastChild 属性

该属性返回当前节点的最后一个子节点。

语法：

`[cNode=]obj.lastChild;`

参数 cNode 用来存储最后一个子节点，如果不存在将返回"null"。

（4）previousSibling 属性

该属性返回当前节点的前一个兄弟节点。

语法：

`[sNode=]obj.previousSibling;`

参数 sNode 用来存储前一个兄弟节点，如果不存在将返回"null"。

（5）nextSibling 属性

该属性返回当前节点的后一个兄弟节点。

语法：

［sNode=］obj.nextSibling;

参数 sNode 用来存储后一个兄弟节点，如果不存在将返回 "null"。

【例 16-14】 本实例在页面中，通过相应的按钮可以查找到文档的各个节点的名称、类型和节点值。（实例位置：光盘\MR\源码\第 16 章\16-14）

```
<head>
<title>遍历文档树</title>
</head>
<body >
<h3 id="h1">三号标题</h3>
<b>加粗内容</b>
<form name="frm" action="#" method="get">
节点名称: <input type="text" id="na" /><br />
节点类型: <input type="text" id="ty" /><br />
节点的值: <input type="text" id="va" /><br />
<input type="button" value="父节点" onclick="txt=nodeS(txt,'parent');" />
<input type="button" value="第一个子节点" onclick="txt=nodeS(txt,'firstChild');"/>
<input type="button" value="最后一个子节点" onclick="txt=nodeS(txt,'lastChild');"
/><br>
<input name="button" type="button" onclick="txt=nodeS(txt,'previousSibling');"
value="前一个兄弟节点" />
<input type="button" value="最后一个兄弟节点" onclick="txt=nodeS(txt,'nextSibling');" />
<input type="button" value=" 返回根节点 " onclick="txt=document.documentElement;
txtUpdate(txt);" />
</form>
<script language="javascript">
    <!--
        function txtUpdate(txt)
        {
            window.document.frm.na.value=txt.nodeName;        //获取节点名称
            window.document.frm.ty.value=txt.nodeType;        //获取节点类型
            window.document.frm.va.value=txt.nodeValue;       //获取节点的值
        }
        function nodeS(txt,nodeName)            //判断当用户单击不同的按钮显示相应的节点信息
        {
        switch(nodeName)
        {
            case "previousSibling":
                if(txt.previousSibling)
                {
                    txt=txt.previousSibling;
                }else
                alert("无兄弟节点");
                break;
            case "nextSibling":
                if(txt.nextSibling)
                {
```

```
                        txt=txt.nextSibling;
                    }else
                    alert("无兄弟节点");
                    break;
                case "parent":
                    if(txt.parentNode)
                    {
                        txt=txt.parentNode;
                    }else
                    alert("无父节点");
                    break;
                case "firstChild":
                    if(txt.hasChildNodes())
                    {
                        txt=txt.firstChild;
                    }else
                    alert("无子节点");
                    break;
                case "lastChild":
                    if(txt.hasChildNodes())
                    {
                        txt=txt.lastChild;
                    }else
                    alert("无子节点")
                    break;
            }
            txtUpdate(txt);
            return txt;
        }
        var txt=document.documentElement;
        txtUpdate(txt);
        function ar()
        {
            var n=document.documentElement;
            alert(n.length);
        }
    -->
</script>
</body>
```

运行结果如图 16-22 和图 16-23 所示。

图 16-22　当前文档的根节点

图 16-23　当前文档的第一个子节点

317

16.3.3 操作节点

1. 节点的创建

● 创建新节点

创建新的节点先通过使用文档对象中的 createElement()方法和 createTextNode()方法，生成一个新元素，并生成文本节点。最后通过使用 appendChild()方法将创建的新节点添加到当前节点的末尾处。

appendChild()方法将新的子节点添加到当前节点的末尾。

语法：

```
obj.appendChild(newChild);
```

参数 newChild 表示新的子节点。

【例 16-15】 本实例在页面回载后自动显示"创建新节点"文本内容，并通过使用<b>标记将该文本加粗。（实例位置：光盘\MR\源码\第 16 章\16-15）

```
<body onload="createChild()" >
<script language="javascript">
    <!--
        function createChild()
        {
            var b=document.createElement("b");              //创建新生成的节点元素
            var txt=document.createTextNode("创建新节点! ");   //创建节点文本
            //将新结点 b 添加到页面上
            b.appendChild(txt);
            document.body.appendChild(b);
        }
    -->
</script>
</body>
```

运行结果如图 16-24 所示。

● 创建多个节点

创建多个节点通过使用循环语句，利用 createElement()方法和 createTextNode()方法生成新元素并生成文本节点。最后通过使用 appendChild()方法将创建的新节点添加到页面上。

【例 16-16】 本实例在页面加载后，自动创建多个<p>节点，并每个节点中显示不同的文本内容。（实例位置：光盘\MR\源码\第 16 章\16-16）

```
<body onload="dc()">
<script language="javascript">
<!--
    function dc()
    {
        var aText=["第一个节点","第二个节点","第三个节点","第四个节点","第五个节点","第六个
        节点"];
        for(var i=0;i<aText.length;i++)                     //遍历节点
        {
            var ce=document.createElement("p");            //创建节点元素
            var cText=document.createTextNode(aText[i]);    //创建节点文本
            //将新节点添加到页面上
            ce.appendChild(cText);
```

```
                document.body.appendChild(ce);
            }
        }
-->
</script>
</body>
```

运行结果如图 16-25 所示。

图 16-24　创建新节点

图 16-25　创建多个节点

在上面的示例中，使用循环语句通过使用 appendChild()方法，将节点添加到页面中。由于 appendChild()方法在每一次添加新的节点时都会刷新页面，这会使浏览器显得十分缓慢。这里可以通过使用 createDocumentFragment()方法来解决这个问题。createDocumentFragment()方法用来创建文件碎片节点。

【例 16-17】 本实例用 createDocumentFragment()方法以只刷新一次页面的形式在页面中动态添加多个<b>节点，并在每个节点中显示不同的文本内容。（实例位置：光盘\MR\源码\第 16 章 \16-17）

```
<body onload="dc()">
<script language="javascript">
<!--
    function dc()
    {
        var aText=["第一个节点","第二个节点","第三个节点","第四个节点","第五个节点","第六个
节点"];
        var cdf=document.createDocumentFragment();      //创建文件碎片节点
        for(var i=0;i<aText.length;i++)                 //遍历节点
        {
            var ce=document.createElement("b");
            var cb=document.createElement("br");
            var cText=document.createTextNode(aText[i]);
            ce.appendChild(cText);
            cdf.appendChild(ce);
            cdf.appendChild(cb);
        }
        document.body.appendChild(cdf);
    }
-->
</script>
</body>
```

运行结果如图 16-26 所示。

图 16-26　创建多个节点

2. 节点的插入和追加

插入节点通过使用 insertBefore 方法来实现。insertBefore()方法将新的子节点添加到当前节点的末尾。

语法：

```
obj.insertBefore(new,ref);
```

● new：表示新的子节点。

● ref：指定一个节点，在这个节点前插入新的节点。

【例 16-18】 本实例在页面的文本框中输入需要插入的文本内容，然后通过单击"前插入"按钮将文本插入到页面中。（实例位置：光盘\MR\源码\第 16 章\16-18）

```
<head>
<title>插入节点</title>
<script language="javascript">
    <!--
        function crNode(str)                        //创建节点
        {
            var newP=document.createElement("p");
            var newTxt=document.createTextNode(str);
            newP.appendChild(newTxt);
            return newP;
        }
        function insetNode(nodeId,str)              //插入节点
        {
            var node=document.getElementById(nodeId);
            var newNode=crNode(str);
            if(node.parentNode)                     //判断是否拥有父节点
            node.parentNode.insertBefore(newNode,node);
        }
    -->
</script>
</head>
<body>
    <h2 id="h">在上面插入节点</h2>
    <form id="frm" name="frm">
    输入文本: <input type="text" name="txt" />
    <input type="button" value=" 前插入 " onclick="insetNode('h',document.frm.txt.
value);" />
    </form>
</body>
```

运行结果如图 16-27 和图 16-28 所示。

图 16-27 插入节点前

图 16-28 插入节点后

3. 节点的复制

复制节点可以使用 cloneNode()方法来实现。cloneNode()方法用来复制节点。

语法：

```
obj. cloneNode(deep);
```

参数 deep 是一个 Boolean 值，表示是否为深度复制。深度复制是将当前当前节点的所有子节点全部复制，当值为 true 时表示深度复制。当值为 false 时表示简单复制，简单复制只复制当前节点，不复制其子节点。

【例 16-19】本实例主要实现复制节点的功能。(实例位置：光盘\MR\源码\第 16 章\16-19)

本实例在页面中显示了一个下拉列表框和两个按钮如图 16-29 所示，当单击"复制"按钮时只复制了一个新的下拉列表框，并未复制其选项，如图 16-30 所示。当单击"深度复制"按钮时将会复制一个新的下拉列表框并包含其选项如图 16-31 所示。

图 16-29　复制节点前

图 16-30　普通复制后

图 16-31　深度复制后

程序代码如下：

```html
<head>
<title>复制节点</title>
<script language="javascript">
    <!--
        function AddRow(bl)
        {
            var sel=document.getElementById("sexType"); //访问节点
            var newSelect=sel.cloneNode(bl);            //复制节点
            var b=document.createElement("br");         //创建节点元素
            di.appendChild(newSelect);                  //将新节点添加到当前节点的末尾
            di.appendChild(b);
        }
    -->
</script>
</head>
<body>
<form>
    <hr>
    <select name="sexType" id="sexType">
```

```
    <option value="%">请选择性别</option>
    <option value="0">男</option>
    <option value="1">女</option>
    </select>
    <hr>
<div id="di"></div>
 <input type="button" value="复制" onClick="AddRow(false)"/>
 <input type="button" value="深度复制" onClick="AddRow(true)"/>
</form>
</body>
```

4. 节点的删除与替换

● 删除节点

删除节点通过使用 removeChild 方法来实现。removeChild()方法该方法用来删除一个子节点。
语法：

```
obj. removeChild(oldChild);
```

参数 oldChild 表示需要删除的节点。

【例 16-20】 本实例将通过 DOM 对象的 removeChild()方法，动态删除页面中所选中的文本。
（实例位置：光盘\MR\源码\第 16 章\16-20）

```
<head>
<title>删除节点</title>
<script language="javascript">
    <!--
        function delNode()
        {
            var deleteN=document.getElementById('di');      //访问节点
            if(deleteN.hasChildNodes())                      //判断是否有子节点
            {
                deleteN.removeChild(deleteN.lastChild);      //删除节点
            }
        }
    -->
</script>
</head>
<body>
<h1>删除节点</h1>
    <div id="di">
        <p>第一行文本</p>
        <p>第二行文本</p>
        <p>第三行文本</p>
    </div>
<form>
    <input type="button" value="删除" onclick="delNode();" />
</form>
</body>
```

运行结果如图 16-32 和图 16-33 所示。

图 16-32　删除节点前

图 16-33　删除节点后

● 替换节点

替换节点可以使用 replaceChild 方法来实现。replaceChild() 方法用来将旧的节点替换成新的节点。

语法：

```
obj. replaceChild(new,old);
```

> new：替换后的新节点。

> old：需要被替换的旧节点。

【例 16-21】　本实例主要实现节点的替换功能。（实例位置：光盘\MR\源码\第 16 章\16-21）

本实例在页面中输入替换后的标记和文本，如图 16-34 所示，单击"替换"按钮将原来的文本和标记替换成为新的文本和标记，如图 16-35 所示。

图 16-34　替换节点前

图 16-35　替换节点后

程序代码如下：

```
<head>
<title>替换节点</title>
<script language="javascript">
    <!--
        function repN(str,bj)
        {
            var rep=document.getElementById('b1');          //访问节点
            if(rep)
            {
                var newNode=document.createElement(bj);     //创建节点元素
                newNode.id="b1";
                var newText=document.createTextNode(str);   //创建文本节点
```

```
                        newNode.appendChild(newText);              //将新节点添加到当前节点的末尾
                        rep.parentNode.replaceChild(newNode,rep);    //替换节点
                    }
                }
            -->
    </script>
    </head>
    <body>
    <b id="b1">可以替换文本内容</b>
    <br />
    输入标记：<input id="bj" type="text" size="15" /><br />
    输入文本：<input id="txt" type="text" size="15" /><br />
    <input type="button" value="替换" onclick="repN(txt.value,bj.value)" />
    </body>
```

修改节点时，虽然可以修改元素属性，但不能直接修改元素。如果要进行修改，应当改变节点本身。

16.3.4 获取文档中的指定元素

虽然通过遍历文档树中全部节点的方法，可以找到文档中指定的元素，但是这种方法比较麻烦，下面介绍两种直接搜索文档中指定元素的方法。

1. 通过元素的 ID 属性获取元素

使用 document 对象的 getElementsById()方法可以通过元素的 ID 属性获取元素。例如，获取文档中 id 属性为 userId 的节点的代码如下：

```
document.getElementById("userId");
```

2. 通过元素的 name 属性获取元素

使用 document 对象的 getElementsByName()方法可以通过元素的 name 属性获取元素，通常用于获取表单元素。与 getElementsById()方法不同的是，使用该方法的返回值为一个数组，而不是一个元素。如果想通过 name 属性获取页面中唯一的元素，可以通过获取返回数组中下标值为 0 的元素进行获取。例如，页面中有一组单选按钮，name 属性均为 likeRadio，要获取第一个单选按钮的值可以使用下面的代码：

```
input type="text" name="likeRadio" id="radio" value="体育" />
<input type="text" name="likeRadio" id="radio" value="美术" />
<input type="text" name="likeRadio" id="radio" value="文艺" />
<script language="javascript">
    alert(document.getElementsByName("likeRadio")[0].value);
</script>
```

【例 16-22】 本实例使用 getElementById()方法实现在页面的指定位置显示当前日期。(实例位置：光盘\MR\源码\第 16 章\16-22)

（1）编写一个 HTML 文件，在该文件的<body>标记中添加一个 id 为 clock 的<div>标记，用于显示当前日期，关键代码如下：

```
<div id="clock">正在获取时间</div>
```

（2）编写自定义的 JavaScript 函数，用于获取当前日期，并显示到 id 为 clock 的<div>标记中，具体代码如下：

```
function clockon(){
    var now=new Date();                                    //获取日期对象
    var year=now.getYear();                                //获取年
    var month=now.getMonth();                              //获取月
    var date=now.getDate();                                //获取日
    var day=now.getDay();                                  //获取星期
    var week;
    month=month+1;
    var arr_week=new Array("星期日","星期一","星期二","星期三","星期四","星期五","星期六");
    week=arr_week[day];                                    //获取中文星期
    time=year+"年"+month+"月"+date+"日 "+week;              //组合当前日期
    var textTime=document.createTextNode(time);           //创建文本节点
    document.getElementById("clock").appendChild(textTime); //显示系统日期
}
```

（3）编写 JavaScript 代码，在页面载入后，调用 clockon()方法，
具体代码如下：

```
window.onload=clockon;
```

运行本实例，将显示如图 16-36 所示的效果。

图 16-36　在页面的指定位置显示当前日期

16.4　事　件　处　理

事件处理是对象化编程的一个很重要的环节，它可以使程序的逻辑结构更加清晰，使程序更
具有灵活性，提高了程序的开发效率。本节将对 JavaScript 中的事件处理进行详细讲解。

16.4.1　事件与事件处理概述

事件处理的过程分为三步：①发生事件；②启动事件处理程序；③事件处理程序做出反应。
其中，要使事件处理程序能够启动，必须通过指定的对象来调用相应的事件，然后通过该事件调
用事件处理程序。事件处理程序可以是任意 JavaScript 语句，但是我们一般用特定的自定义函数
（function）来对事件进行处理。

1. 事件与事件名称

事件是一些可以通过脚本响应的页面动作。当用户按下鼠标键或者提交一个表单，甚至在页
面上移动鼠标时，事件就会出现。事件处理是一段 JavaScript 代码，总是与页面中的特定部分以
及一定的事件相关联。当与页面特定部分关联的事件发生时，事件处理器就会被调用。

绝大多数事件的命名都是描述性的，很容易理解。例如 click、submit、mouseover 等，通过
名称就可以猜测其含义。但也有少数事件的名称不易理解，例如 blur（英文的字面意思为"模糊"），
表示一个域或者一个表单失去焦点。通常，事件处理器的命名原则是，在事件名称前加上前缀 on。
例如，对于 click 事件，其处理器名为 onClick。

2. JavaScript 的常用事件

为了便于读者查找 JavaScript 中的常用事件，下面以表格的形式对各事件进行说明。JavaScript

的相关事件如表 16-14 所示。

表 16-14 JavaScript 的相关事件

	事 件	说 明
鼠标键盘事件	onclick	鼠标单击时触发此事件
	ondblclick	鼠标双击时触发此事件
	onmousedown	按下鼠标时触发此事件
	onmouseup	鼠标按下后松开鼠标时触发此事件
	onmouseover	当鼠标移动到某对象范围的上方时触发此事件
	onmousemove	鼠标移动时触发此事件
	onmouseout	当鼠标离开某对象范围时触发此事件
	onkeypress	当键盘上的某个键被按下并且释放时触发此事件
	onkeydown	当键盘上某个按键被按下时触发此事件
	onkeyup	当键盘上某个按键被按下后松开时触发此事件
页面相关事件	onabort	图片在下载时被用户中断时触发此事件
	onbeforeunload	当前页面的内容将要被改变时触发此事件
	onerror	出现错误时触发此事件
	onload	页面内容完成时触发此事件（也就是页面加载事件）
	onresize	当浏览器的窗口大小被改变时触发此事件
	onunload	当前页面将被改变时触发此事件
表单相关事件	onblur	当前元素失去焦点时触发此事件
	onchange	当前元素失去焦点并且元素的内容发生改变时触发此事件
	onfocus	当某个元素获得焦点时触发此事件
	onreset	当表单中 RESET 的属性被激活时触发此事件
	onsubmit	一个表单被递交时触发此事件
滚动字幕事件	onbounce	在 Marquee 内的内容移动至 Marquee 显示范围之外时触发此事件
	onfinish	当 Marquee 元素完成需要显示的内容后触发此事件
	onstart	当 Marquee 元素开始显示内容时触发此事件
编辑事件	onbeforecopy	当页面当前被选择内容将要复制到浏览者系统的剪贴板前触发此事件
	onbeforecut	当页面中的一部分或全部内容被剪切到浏览者系统剪贴板时触发此事件
	onbeforeeditfocus	当前元素将要进入编辑状态时触解发此事件
	onbeforepaste	将内容容从浏览者的系统剪贴板中粘贴到页面上时触发此事件
	onbeforeupdate	当浏览者粘贴系统剪贴板中的内容时通知目标对象
	oncontextmenu	当浏览者按下鼠标右键出现菜单时或者通过键盘的按键触发页面菜单时触发此事件
	oncopy	当页面当前的被选择内容被复制后触发此事件
	oncut	当页面当前的被选择内容被剪切时触发此事件
	ondrag	当某个对象被拖动时触发此事件(活动事件)
	ondragend	当鼠标拖动结束时触发此事件，即鼠标的按钮被释放时

事　件	说　明
ondragenter	当对象被鼠标拖动进入其容器范围内时触发此事件
ondragleave	当对象被鼠标拖动的对象离开其容器范围内时触发此事件
ondragover	当被拖动的对象在另一对象容器范围内拖动时触发此事件
ondragstart	当某对象将被拖动时触发此事件
ondrop	在一个拖动过程中，释放鼠标键时触发此事件
onlosecapture	当元素失去鼠标移动所形成的选择焦点时触发此事件
onpaste	当内容被粘贴时触发此事件
onselect	当文本内容被选择时解发此事件
onselectstart	当文本内容的选择将开始发生时触发此事件
onafterupdate	当数据完成由数据源到对象的传送时触发此事件
oncellchange	当数据来源发生变化时解发此事件
ondataavailable	当数据接收完成时触发此事件
ondatasetchanged	数据在数据源发生变化时触发此事件
ondatasetcomplete	当数据源的全部有效数据读取完毕时触发此事件
onerrorupdate	当使用 onBeforeUpdate 事件触发取消了数据传送时，代替 onAfterUpdate 事件
onrowenter	当前数据源的数据发生变化并且有新的有效数据时触发此事件
onrowexit	当前数据源的数据将要发生变化时触发此事件
onrowsdelete	当前数据记录将被删除时触发此事件
onrowsinserted	当前数据源将要插入新数据记录时触发此事件
onafterprint	当文档被打印后触发此事件
onbeforeprint	当文档即将打印时触发此事件
onfilterchange	当某个对象的滤镜效果发生变化时触发此事件
onhelp	当浏览者按下 F1 或者浏览器的帮助菜单时触发此事件
onpropertychange	当对象的属性之一发生变化时触发此事件
onreadystatechange	当对象的初始化属性值发生变化时触发此事件

(左侧纵向表头：编辑事件、数据绑定事件、外部事件)

3. 事件处理程序的调用

在使用事件处理程序对页面进行操作时，最主要的是如何通过对象的事件来指定事件处理程序。指定方式主要有以下两种：

● 在 JavaScript 中调用

在 JavaScript 中调用事件处理程序，首先需要获得要处理对象的引用，然后将要执行的处理函数赋值给对应的事件。例如下面的代码：

```
<input id="save" name="bt_save" type="button" value="保存">
  <script language="javascript">
    var b_save=document.getElementById("save");
    b_save.onclick=function(){
        alert("单击了保存按钮");
    }
  </script>
```

在上面的代码中，一定要将<input id="save" name="bt_save" type="button" value="保存">放在 JavaScript 代码的上方，否则将弹出"b_save'为空或不是对象"的错误提示。

上面的实例也可以通过以下代码来实现：

```
<form id="form1" name="form1" method="post" action="">
<input id="save" name="bt_save" type="button" value="保存"/>
</form>
  <script language="javascript">
    form1.save.onclick=function(){
        alert("单击了保存按钮");
    }
  </script>
```

在 JavaScript 中指定事件处理程序时，事件名称必须小写，才能正确响应事件。

- 在 HTML 中调用

在 HTML 中分配事件处理程序，只需要在 HTML 标记中添加相应的事件，并在其中指定要执行的代码或是函数名即可。例如：

```
<input name="bt_save" type="button" value="保存" onclick="alert('单击了保存按钮');"/>
```

在页面中添加如上代码，同样会在页面中显示"保存"按钮，当单击该按钮时，将弹出"单击了保存按钮"对话框。

上面的实例也可以通过以下代码来实现：

```
<input name="bt_save" type="button" value="保存" onclick="clickFunction();"/>
function clickFunction(){
    alert("单击了保存按钮");
}
```

16.4.2　DOM 事件模型

1. 事件流

DOM（文档对象模型）结构是一个树型结构，当一个 HTML 元素产生一个事件时，该事件会在元素节点与根节点之间的路径传播，路径所经过的节点都会收到该事件，这个传播过程可称为 DOM 事件流。

2. 主流浏览器的事件模型

直到 DOM Level3 中规定后，多数主流浏览器才陆陆续续支持 DOM 标准的事件处理模型——捕获型与冒泡型。

- 捕获型事件(Capturing)：Netscape Navigator 的实现，它与冒泡型刚好相反，由 DOM 树最顶层元素一直到最精确的元素。
- 冒泡型事件(Bubbling)：从 DOM 树型结构上理解，就是事件由叶子节点沿祖先节点一直向上传递直到根节点。从浏览器界面视图 HTML 元素排列层次上理解就是事件由具有从属关系的最确定的目标元素一直传递到最不确定的目标元素。

目前除 IE 浏览器外，其他主流的 Firefox，Opera，Safari 都支持标准的 DOM 事件处理模型。IE 仍然使用自己的模型，即冒泡型，它模型的一部份被 DOM 采用，这点对于开发者来说也是有好处的，只使用 DOM 标准与 IE 都共有的事件处理方式才能有效的跨浏览器。

由于两个不同的模型都有其优点和解释，DOM 标准支持捕获型与冒泡型，可以说是它们两者的结合体。它可以在一个 DOM 元素上绑定多个事件处理器，并且在处理函数内部，this 关键字仍然指向被绑定的 DOM 元素，另外处理函数参数列表的第一个位置传递事件 event 对象。

首先是捕获式传递事件，接着是冒泡式传递，所以，如果一个处理函数既注册了捕获型事件的监听，又注册冒泡型事件监听，那么在 DOM 事件模型中它就会被调用两次。

3. 事件对象

在 IE 浏览器中事件对象是 window 对象的一个 event 属性，并且 event 对象只能在事件发生时候被访问，所有事件处理完后，该对象就消失了。而标准的 DOM 中规定 event 必须作为唯一的参数传给事件处理函数。故为了实现兼容性，通常采用下面的方法：

```
function someHandle(event) {
if(window.event)
event=window.event;
}
```

在 IE 中，事件的对象包含在 event 的 srcElement 属性中，而在标准的 DOM 浏览器中，对象包含在 target 属性中。为了处理两种浏览器兼容性，举例如下：

```
function handle(oEvent){
if(window.event) oEvent = window.event;           //处理兼容性，获得事件对象
var oTarget;
if(oEvent.srcElement)                              //处理兼容性，获取事件目标
  oTarget = oEvent.srcElement;
else
    oTarget = oEvent.target;
alert(oTarget.tagName);                            //弹出目标的标记名称
}
window.onload = function(){
var oImg = document.getElementsByTagName("img")[0];
oImg.onclick = handle;
}
```

4. 注册与移除事件监听器

● IE 下注册多个事件监听器与移除监听器方法

IE 浏览器中 HTML 元素有个 attachEvent 方法允许外界注册该元素多个事件监听器，例如：
element.attachEvent('onclick', observer);

在 IE7 中注册多个事件时，后加入的函数先被调用。

如果要移除先前注册的事件的监听器，调用 element 的 detachEvent 方法即可，参数相同，例如：element.detachEvent('onclick', observer);

● DOM 标准下注册多个事件监听器与移除监听器方法

实现 DOM 标准的浏览器与 IE 浏览器中注册元素事件监听器方式有所不同，它通过元素的 addEventListener 方法注册，该方法既支持注册冒泡型事件处理，又支持捕获型事件处理。

```
element.addEventListener('click', observer, useCapture);
```

addEventListener 方法接受三个参数。第一个参数是事件名称，值得注意的是，这里事件名称与 IE 的不同，事件名称是没 'on' 开头的。第二个参数 observer 是回调处理函数；第三个参数注明该处理回调函数是在事件传递过程中的捕获阶段被调用还是冒泡阶段被调用，默认 true 为捕获

阶段。

在 Firefox 中注册多个事件时候，先添加的监听事件先被调用。标准的 DOM 监听函数是严格按顺序执行的。

移除已注册的事件监听器调用 element 的 removeEventListener 即可，参数不变。

```
element.removeEventListener('click', observer, useCapture);
```

● 直接在 DOM 节点上加事件

（1）如何取消浏览器事件的传递与事件传递后浏览器的默认处理

取消事件传递是指，停止捕获型事件或冒泡型事件的进一步传递。例如上图中的冒泡型事件传递中，在 body 处理停止事件传递后，位于上层的 document 的事件监听器就不再收到通知，不再被处理。

事件传递后的默认处理是指，通常浏览器在事件传递并处理完后会执行与该事件关联的默认动作（如果存在这样的动作）。

（2）取消浏览器的事件传递：

在 IE 下，通过设置 event 对象的 cancelBubble 为 true 即可。

```
function someHandle() {
window.event.cancelBubble = true;
}
```

DOM 标准通过调用 event 对象的 stopPropagation()方法即可。

```
function someHandle(event) {
event.stopPropagation();
}
```

因此，跨浏览器的停止事件传递的方法是：

```
function someHandle(event) {
event = event || window.event;
if(event.stopPropagation)
event.stopPropagation();
else event.cancelBubble = true;
}
```

（3）取消事件传递后的默认处理

在 IE 下，通过设置 event 对象的 returnValue 为 false 即可。

```
function someHandle() {
window.event.returnValue = false;
}
```

DOM 标准通过调用 event 对象的 preventDefault()方法即可。

```
function someHandle(event) {
event.preventDefault();
}
```

因些，跨浏览器的取消事件传递后的默认处理方法是：

```
function someHandle(event) {
event = event || window.event;
if(event.preventDefault)
event.preventDefault();
else event.returnValue = false;
}
```

16.4.3　表单相关事件

表单事件实际上就是对元素获得或失去焦点的动作进行控制。可以利用表单事件来改变获得或失去焦点的元素样式，这里所指的元素可以是同一类型，也可以是多个不同类型的元素。

1. 获得焦点与失去焦点事件

获得焦点事件（onfocus）是当某个元素获得焦点时触发事件处理程序。失去焦点事件（onblur）是当前元素失去焦点时触发事件处理程序。在一般情况下，这两个事件是同时使用的。

【例 16-23】　本实例是在用户选择页面中的文本框时，改变文本框的背景颜色，当选择其他文本框时，将失去焦点的文本框背景颜色恢复原始状态。（实例位置：光盘\MR\源码\第 16 章\16-23）

```html
<table align="center" width="337" height="204" border="0">
  <tr>
    <td width="108">用户名:</td>
    <td width="213"><form name="form1" method="post" action="">
      <input type="text" name="textfield" onfocus="txtfocus()" onBlur="txtblur()"/>
    </form></td>
  </tr>
  <tr>
    <td>密码:</td>
    <td><form name="form2" method="post" action="">
      <input type="text" name="textfield2" onfocus="txtfocus()" onBlur="txtblur()"/>
    </form></td>
  </tr>
  <tr>
    <td>真实姓名:</td>
    <td><form name="form3" method="post" action="">
      <input type="text" name="textfield3" onfocus="txtfocus()" onBlur="txtblur()"/>
    </form></td>
  </tr>
  <tr>
    <td>性别:</td>
    <td><form name="form4" method="post" action="">
      <input type="text" name="textfield5" onfocus="txtfocus()" onBlur="txtblur()"/>
    </form></td>
  </tr>
  <tr>
    <td>邮箱:</td>
    <td><form name="form5" method="post" action="">
      <input type="text" name="textfield4" onfocus="txtfocus()" onBlur="txtblur()"/>
    </form></td>
  </tr>
</table>
<script language="javascript">
<!--
function txtfocus(event){                //当前元素获得焦点
    var e=window.event;
    var obj=e.srcElement;                //用于获取当前对象的名称
    obj.style.background="#FFFF66";
}
function txtblur(event){                 //当前元素失去焦点
    var e=window.event;
```

```
        var obj=e.srcElement;
        obj.style.background="FFFFFF";
    }
    //-->
    </script>
```

运行结果如图 16-37 所示。

2. 失去焦点修改事件

失去焦点修改事件（onchange）是当前元素失去焦点并且元素的内容发生改变时触发事件处理程序。该事件一般在下拉文本框中使用。

【例 16-24】 本实例是在用户选择下拉文本框中的颜色时，通过 onchange 事件来相应的改变文本框的字体颜色。（实例位置：光盘\MR\源码\第 16 章\16-24）

```
<form name="form1" method="post" action="">
  <input name="textfield" type="text" value="JavaScript 技术大全"/>
  <select name="menu1" onChange="Fcolor()">          <!-设置 onChange 事件-->
    <option value="black">黑</option>
    <option value="yellow">黄</option>
    <option value="blue">蓝</option>
    <option value="green">绿</option>
    <option value="red">红</option>
    <option value="purple">紫</option>
  </select>
</form>
<script language="javascript">
<!--
function Fcolor()
{
    var e=window.event;
    var obj=e.srcElement;
    form1.textfield.style.color=obj.options[obj.selectedIndex].value;
}
//-->
</script>
```

运行结果如图 16-38 所示。

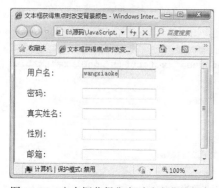

图 16-37 文本框获得焦点时改变背景颜色

图 16-38 文本框获得焦点时改变背景颜色

3. 表单提交与重置事件

表单提交事件（onsubmit）是在用户提交表单时（通常使用"提交"按钮，也就是将按钮的

type 属性设为 submit），在表单提交之前被触发。因此，该事件的处理程序通过返回 false 值来阻止表单的提交。该事件可以用来验证表单输入项的正确性。

表单重置事件（onreset）与表单提交事件的处理过程相同，该事件只是将表单中的各元素的值设置为原始值。一般用于清空表单中的文本框。

下面给出这两个事件的使用格式：

```
<form name="formname" onReset="return Funname" onsubmit="return Funname " ></form>
```

- formname：表单名称。
- Funname：函数名或执行语句，如果是函数名，在该函数中必须有布尔型的返回值。

注意　如果在 onsubmit 和 onreset 事件中调用的是自定义函数名，那么，必须在函数名的前面加 return 语句，否则，不论在函数中返回的是 true，还是 false，当前事件所返回的值一律是 true 值。

【例 16-25】　本实例是在提交表单时，通过 onsubmit 事件来判断表单中是否有空文本框，如果有，则不允许提交，并通过表单的 onreset 事件将表单中的文本框清空，以便重新输入信息。（实例位置：光盘\MR\源码\第 16 章\16-25）

```
<table width="487" height="333" border="0" align="center" cellpadding="0" cellspacing=
"0" background="bg.JPG">
    <tr>
      <td align="center" valign="top"><br>
        <br>
        <br>
        <br>    <br>    <table width="86%" border="0" align="center" cellpadding="2"
cellspacing="1" bgcolor="#6699CC">
        <form name="form1" onReset="return AllReset()" onsubmit="return AllSubmit()">
    <!—调用自定义函数-->
        <tr bgcolor="#FFFFFF">
          <td height="22" align="right">所属类别:</td>
          <td height="22" align="left">
            <select name="txt1" id="txt1">
              <option value="数码设备">数码设备</option>
              <option value="家用电器">家用电器</option>
              <option value="礼品工艺">礼品工艺</option>
          </select>
            <select name="txt2" id="txt2">
              <option value="数码相机">数码相机</option>
              <option value="打印机">打印机</option>
            </select></td>
        </tr>
        <tr bgcolor="#FFFFFF">
          <td height="22" align="right">商品名称:</td>
          <td  height="22"  align="left"><input  name="txt3"  type="text"  id="txt3"
size="30" maxlength="50"></td>
        </tr>
        <tr bgcolor="#FFFFFF">
          <td height="22" align="right">会员价:</td>
          <td  height="22"  align="left"><input  name="txt4"  type="text"  id="txt4"
size="10"></td>
        </tr>
        <tr bgcolor="#FFFFFF">
```

```
                <td height="22" align="right">提供厂商:</td>
                <td  height="22"  align="left"><input  name="txt5"  type="text"  id="txt5"
size="30" maxlength="50"></td>
            </tr>
            <tr bgcolor="#FFFFFF">
                <td height="22" align="right">商品简介:</td>
                <td  height="22"  align="left"><textarea  name="txt6"  cols="35"  rows="4"
id="txt6"></textarea></td>
            </tr>
            <tr bgcolor="#FFFFFF">
                <td height="22" align="right">商品数量:</td>
                <td  height="22"  align="left"><input  name="txt7"  type="text"  id="txt7"
size="10"></td>
            </tr>
            <tr bgcolor="#FFFFFF">
                <td height="22" colspan="2" align="center"><input name="sub" type="submit"
id="sub2" value="提交">
     
                <input type="reset" name="Submit2" value="重 置"></td>
            </tr>
        </form>
      </table></td>
    </tr>
</table>
<script language="javascript">
<!--
function AllReset()
{
    if (window.confirm("是否进行重置? "))            //弹出提示框
        return true;
    else
        return false;
}
function AllSubmit()
{
    var T=true;
    var e=window.event;
    var obj=e.srcElement;
    for (var i=1;i<=7;i++)                         //按指定名称遍历表单中的控件
    {
        if (eval("obj."+"txt"+i).value=="")        //判断当前控件的值是否为空
        {
            T=false;
            break;                                 //退出本次循环
        }
    }
    if (!T)                                        //当表单中的控件有空值时
    {
        alert("提交信息不允许为空");
    }
    return T;                                      //返回布尔型值
}
//-->
</script>
```

运行结果如图 16-39 所示。

16.4.4　鼠标键盘事件

鼠标和键盘事件是在页面操作中使用最频繁的操作，可以利用鼠标事件在页面中实现鼠标移动、单击时的特殊效果。也可以利用键盘事件来制作页面的快捷键等。

1. 鼠标的单击事件

单击事件（onclick）是在鼠标单击时被触发的事件。单击是指鼠标停留在对象上，按下鼠标键，在没有移动鼠标的同时放开鼠标键的这一完整过程。

图 16-39　表单提交的验证

单击事件一般应用于 Button 对象、Checkbox 对象、Image 对象、Link 对象、Radio 对象、Reset 对象和 Submit 对象，Button 对象一般只会用到 onclick 事件处理程序，因为该对象不能从用户那里得到任何信息，如果没有 onclick 事件处理程序，按钮对象将不会有任何作用。

注意

在使用对象的单击事件时，如果在对象上按下鼠标键，然后移动鼠标到对象外再松开鼠标，单击事件无效，单击事件必须在对象上按下松开后，才会执行单击事件的处理程序。

【例 16-26】　本实例是通过单击"变换背景"按钮，动态的改变页面的背景颜色，当用户再次单击按钮时，页面背景将以不同的颜色进行显示。（实例位置：光盘\MR\源码\第 16 章\16-26）

```
<script language="javascript">
var Arraycolor=new Array("olive","teal","red","blue","maroon","navy","lime",
"fuschia","green","purple","gray","yellow","aqua","white","silver");
var n=0;
function turncolors(){
    if (n==(Arraycolor.length-1)) n=0;
    n++;
    document.bgColor = Arraycolor[n];
}
</script>
<form name="form1" method="post" action="">
<p>
    <input type="button" name="Submit" value="变换背景" onclick="turncolors()"/>
</p>
    <p>用按钮随意变换背景颜色.</p>
</form>
```

运行结果如图 16-40 和图 16-41 所示。

图 16-40　按钮单击前的效果

图 16-41　按钮单击后的效果

2. 鼠标的按下或松开事件

鼠标的按下或松开事件分别是 onmousedown 和 onmouseup 事件。其中，onmousedown 事件用于在鼠标按下时触发事件处理程序，onmouseup 事件是在鼠标松开时触发事件处理程序。在用鼠标单击对象时，可以用这两个事件实现其动态效果。

【例 16-27】 本实例是用 onmousedown 和 onmouseup 事件将文本制作成类似于<a>（超链接）标记的功能，也就是在文本上按下鼠标时，改变文本的颜色，当在文本上松开鼠标时，恢复文本的默认颜色，并弹出一个空页（可以链接任意网页）。（实例位置：光盘\MR\源码\第 16 章\16-27）

```
<p id="p1" style="color:#AA9900" onmousedown="mousedown()" onmouseup="mouseup()"><u>
编程词典网</u></p>
<script language="javascript">
<!--
function mousedown(event)                //设置鼠标按下时的文字颜色
{
    var e=window.event;
    var obj=e.srcElement;
    obj.style.color='#0022AA';
}
function mouseup(event)                   //设置鼠标松开时的文字颜色
{
    var e=window.event;
    var obj=e.srcElement;
    obj.style.color='#AA9900 ';
    window.open("","编程词典网","");
}
//-->
</script>
```

运行结果如图 16-42 和图 16-43 所示。

图 16-42　按下鼠标时改变字体颜色

图 16-43　松开鼠标时恢复字体颜色

上面实例使用 event 对象的 srcElement 属性在事件发生时获取鼠标所在对象的名称，便于对该对象进行操作。

3. 鼠标的移入移出事件

鼠标的移入和移出事件分别是 onmouseover 和 onmousemove 事件。其中，onmouseover 事件在鼠标移动到对象上方时触发事件处理程序，onmousemove 事件在鼠标移出对象上方时触发事件处理程序。可以用这两个事件在指定的对象上移动鼠标时，实现其对象的动态效果。

【例 16-28】 本实例的主要功能是鼠标在图片上移入或移出时，动态改变图片的焦点，主要是用 onmouseover 和 onmouseout 事件来完成鼠标的移入和移出动作。（实例位置：光盘\MR\源码\第 16 章\16-28）

```
<script language="javascript">
<!--
function visible(cursor,i)                    //设置鼠标移入及移出时的图片效果
{
if (i==0)
    cursor.filters.alpha.opacity=100;
else
    cursor.filters.alpha.opacity=30;
}
//-->
</script>
<table border="0" cellpadding="0" cellspacing="0">
  <tr>
    <td align="center" bgcolor="#CCCCCC">
        <img src="Temp.jpg" border="0" style="filter:alpha(opacity=100)" onMouseOver=
"visible(this,1)" onMouseOut="visible(this,0)" width="148" height="121"/>
    </td>
  </tr>
</table>
```

运行结果如图 16-44 和图 16-45 所示。

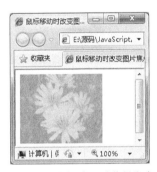

图 16-44　鼠标移入时获得焦点

图 16-45　鼠标移出时失去焦点

4. 鼠标的移动事件

鼠标移动事件（onmousemove）是鼠标在页面上进行移动时触发事件处理程序，可以在该事件中用 document 对象实时读取鼠标在页面中的位置。

【例 16-29】本实例是鼠标在页面中移动时，在页面的状态栏中显示当前鼠标在页面上的位置，也就是（x,y）值。（实例位置：光盘\MR\源码\第 16 章\16-29）

```
<script language="javascript">
<!--
var x=0,y=0;
function MousePlace()
{
    x=window.event.x;
    y=window.event.y;
    window.status="X: "+x+"    "+"Y: "+y+"  ";
}
document.onmousemove=MousePlace;              //读取鼠标在页面中的位置
//-->
</script>
```

运行结果如图 16-46 所示。

图 16-46　在状态栏中显示鼠标在页面中的当前位置

5．键盘事件的使用

键盘事件包含 onkeypress、onkeydown 和 onkeyup 事件，其中 onkeypress 事件是在键盘上的某个键被按下并且释放时触发此事件的处理程序，一般用于键盘上的单键操作。Onkeydown 事件是在键盘上的某个键被按下时触发此事件的处理程序，一般用于组合键的操作。Onkeyup 事件是在键盘上的某个键被按下后松开时触发此事件的处理程序，一般用于组合键的操作。

为了便于读者对键盘上的按键进行操作，下面以表格的形式给出其键码值。

下面是键盘上字母和数字键的键码值，如表 16-15 所示。

表 16-15　　　　　　　　　　　　　　　字母和数字键的键码值

按键	键值	按键	键值	按键	键值	按键	键值
A(a)	65	J(j)	74	S(s)	83	1	49
B(b)	66	K(k)	75	T(t)	84	2	50
C(c)	67	L(l)	76	U(u)	85	3	51
D(d)	68	M(m)	77	V(v)	86	4	52
E(e)	69	N(n)	78	W(w)	87	5	53
F(f)	70	O(o)	79	X(x)	88	6	54
G(g)	71	P(p)	80	Y(y)	89	7	55
H(h)	72	Q(q)	81	Z(z)	90	8	56
I(i)	73	R(r)	82	0	48	9	57

下面是数字键盘上按键的键码值，如表 16-16 所示。

表 16-16　　　　　　　　　　　　　　　数字键盘上按键的键码值

按键	键值	按键	键值	按键	键值	按键	键值
0	96	8	104	F1	112	F7	118
1	97	9	105	F2	113	F8	119
2	98	*	106	F3	114	F9	120
3	99	+	107	F4	115	F10	121
4	100	Enter	108	F5	116	F11	122
5	101	-	109	F6	117	F12	123
6	102	.	110				
7	103	/	111				

下面是键盘上控制键的键码值，如表 16-17 所示。

表 16-17　　　　　　　　　　　　控制键的键码值

按键	键值	按键	键值	按键	键值	按键	键值
Back Space	8	Esc	27	Right Arrow(→)	39	-_	189
Tab	9	Spacebar	32	Down Arrow(↓)	40	.>	190
Clear	12	Page Up	33	Insert	45	/?	191
Enter	13	Page Down	34	Delete	46	`~	192
Shift	16	End	35	Num Lock	144	[{	219
Control	17	Home	36	;:	186	|	220
Alt	18	Left Arrow(←)	37	=+	187	]}	221
Cape Lock	20	Up Arrow(↑)	38	,<	188	"'	222

以上键码值只有在文本框中才完全有效，如果在页面中使用（也就是在<body>标记中使用），则只有字母键、数字键和部分控制键可用，其字母键和数字键的键值与 ASCII 值相同。

如果想要在 JavaScript 中使用组合键，可以利用 event.ctrlKey，event.shiftKey，event.altKey 判断是否按下了 ctrl 键、shift 键以及 alt 键。

【例 16-30】本实例是利用键盘中的 A 键，对页面进行刷新，而无需用鼠标在 IE 浏览器中单击“刷新”按钮。（实例位置：光盘\MR\源码\第 16 章\16-30）

```
<script language="javascript">
<!--
function Refurbish()
{
    if (window.event.keyCode==97)           //当在键盘中按"a"键时
    {
        location.reload();                  //刷新当前页
    }
}
document.onkeypress=Refurbish;
//-->
</script>
```

运行结果如图 16-47 所示。

16.4.5　页面事件

页面事件是在页面加载或改变浏览器大小、位置，以及对页面中的滚动条进行操作时，所触发的事件处理程序。本节将通过页面事件对浏览器进行相应的控制。

1．加载与卸载事件

加载事件（onload）是在网页加载完毕后触发相应的

图 16-47　按 A 键对页面进行刷新

事件处理程序，它可以在网页加载完成后对网页中的表格样式、字体、背景颜色等进行设置。卸载事件（unload）是在卸载网页时触发相应的事件处理程序，卸载网页是指关闭当前页或从当前页跳转到其他网页中，该事件常被用于在关闭当前页或跳转其他网页时，弹出询问提示框。

在制作网页时，为了便于网页资源的利用，可以在网页加载事件中对网页中的元素进行设置。下面以示例的形式讲解如何在页面中合理利用图片资源。

【例 16-31】 本实例是在网页加载时，将图片缩小成指定的大小，当鼠标移动到图片上时，将图片大小恢复成原始大小，这样可以必免使用大小相同的两个图片进行切换，并在关闭网页时，用提示框提示用户是否关闭当前页。（实例位置：光盘\MR\源码\第 16 章\16-31）

```
<body onunload="pclose()">                    //调用窗体的卸载事件
<img src="image1.jpg" name="img1" onload="blowup()" onmouseout="blowup()" onmouseover=
"reduce()"/>                                  //在图片标记中调用相关事件
<script language="javascript">
<!--
var h=img1.height;
var w=img1.width;
function blowup()                             //缩小图片
{
    if (img1.height>=h)
    {
        img1.height=h-100;
        img1.width=w-100;
    }
}
function reduce()                             //恢复图片的原始大小
{
    if (img1.height<h)
    {
        img1.height=h;
        img1.width=w;
    }
}
function pclose()                             //卸载网页时强出提示框
{
    alert("欢迎浏览本网页");
}
//-->
</script>
</body>
```

运行结果如图 16-48 和图 16-49 所示。

图 16-48　网页加载后的效果

图 16-49　鼠标移到图片时的效果

2．页面大小事件

页面的大小事件（onresize）是用户改变浏览器的大小时触发事件处理程序，它主要用于固定浏览器的大小。

【例 16-32】　本实例是在用户打开网页时，将浏览器以固定的大小显示在屏幕上，当用鼠标拖动浏览器边框改变其大小时，浏览器将恢复原始大小。(实例位置：光盘\MR\源码\第 16 章\16-32)

```
<script language="JavaScript">
function fastness(){                      //设置浏览器窗口大小
    window.resizeTo(600,450);
}
document.body.onresize=fastness;          //固定浏览器的大小
document.body.onload=fastness;
</script>
```

运行结果如图 16-50 所示。

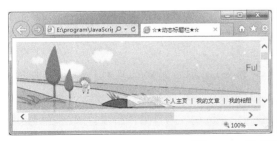

图 16-50　固定浏览器的大小

16.5　综合实例——动态设置网页的标题栏

在打开页面时，不断更换标题栏中的文字，也就是动态设置网页的标题栏。运行程序，浏览器中显示的网页标题栏中的文字将不断的变化，如图 16-51 所示。

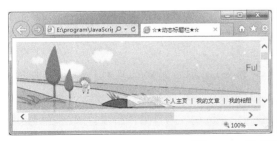

图 16-51　动态设置网页的标题栏

创建一个名称为 index.html 的 HTML 文件，在该文件中编写 JavaScript 代码，通过 document 对象的 title 属性来设置网页的标题栏。关键代码如下：

```
<body>
<img  src="个人主页主页.jpg" >
<script language="JavaScript">
var n=0;
function title(){
    n++;
    if (n==3) {n=1}
    if (n==1) {document.title='☆★动态标题栏★☆'}
    if (n==2) {document.title='★☆个人主页☆★'}
    setTimeout("title()",1000);
}
title();
</script>
</body>
```

知识点提炼

（1）文档对象（document）代表浏览器窗口中的文档，该对象是 window 对象的子对象。由于 window 对象是 DOM 对象模型中的默认对象，因此 window 对象中的方法和子对象不需要使用 window 来引用。

（2）Window 对象代表的是打开的浏览器窗口，通过 Window 对象可以控制窗口的大小和位置、由窗口弹出的对话框、打开窗口与关闭窗口，还可以控制窗口上是否显示地址栏、工具栏和状态栏等栏目。

（3）DOM 是 Document Object Model（文档对象模型）的缩写，它是由 W3C(World Wide Web 委员会)定义的。

（4）在 DOM 中通过使用节点属性可以对各节点进行查询，查询出各节点的名称、类型、节点值、子节点和兄弟节点等。

（5）通过 DHTML 对象模型的方法获取得网页对象，可以不必了解文档对象模型的具体层次结构，而直接得到网页中所需的对象。

（6）事件处理的过程分为三步：①发生事件；②启动事件处理程序；③事件处理程序做出反应。

（7）在 JavaScript 中调用事件处理程序，首先需要获得对要处理对象的引用，然后将要执行的处理函数赋值给对应的事件。

（8）页面事件是在页面加载或改变浏览器大小、位置，以及对页面中的滚动条进行操作时，所触发的事件处理程序。

（9）页面的大小事件（onresize）是用户改变浏览器的大小时触发事件处理程序，它主要用于固定浏览器的大小。

（10）获得焦点事件（onfocus）是当某个元素获得焦点时触发事件处理程序。

（11）编辑事件是在浏览器中的内容被修改或移动时所执行的相关事件。它主要是对浏览器中被选择的内容进行复制、剪切、粘贴时的触发事件，以及在用鼠标拖动对象时所触发的一系列事件的集合。

习　题

16-1　描述 Window 对象的作用。

16-2　列举几种 Document 对象的常见应用。

16-3　简单描述事件的作用。

16-4　如何分别在 JavaScript 中和 HTML 中调用事件处理程序？

16-5　列举常见的几种鼠标键盘事件。

16-6　列举常见的页面相关事件和表单相关事件。

16-7　分别描述文本编辑事件和对象拖动事件所包含的事件操作。

第 *17* 章
HTML5、CSS3 与 JavaScript 综合应用

本章要点：

- 文字升降特效
- 闪烁的图片
- 左右移动的图片
- 自动隐藏菜单
- 树状导航菜单
- 颜色选择器

本章通过文字升降特效、闪烁的图片、左右移动的图片、自动隐藏菜单、树状导航菜单及颜色选择器等 6 个综合实例，详细讲解如何在实际应用中使用 HTML5、CSS3 与 JavaScript 技术综合进行开发。

17.1　综合实例 1——文字升降特效

在一些阅读性的网站中，为了使浏览者更便于阅读，页面中的文字将自动进行滚动。本实例在页面打开后，页面中的文字将在一定的范围内进行上下滚动，运行结果如图 17-1 所示。

本实例主要是用 document 对象中的 `<body>` 对象的 clientHeight 属性来获取工作区的高，并设置文字移动的范围，并用 window 对象的 setTimeout() 方法使文字在指定的区域内进行上下移动。

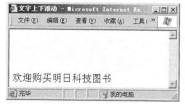

图 17-1　文字上下滚动

一定要将层（div）的 style 样式的 position 属性设为 absolute，否则，层将不会移动。

（1）在 `<body>` 标记中添加一个层，代码如下：

```
<div id="TDiv" style="position: absolute;top: 50; color: #000000;font-size:20px;">
<p>欢迎购买明日科技图书</p></div>
```

（2）编辑用于实现文字上下滚动的 JavaScript 代码。

自定义函数，用于设置文字所显示的位置，并调用自定义函数 act()。代码如下：

```
<script language="JavaScript">
```

```
down=true;
function activity(){
  ob=document.all("TDiv");
  if (ob.style.posTop<=50){
    var hei=document.body.clientHeight;
    act(50,hei-100,50)
  }
}
```

自定义函数 act()，使文字在页面中进行上下滚动。代码如下：

```
function act(yp,yk,yx){
  ob=document.all("TDiv");
  ob.style.posTop=yp;
  if (yp<=yx) down=true;
  if (yp>=yk) down=false;
  if (down){step=4;}
  else{step=-4;}
  setTimeout('act('+(yp+step)+','+yk+','+yx+')', 35);
}
```

在窗体载入时，调用自定义函数 activity()。代码如下：

```
activity();
</script>
```

17.2 综合实例 2——闪烁的图片

在一些招商的网站中，页面中包含着大量的广告信息，有时会使用一些网页特效来吸引浏览者。在本例中，为了使图片链接更具吸引力，在图片中增加了不停闪烁的效果，如图 17-2 所示。

本例中主要对层进行操作，在 glint 函数中通过三目运算符设置图片的显示或隐藏状态，然后在指定的时间内重复执行，以达到图片不停闪烁的效果。

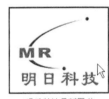

明日科技最新图书

图 17-2 使图片不停闪烁

（1）编写使图片不停闪烁的 JavaScript 代码，具体代码如下：

```
<SCRIPT LANGUAGE="JavaScript">
var counter = 0;
function soccerOnload()        //在指定的时间内调用 glint 函数
{
  setTimeout("glint()", 200);
}
function glint()               //设置图片的显示和隐藏状态
{
  div1.style.visibility = (div1.style.visibility == "hidden") ? "visible" : "hidden";
  counter += 1;
  setTimeout("glint()", 200);
}
</SCRIPT>
```

（2）添加页面设计代码，并在层中加入图片，代码如下：

```
<body onload="soccerOnload();">
<DIV ID="div1" STYLE="position:absolute; left:150; top:0">
  <a href="http://www.mingrisoft.com" target="_blank">
```

```
<p></p>
   <img name="image1" src="Temp.jpg">
<p></p>
<font size="3pt" color="#FF0000"> 明日科技最新图书 </font>
   </a>
</DIV>
</body>
```

17.3 综合实例 3——左右移动的图片

本实例将使用 JavaScript 编写一个可以左右拖动的图片,当用户在图片上按下鼠标左键不放时,就可以左右拖动图片,当释放鼠标左键时,则将图片放置在释放鼠标左键时的位置上,如图 17-3 所示。

图 17-3 可以左右拖动的图片

在制作本实例时,首先编写用于实现左右拖动图片的功能函数,再通过 window 对象的 setInterval()方法每隔 1ms 执行一次实现左右拖动图片的函数,最终实现可以左右拖动图片的效果。

（1）在<body></body>区域中添加一段 CSS 样式,其代码如下:

```
<STYLE type=text/css>#floater {
    LEFT: 445px; POSITION: absolute; TOP: -3px; VISIBILITY: visible; WIDTH: 125px;
Z-INDEX: 10}
   </STYLE>
```

（2）编写用于实现可以左右拖动图片的 JavaScript 代码。

```
<Script language="JavaScript">
   self.onError=null;
   currentX = 0;
   whichIt = null;
   lastScrollX = 0;
   NS = (document.layers) ? 1 : 0;
   IE = (document.all) ? 1: 0;
   function heartBeat(){
      if(IE) diffX = document.body.scrollLeft;
      if(NS) diffX = self.pageXOffset;
      if(diffX != lastScrollX){
          percent = .1 * (diffX - lastScrollX);
          if(percent > 0){
            percent = Math.ceil(percent);
          }else {
            percent = Math.floor(percent);
          }
          if(IE) document.all.floater.style.pixelLeft += percent;
          if(NS) document.floater.left += percent;
          lastScrollX = lastScrollX + percent;
      }
   }
   function checkFocus(x){
      stalkerx = document.floater.pageX;
      stalkerwidth = document.floater.clip.width;
      if( (x > stalkerx && x < (stalkerx+stalkerwidth)) )
```

```
                return true;
            else
                return false;
        }
    function grabIt(e) {
       if(IE){
            whichIt = event.srcElement;
            while (whichIt.id.indexOf("floater") == -1){
              whichIt = whichIt.parentElement;
              if (whichIt == null){ return true; }
            }
            whichIt.style.pixelLeft = whichIt.offsetLeft;
            currentX = (event.clientX + document.body.scrollLeft);
       }else{
          window.captureEvents(Event.MOUSEMOVE);
          if(checkFocus (e.pageX)) {
            whichIt = document.floater;
            StalkerTouchedX = e.pageX-document.floater.pageX;
            }
       }
       return true;
       }
    function moveIt(e){
       if (whichIt == null) { return false; }
       if(IE){
          newX = (event.clientX + document.body.scrollLeft);
          distanceX = (newX - currentX);
          currentX = newX;
          whichIt.style.pixelLeft += distanceX;
            if(whichIt.style.pixelLeft < document.body.scrollLeft) whichIt.style.
pixelLeft = document.body.scrollLeft;
            if(whichIt.style.pixelLeft > document.body.offsetWidth - document.body.
scrollLeft - whichIt.style.pixelWidth - 20) whichIt.style.pixelLeft = document.body.
offsetWidth - whichIt.style.pixelWidth - 20;
                event.returnValue = false;
       }else {
                whichIt.moveTo(e.pageX-StalkerTouchedX);
          if(whichIt.left < 0+self.pageXOffset) whichIt.left = 0+self.pageXOffset;
          if( (whichIt.left + whichIt.clip.width) >= (window.innerWidth+self.pageXOffset-
17)) whichIt.left = ((window.inner Width +self.pageXOffset)-whichIt.clip.width)-17;
          return false;
       }
       return false;
       }
    function dropIt(){
       whichIt = null;
       if(NS) window.releaseEvents (Event.MOUSEMOVE);
       return true;
    }
    if(NS){
       window.captureEvents(Event.MOUSEUP|Event.MOUSEDOWN);
       window.onmousedown = grabIt;
       window.onmousemove = moveIt;
       window.onmouseup = dropIt;
    }
    if(IE){
```

```
        document.onmousedown = grabIt;
        document.onmousemove = moveIt;
        document.onmouseup = dropIt;
    }
    if(NS || IE) action = window.setInterval("heartBeat()",1);
</Script>
```

（3）添加页面设计代码。

```
<DIV align="center" id="floater">
  <TABLE height="10" width="24">
    <TR>
      <TD align="middle" height="6" vAlign="center" width="76">
        <img src="bg.jpg" width="170" height="113" border=0 style="cursor:pointer"/>
      </TD>
    </TR>
  </TABLE>
</DIV>
```

17.4　综合实例 4——自动隐藏菜单

在一些个性化的网站中，经常会看到自动隐藏式的菜单。该类菜单不仅使页面美观别致，而且节省页面空间。当鼠标移到菜单标签上时，该菜单将自动展开；当鼠标离开菜单标签时，该菜单将自动隐藏。本实例制作的自动隐藏式菜单运行结果如图 17-4 和图 17-5 所示。

图 17-4　自动隐藏菜单

图 17-5　菜单展开

本实例主要应用 window 对象的 setTimeout( )方法和 clearTimeout( )方法实现的，具体步骤如下：

（1）应用 JavaScript 脚本创建自定义函数实现菜单的显示与隐藏，代码如下：

```
<script language="javascript">
a=null
b=null
c=null
d=null
Netscape4 = (document.layers)?1:0
IE4 = (document.all)?1:0;
function MenuHide()                              //菜单隐藏
{
    if(Netscape4)
    {
```

```
      clearTimeout(d)
      if( menu.left > menuW*-1+20+10 )
      {
        menu.left -= 10
        c = setTimeout("MenuHide()", 1)
      }
      else if( menu.left > menuW*-1+20 )
      {
          menu.left--
          c = setTimeout("MenuHide()", 1)
      }
    }
    else
    {
      clearTimeout(d)
      if( menu.pixelLeft > menuW*-1+20+10 )
      {
        menu.pixelLeft -= 10
        c = setTimeout("MenuHide()", 1)
      }
      else if( menu.pixelLeft > menuW*-1+20 )
      {
        menu.pixelLeft--
        c = setTimeout("MenuHide()", 1)
      }
    }
}
function MenuOut()                        //菜单显示
{
    if(Netscape4)
    {
      clearTimeout(c)
      if( menu.left < -10)
      {
        menu.left += 4
        d = setTimeout("MenuOut()", 1)
      }
      else if( menu.left < 0)
      {
        menu.left++
        d = setTimeout("MenuOut()", 1)
      }
    }
    else
    {
      clearTimeout(c)
      if( menu.pixelLeftp < -10)
      {
        menu.pixelLeft += 2
        d = setTimeout("MenuOut()", 1)
      }
      else if( menu.pixelLeft < 0 )
      {
        menu.pixelLeft++
        d = setTimeout("MenuOut()", 1)
```

```
    }
   }
  }
 function fireOver()
 {
   clearTimeout(b)
   a = setTimeout("MenuOut()", 10)
 }
 function fireOut()
 {
   clearTimeout(a)
   b = setTimeout("MenuHide()", 10)
 }
 function Init()
 {
   if(Netscape4)
   {
    menu = document.D1
    menuW = menu.document.Width
    menu.left = menu.document.Width*-1+20
    menu.onmouseover = menuOut
    menu.onmouseout = menuIn
menu.visibility = "visible"
   }
   else if(IE4)
   {
    menu = dviID.style
    menuW = dviID.offsetWidth
    dviID.style.pixelLeft = dviID.offsetWidth*-1+20
    dviID.onmouseover = fireOver
    dviID.onmouseout = fireOut
    dviID.style.visibility = "visible"
   }
 }
</script>
```

（2）设置<body>标记的 onload 事件调用 Init()函数，代码如下：

```
<body onload="Init()">
<div id="dviID" style="left: 0px; top: 0px" >
<table border="0" width="198" height ="500">
  <tr>
  <td width="13" rowSpan="2"  valign =middle  bgColor="#2e8b57" style="width: 13px">
  <font color="#00ff99">
   菜<br>
   单
   栏</font>
</td>
  <td width="175" colspan="2" rowspan="2" valign =middle> <ul>
  <br /><br/>
    <li><a href="javascript:void(0)">ASP 程序开发范例宝典</a></li>
    <li><a href="javascript:void(0)">ASP 开发技术大全</a></li>
    <li><a href="javascript:void(0)">ASP 数据库开发案例精选</a></li>
    <li><a href="javascript:void(0)">JSP 程序开发范例宝典</a></li>
    <li><a href="javascript:void(0)">C#程序开发范例宝典</a></li>
```

```
<li><a href="javascript:void(0)">PHP 程序开发范例宝典</a></li>
  </ul>
  </td>
  </tr>
  <tr>
  </tr>
</table>
</div>
</body>
```

17.5　综合实例 5——树状导航菜单

对于一个导航文字很多，并且可以对导航内容进行分类的网站来说，可以将页面中的导航文字以树视图的形式显示，这样不仅可以有效节约页面，而且也可以方便用户查看。运行本实例，如图 17-6 所示，在企业进销存管理系统将系统功能以树状导航菜单的形式列出，在页面的左侧"企业进销存导航"中可以看到该系统内所包含的具体功能。在默认情况下，所有功能节点都是折叠，单击节点名称可以展开指定节点，再单击该节点名称可以将该节点折叠。

本实例主要通过在页面中加入 DIV 层，并通过页面控制层的显示和隐藏来实现树状导航菜单。

（1）应用 JavaScript 定义一个 show_div( )函数，主要用于显示一个层（menu 层）中的内容，用来实现模拟树形视图。代码如下：

图 17-6　树状导航菜单

```
<script language="JavaScript">
function show_div(menu)
{
var Imgname;
if (document.all.item(menu).style.display == "none")
{document.all.item(menu).style.display = "block";
Imgname="images/Img"+menu+"_2.gif";
document.all.item("Img"+menu).src=Imgname;
}
else
{document.all.item(menu).style.display = "none";
Imgname="images/Img"+menu+"_1.gif";
document.all.item("Img"+menu).src=Imgname;
}
}
</script>
```

（2）插入导航图片和导航文字，代码如下：

```
<P> <A Href="#" onClick="show_div('menu1')">
<img name="Imgmenu1" src="images/Imgmenu1_1.gif" BORDER="0"
 ALIGN="ABSMIDDLE" width="39" height="16">
<span class="l"><b>基础信息管理</b></span>
<br>
  </a>
```

```
<DIV ID="menu1" style="display:none">
   <img src="images/open_1.gif" width="39" height="16"/>
<a href="#" class="l">客户信息管理</a><br>
   <img src="images/open_1.gif" width="39" height="16"/>
  <a href="#" class="l">商品信息管理</a><br>
   <img src="images/open_1.gif" width="39" height="16"/>
  <a href="#" class="l">供应商信息管理</a><br>
   <img src="images/open_1.gif" width="39" height="16"/>
  <a href="#" class="l">商品信息查询</a><br>
   <img src="images/open_1.gif" width="39" height="16"/>
  <a href="#" class="l">客户信息查询</a><br>
   <img src="images/open_2.gif" width="39" height="16"/>
  <a href="#" class="l">供应商信息查询</a><br>
<br>
</DIV>
<p>  <a href="#" onClick="show_div('menu2')">
<img name="Imgmenu2" src="images/Imgmenu2_1.gif" BORDER="0"
 ALIGN="ABSMIDDLE" width="39" height="16"/><span class="l"><b>采购管理</b></span></a>
  <br>
<DIV ID=menu2 STYLE="display:None">  <img src="images/open_1.gif" width="39"
 height="16"> <a href="#" class="l">商品采购</a><br>
   <img src="images/open_2.gif" width="39" height="16"/>
<a href="#" class="l">采购查询</a><br>
<br>
</DIV>
<p>
<A HREF="#" onClick="show_div('menu3')">
<IMG name="Imgmenu3" SRC="images/Imgmenu3_1.gif" BORDER="0"
 ALIGN="ABSMIDDLE" width="39" height="16"/><span class="l"><b>库存管理</b>
</span></A>
  <br>
<DIV ID=menu3 STYLE="display:None">
   <Img src="images/open_1.gif" width="39" height="16"/>
<a href="#" class="l">商品入库</a><br>
   <img src="images/open_1.gif" width="39" height="16"/>
  <a href="#" class="l">商品入库退货</a><br>
   <img src="images/open_1.gif" width="39" height="16"/>
  <a href="#" class="l">库存查询</a><br>
   <img src="images/open_2.gif" width="39" height="16"/>
  <a href="#" class="l">价格调整</a><br>
 <br>
</div>
<p>  <A HREF="#" onClick="show_div('menu4')">
<IMG name="Imgmenu4" SRC="images/Imgmenu4_1.gif" BORDER="0"
 ALIGN="ABSMIDDLE" width="39" height="16"/><span class="l"><b>商品销售</b>
</span>
</A>
  <br>
<DIV ID=menu4 STYLE="display:None">
   <img src="images/open_1.gif" width="39" height="16"/>
<a href="#" class="l">商品销售</a><br>
```

```
    <img src="images/open_2.gif" width="39" height="16"/>
    <a href="#" class="l">销售退货</a><br>
  <br>
</div>
<p> <A HREF="#" onClick="show_div('menu5')">
<IMG name="Imgmenu5" SRC="images/Imgmenu5_1.gif" BORDER="0"
 ALIGN="ABSMIDDLE" width="39" height="16"/><b class="l">查询统计</b></A>
  <br>
<DIV ID=menu5 STYLE="display:None">
    <img src="images/open_1.gif" width="39" height="16"/>
<a href="#" class="l">销售信息查询</a><br>
    <img src="images/open_1.gif" width="39" height="16"/>
  <a href="#" class="l">商品入库查询</a><br>
    <img src="images/open_2.gif" width="39" height="16"/>
  <a href="#" class="l">商品销售排行</a><br>
  <br>
</div>
```

读者可以根据实现情况自行添加所须节点，方法同上。

17.6　综合实例 6——颜色选择器

在浏览网站时，经常会进入一些讨论性的网站，在这些网站中，可以对一些问题进行讨论，在发送文字的时候，可以利用颜色拾取器对字体的颜色进行设置。本实例将制作一个 16*16*16 色的颜色拾取器。运行结果如图 17-7 所示。在下拉列表中可以选择红、绿、蓝、灰 4 种颜色，在选择其中一种颜色后，在表的左面会显示相应的颜色，用鼠标单击表格左面的颜色块，可以在表格右面看到更多的颜色，当单击表右边的颜色块时，会弹出标有相应颜色值的对话框。

本实例主要应用 document 对象的 write()方法动态向表格中添加单元格，用 rgb()函数修改各单元格 bgcolor 属性中的值，使单元格以不同的颜色进行显示。Number 对象的 toString(16)方法是将十进制转换成十六进制。

（1）在页面中添加表格，并在表格中以单元格背景来显示颜色块的内容,代码如下：

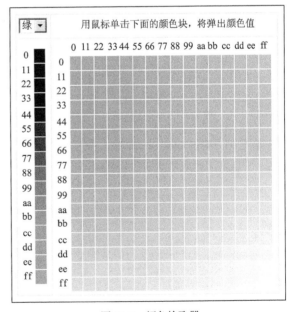

图 17-7　颜色拾取器

```
<table border="0" cellspacing="1" cellpadding="3" width="350" align="center" bgcolor
="#dddddd">
<tr bgcolor="#FFFFFF">
<td width="10%" align="center">
<select name="select1" onchange="selectmenu(this.value)">
```

```
<option value="1" selected>红</option>
<option value="2">绿</option>
<option value="3">蓝</option>
<option value="4">灰</option>
</select>
</td>
<td width="90%" align="center">
<table width="100%" border="0" cellspacing="0" cellpadding="0">
<tr>
<td align="center" style="font-size:12px">用鼠标单击下面的颜色块,将弹出颜色值</td>
</tr>
</table>
</td>
</tr>
<tr bgcolor="#FFFFFF">
<td width="10%" align="center">
  <table id="table1" border="0" cellspacing="1" cellpadding="0">
```

在表格（table1）中添加 JavaScript 脚本，用于在表格中添加单元格，并设置单元格的背景颜色。

```
<script language="JavaScript">
for(i=0;i<=15;++i){
   document.write('<tr><td align="center" style="font:menu">'+ishex(i*17) +'</td>
<td id="Ltd' + i +'" bgcolor="rgb('+ (i*17) + ',0,0)" width="15" height="15" onclick=
"changeright(this.num)"></td></tr>')
   document.all['Ltd' + i].num=i
}
function ishex(which){
   return which.toString(16);
}
</script>
```

HTML 标记用于在单元格中创建表格。

```
</table></td>
<td align="center" width="90%">
<table id="table2" border="0" cellspacing="1" cellpadding="0">
```

在表格中添加 JavaScript 脚本，用于向表格中添加指定的单元格，并设置单元格的背景颜色。

```
<script language="JavaScript">
document.write('<tr><td></td></tr>')
for(i=0;i<=15;++i){
   document.write('<td align="center" style="font:menu">'+ishex(i*17)+'</td>');
}
document.write('</tr>')
for(i=0;i<=15;++i){
   document.write('<tr>')
   document.write('<td align="center" style="font:menu">'+ishex(i*17)+'</td>')
   for(j=0;j<=15;++j){
      document.write('<td id="Rtd'+i+'and'+j+'" style="font:menu" bgcolor="rgb
(0,'+(i*17)+','+(j*17)+')" width="15" height="15" onclick="clickright(this)"
></td>');
   }
   document.write('</tr>');
}
</script>
```

HTML 标记。
```
</table>
</td>
</tr>
</table>
```
（2）编辑用于实现更换颜色拾取器的颜色值，并进行显示的 JavaScript 代码。

自定义函数 selectmenu()，用于判断在下拉列表（Menu 组件）中，选择了红、绿、蓝、灰哪种颜色。
```
<script language="JavaScript">
function selectmenu(which){
    switch(which){
      case '1' :leftR();break;
      case '2' :leftG();break;
      case '3' :leftB();break;
      case '4' :leftA();break;
    }
}
```
自定义函数 leftR()，当在下拉列表中选择红色时，改变表格左面的颜色值。
```
function leftR(){
    for(i=0;i<=15;++i){
        document.all['Ltd'+i].bgColor='rgb('+(i*17)+',0,0)';
    }
    rightR(0)
}
```
自定义函数 leftG()，当在下拉列表中选择绿色时，改变表格左面的颜色值。
```
function leftG(){
    for(i=0;i<=15;++i){
        document.all['Ltd'+i].bgColor='rgb(0,'+ (i*17) + ',0)';
    }
    rightG(0)
}
```
自定义函数 leftB()，当在下拉列表中选择蓝色时，改变表格左面的颜色值。
```
function leftB(){
    for(i=0;i<=15;++i){
        document.all['Ltd'+i].bgColor='rgb(0,0,'+(i*17)+')';
    }
    rightB(0)
}
```
自定义函数 leftA()，当在下拉列表中选择灰色时，改变表格左面的颜色值。
```
function leftA(){
    for(i=0;i<=15;++i){
        document.all['Ltd'+i].bgColor='rgb('+(i*17)+','+(i*17)+','+(i*17)+')';
    }
    rightA()
}
```
自定义函数 rightR ()，当在左面选颜色块（红色）时，相应地改变表格右面的颜色值。
```
function rightR(which){
    for(i=0;i<=15;++i){
      for(j=0;j<=15;++j){
        document.all['Rtd'+i+'and'+j].bgColor='rgb('+(which*17)
+','+(i*17)+','+(j*17)+')';
```

```
        }
    }
}
```

自定义函数 rightG ()，当在左面选颜色块（绿色）时，相应地改变表格右面的颜色值。

```
function rightG(which){
    for(i=0;i<=15;++i){
        for(j=0;j<=15;++j){
            document.all['Rtd'+i+'and'+j].bgColor='rgb('+(i*17)+','+
(which*17)+','+(j*17)+')';
        }
    }
}
```

自定义函数 rightB ()，当在左面选颜色块（蓝色）时，相应地改变表格右面的颜色值。

```
function rightB(which){
    for(i=0;i<=15;++i){
        for(j=0;j<=15;++j){
            document.all['Rtd'+ i+'and'+j].bgColor='rgb('+(i*17)
+','+(j*17)+','+(which*17)+')';
        }
    }
}
```

自定义函数 rightA ()，当在左面选颜色块（灰色）时，相应地改变表格右面的颜色值。

```
function rightA(){
    for(i=0;i<=15;++i){
        for(j=0;j<=15;++j){
            document.all['Rtd'+i+'and'+j].bgColor='rgb('+(i*16+j)
+','+(i*16+j)+','+(i*16+j)+')';
        }
    }
}
```

自定义函数 clickright()用于获取表格右面颜色块的颜色值。

```
function clickright(which){
    alert(which.bgColor)
}
```

自定义函数 changeright()通过对左面颜色块的选择，相应地改变右面颜色块的颜色。

```
function changeright(which){
    switch(select1.value){
        case '1' :rightR(which);break;
        case '2' :rightG(which);break;
        case '3' :rightB(which);break;
    }
}
</script>
```

（3）在<body>标记中设置字体的样式。代码如下：

```
<body style="font:menu">
```

第18章
课程设计——旅游信息网前台

本章要点：

- 如何设计一个网站
- 如何设计网站的 header 及 footer
- 在网页中显示文字及图片
- 设计网页导航
- 在网站播放音乐
- 添加留言功能的实现过程

一个旅游信息网为例来讲解如何综合运用 HTML5 中的结构元素。具体讲解时，会将实现页面的 HTML5 及 CSS 样式代码一起讲解，以便让读者在学习的同时，不仅能掌握 HTML5 的结构元素在网页设计中所起的作用，还能了解在 HTML5 实现的网页中如何使用 CSS 样式来对页面中的元素进行页面布局视觉美化。

18.1　需 求 分 析

旅游信息网是关于长春的旅游介绍网站，该网站主要包括主页、自然风光页、人文气息页、美食页、旅游景点页、名校简介页及留下足迹页等页面。

18.2　系 统 设 计

18.2.1　系统目标

根据每个人对旅游信息的需求，制定目标如下：

- 操作简单方便、界面简洁美观。
- 通过便签方便的记录用户的计划。
- 系统运行稳定、安全可靠。

18.2.2　网站预览

旅游信息网有多个网页构成，下面看一下旅游信息网中主要页面的运行效果。

说明 由于每个子页中的 header 部分和 footer 部分都是相同的，所以在下面浏览各子页面的效果时，主要演示其主体部分的运行效果。

首页主要显示旅游信息网的介绍及相关图片，其运行效果如图 18-1 所示。

自然风光页面主要是介绍长春的一些自然风光，如气候、地理环境等，运行效果如图 18-2 所示。

图 18-1 应用 HTML5 制作的旅游信息网的首页

图 18-2 自然风光页面

人文气息页面主要是对长春市民的生活和学习的环境进行介绍，其运行效果如图 18-3 所示。

美食页面主要是介绍长春的一些特色美食，其运行效果如图 18-4 所示。

图 18-3 人文气息页面

图 18-4 美食页面

旅游景点页面主要是介绍长春的一些旅游景点其运行效果如图 18-5 所示。

名校简介页面主要是介绍长春的名校，其运行效果如图 18-6 所示。

留下足迹页面主要是添加了一张.gif 格式的图片，并在其下方载入一段音频文件，当打开本页面时，音频文件自动播放；另外，在该页的右侧栏添加了一张留言的表单，以便访客留言所用。留下足迹页面主体运行效果如图 18-7 所示。

图 18-5　旅游景点页面　　　　　　　　图 18-6　名校简介页面

图 18-7　留下足迹页面

18.3　开发及运行环境

本系统的软件开发环境及运行环境具体如下。

- 操作系统：Windows 7。
- 开发工具：Dreamweaver。
- 开发语言：HTML+DIV+CSS。
- 运行平台：Windows。
- 分辨率：最佳效果 1024×768 像素。

18.4 关 键 技 术

18.4.1 网站主题结构设计

旅游信息网网页的主体结构如图 18-8 所示。

这些网页中有几个主要的 HTML5 结构，分别是：header 元素、aside 元素、section 元素及 footer 元素。

18.4.2 HTML5 结构元素的使用

在设计旅游信息网前台页面时，主要用到了 HTML5 的一些主体结构元素，分别是 header 结构元素、aside 结构元素、section 结构元素和 footer 结构元素，在大型的网站中，一个网页通常都由这几个结构元素组成，下面分别进行介绍。

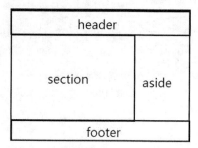

图 18-8   旅游信息网所有页面主题结构图

- header 结构元素：通常用来展示网站的标题、企业或公司的 logo 图片、广告（Flash 等格式）、网站导航条等。
- aside 结构元素：通常用来展示与当前网页或整个网站相关的一些辅助信息。例如，在博客网站中，可以用来显示博主的文章列表和浏览者的评论信息等。在购物网站中，可以用来显示商品清单、用户信息、用户购买历史等。在企业网站中，可以用来显示产品信息、企业联系方式、友情链接等。Aside 结构元素可以有很多种形式，其中最常见的形式是侧边栏。
- section 结构元素：一个网页中要显示的主体内容通常被放置在 section 结构元素中，每个 section 结构元素都应该有一个标题来显示当前展示的主要内容的标题信息。每个 section 结构元素中通常还应该包括一个或多个 section 元素或 article 元素，用来显示网页主体内容中每一个相对独立的部分。
- footer 结构元素：通常，每一个网页中都具有 footer 结构元素，用来放置网站的版权声明和备案信息等与法律相关的信息，也可以放置企业的联系电话和传真等联系信息。

具体设计时，在还没有加入任何实际内容之前，这些网页代码如下。

```html
<!DOCTYPE html>
<head>
  <title>我爱长春</title>
  <meta charset="utf-8">
  <link rel="stylesheet" href="css/reset.css" type="text/css" media="all">
  <link rel="stylesheet" href="css/grid.css" type="text/css" media="all">
  <link rel="stylesheet" href="css/style.css" type="text/css" media="all">
</head>
<body>
   <header> </header>
   <section id="content">
        <article></article>
   </section>
```

```
    <aside></aside>
<footer></footer>
</body>
</html>
```

上面代码中，页面开头使用了 HTML5 中的"<!DOCTYPE html>"语句来声明页面中将使用 HTML5。在 head 标签中，除了 meta 标签中使用了更简洁的编码指定方式之外，其他代码均与 HTML4 中的 head 标签中的代码完全一致。此页面中使用了很多结构元素，用来替代 HTML4 中的 div 元素，因为 div 元素没有任何语义性，而 HTML5 中推荐使用具有语义性的结构元素，这样做的好处就是可以让整个网页结构更加清晰，浏览器、屏幕阅读器以及其他阅读此代码的人，也可以直接从这些元素上分析出网页中什么位置放置了什么内容。

18.5　网站公共部分设计

在本网站的网页中，有两个公共的部分，分别是 header 元素中的内容和 footer 元素中的内容。这两部分是本站每个网页中都包含的内容，下面具体介绍一下这两个公共部分的主要内容。

18.5.1　设计网站公共 header

header 元素是一个具有引导和导航作用的结构元素，很多企业网站中都有一个非常重要的 header 元素，一般位于网页的开头，用来显示企业名称、企业 logo 图片、整个网站的导航条，以及 flash 形式的广告条等。

在本网站中，header 元素中的内容包括：网站的 logo 图片、网站的导航以及通过 jQuery 技术来循环显示的特色图片，同时还为这些图片添加了说明性关键字。header 元素中的内容在浏览器中的显示结果如图 18-9 所示。

图 18-9　旅游信息网 header 元素在浏览器中的显示

网站公共部分的 header 元素的结构示意图如图 18-10 所示。

1. header 元素中显示网站名称的代码分析

在 div 中存放网站的名称及 logo 图片，它在浏览器中的页面显示如图 18-11 所示。

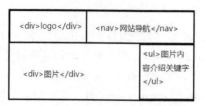

图 18-10 公共部分 header 元素的结构示意图

图 18-11 网站 logo 及名称的显示

div 元素主要是显示页面左边的 logo 图片，同时通过<h2></h2>显示网站的名称"我爱长春"，并通过<strong>属性对"长春"两个字进行了加粗。其实现的代码如下。

```
<div class="logo">
    <h2>我爱<strong>长春</strong> </h2>
</div>
```

接下来看一下对网站 logo 实现 CSS 样式的设计，代码如下。

```
header .logo {
position:absolute;
left:45px;
top:70px;
background:url(../images/logo.png) no-repeat 0 0;
padding:20px 0 0 20px;
width: 156px;
}
header .logo h1 {
font-size:38px;
line-height:1.2em;
color:#c3c3c3;
font-weight:normal;
font-style:italic;
letter-spacing:-1px;
}
header .logo h1 a {
    color:#c3c3c3;
    text-decoration:none;
    }
    header .logo h1 a strong {
        color:#fff;
        }
```

上面的 CSS 代码的主要作用是：

- 对 header 元素中 logo 整体样式的设计，其中包括：添加 logo 的图片、设置补白像素值、设置 logo 显示的宽度。
- 设置网站名称的字体大小、字体风格为斜体、字体加粗、字体颜色等。

2. header 元素中 nav 元素的代码分析

Nav 元素是一个可以用作页面导航的连接组，其中的导航元素链接到其他页面或当前页面的其他部分。Nav 元素可以被放置在 header 元素中，作为整个网站的导航条来使用。Nav 元素中可以存放列表或导航地图，或其他任何可以放置一组超链接的元素。在本网站中，网站标题部分的 nav 元素中放置了一个导航地图，如图 18-12 所示。

图 18-12　应用 nav 元素实现的网站导航条

Header 元素中应用到的 nav 元素的代码如下。

```
<nav>
  <ul>
    <li><a href="index.html" class="current">主页</a></li>
    <li><a href="index-1.html">自然风光</a></li>
    <li><a href="index-2.html">人文气息</a></li>
    <li><a href="index-3.html">美食</a></li>
    <li><a href="index-4.html">旅游景点</a></li>
    <li><a href="index-5.html">名校简介</a></li>
    <li><a href="index-6.html">留下足迹</a></li>
  </ul>
</nav>
```

接下来看一下，nav 元素所使用到的样式代码，代码如下。

```
header nav {
position:absolute;                      //采用绝对定位来设定浏览器定位 HTML 元素
right:25px;
top:97px;
}
header nav ul li {
    float:left;
    padding-left:6px;                   //右侧补白值为 6 像素
    }
    header nav ul li a {
        float:left;                     //让内容右包围一个元素
        color:#fff;
        text-decoration:none;           //文本不加任何下划线、上划线和删除线
        width:80px;
        text-align:center;              //文本居中对齐
        line-height:31px;               //文本的行高设置为 31 像素
        font-size:14px;                 //将字体大小设置成 14 像素
        }
    header nav ul li a:hover,
    header nav ul li a.current {
        //设置导航条的背景图片，并水平平铺
        background:url(../images/nav-bg.gif) 0 0 repeat-x;
        border-radius:5px;
        -moz-border-radius:5px;
        -webkit-border-radius:5px;
    }
```

上面的 CSS 代码的主要作用是：

● 设定 HTML 元素在浏览器的定位采用的是绝对定位，同时设定导航条上边距与左边距的位置；

● 对导航的列表块进行设置。主要是对右侧进行补白。

● 对列表内导航文字进行设置，主要是设置字体的大小、颜色、文字的对齐方式等。

● 添加导航的背景图片，并水平平铺显示。

3. header 元素中显示宣传图片代码分析

接下来，看一下在 header 元素中显示宣传图片，这些宣传图片被放置在 div 元素中，该元素中放置 3 张图片，并通过 jQuery 技术循环播放这 3 张图片；同时，在宣传图片的右侧显示对应的说明性文字，这些文字的显示时是以列表形式出现的。宣传图片在浏览器中显示的结果如图 18-13 所示。

图 18-13　通过 jQuery 技术在 header 元素中实现图片的循环播放

实现的主要代码如下。

```
<div class="rap">
    <a href="#"><img src="images/big-img1.jpg" alt="" width="571" height="398"></a>
    <a href="#"><img src="images/big-img2.jpg" alt="" width="571" height="398"></a>
    <a href="#"><img src="images/big-img3.jpg" alt="" width="571" height="398"></a>
</div>
    <ul class="pagination">
    <li>
        <a href="#" rel="0">
        <img src="images/f_thumb1.png" alt=""/>
        <span class="left">
            北国风光<br />
            万里雪飘<br />
        </span>
        <span class="right">
            堆雪人<br />
            溜爬犁<br />
        </span>
      </a>
    </li>
    <li>
        <a href="#" rel="1">
        <img src="images/f_thumb2.png" alt=""/>
        <span class="left">
            净月潭<br />
            33568 平方米<br />
            樟子松
        </span>
        <span class="right">
```

```
            夏避暑<br />
            秋赏叶<br />
            冬玩雪
          </span>
        </a>
      </li>
      <li>
          <a href="#" rel="2">
          <img src="images/f_thumb3.png" alt=""/>
          <span class="left">
            伪满洲国<br />
            红色旅游<br />
            跑马场
          </span>
          <span class="right">
            中和门<br />
            同德殿<br />
            怀远楼
          </span>
        </a>
      </li>
    </ul>
```

宣传图片所使用的样式代码如下。

```
#faded {
    position:absolute;
    left:0;
    top:161px;
    padding-bottom:20px;
    }
#faded .rap {
    background:url(../images/img-wrapper-bg.jpg) no-repeat 50% 0 #d92400;
    border:1px solid #e46b00;
    width:589px;
    height:416px;
    border-radius:8px;
    -moz-border-radius:8px;
    -webkit-border-radius:8px;
    box-shadow:-2px 8px 5px rgba(0, 0, 0, .6);
    -moz-box-shadow:-2px 8px 5px rgba(0, 0, 0, .6);
    -webkit-box-shadow:-2px 8px 5px rgba(0, 0, 0, .6);
    z-index:10;
    overflow:hidden;
    }
    #faded .rap img {
        margin:9px 0 0 9px;
        }

#faded ul.pagination {
    position:absolute;
    left:537px;
    top:10px;
    background:url(../images/pagination-splash.gif) no-repeat 0 0 #2a2a2a;
    border:1px solid #3a3a3a;
```

```
    border-radius:8px;
    -moz-border-radius:8px;
    -webkit-border-radius:8px;
    box-shadow:-2px 8px 5px rgba(0, 0, 0, .4);
    -moz-box-shadow:-2px 8px 5px rgba(0, 0, 0, .4);
    -webkit-box-shadow:-2px 8px 5px rgba(0, 0, 0, .4);
    z-index:9;
    padding:25px 0 25px 0;
    }
#faded ul.pagination li {
    width:429px;
    position:relative;
    background:url(../images/line-bot.gif) no-repeat 77px 100%;
    padding-bottom:1px;
    height:1%;
    }
#faded ul.pagination li:last-child {
    background:none;
    }
#faded ul.pagination li a {
    display:block;
    padding:16px 40px 14px 77px;
    overflow:hidden;
    color:#7f7f7f;
    text-decoration:none;
    font-size:13px;
    line-height:28px;
    height:1%;
    cursor:pointer;
    -moz-transition: all 0.3s ease-out;  /* FF3.7+ */
    -o-transition: all 0.3s ease-out;  /* Opera 10.5 */
    -webkit-transition: all 0.3s ease-out;  /* Saf3.2+, Chrome */
    }
#faded ul.pagination li a:hover, #faded ul.pagination li.current a {
    background-color:#1d1d1d;
    color:#fff;
    }
#faded ul.pagination li a img {
    float:left;
    margin-right:28px;
    }
#faded ul.pagination li a span.left {
    float:left;
    width:100px;
    }
#faded ul.pagination li a span.right {
    float:left;
    width:80px;
    }
}
```

上面的 CSS 代码的主要作用是：
- 设置放置图片位置，距上边框 161 像素，并在底部进行补白。
- 设置图片的背景色为红色、设置图片的边框为 1 像素、设置图片的宽度与高度、将图片的层叠顺序属性设为整数 10，表示图片覆盖其背景、将图片超出背景的部分隐藏。
- 设置这个列表的样式包括：列表的背景图像、列表的宽度、列表的层叠顺序属性设为整数

9，表示列表与图片重叠部分将被图片覆盖。

- 设置列表项的样式，将列表项的定位方式设置为 relative，表示采用相对定位，对象不可层叠，但是将依据 left、right、top、bottom 等属性设置在页面中的偏移位置。
- 设置列表项内文字和缩小图片的样式，首先将 display 的属性设置为 block，表示块对象的默认值。将对象强制作为块对象呈递，为对象之后添加新行。设置新行的填充像素、设置列表项内文字的大小及样式。设置缩小图片与文字排列的位置。

18.5.2　设计网站公共 footer

footer 元素专门用来显示网站、网页或内容区块的脚注信息，在企业网站中的 footer 结构元素通常用来显示版权声明、备案信息、企业联系电话及网站制作单位等内容。

本章中，网站页面的 footer 元素在浏览器中的显示结果如图 18-14 所示。

图 18-14　通过 footer 元素实现的网站版权说明

footer 元素中的内容相对来说比较简单，它存放了两个 div 元素，其中上面的 div 元素仅有来设置 footer 的样式的类名为 container_16，第二个 div 元素中存放版权信息、公司地址、公司电话等。其实现的主要代码如下。

```
<footer>
  <div class="container_16">
    <div id="main">
        版权所有：<strong>吉林省明日科技有限公司</strong>   
        地址：长春市二道区东盛大街 89 号亚泰广场 C 座 2205 室   
        电话：400-675-1066
    </div>
  </div>
</footer>
```

footer 元素所使用的 CSS 样式代码如下。

```
footer .container_16 {
font-size:.625em;
}
footer .copy {
}
footer .copy span {
    text-transform:uppercase;
    color:#e1e1e1;
    }
footer .copy a {
    color:#777;
    }
```

18.6　网站主页设计

在 18.5 节中，我们介绍了旅游信息网的公共部分，本节将对如何使用 HTML5 结构元素设置网站主页进行详细讲解。

18.6.1 显示网站介绍及相关图片

在 HTML5 网站中，每个网页所展示的主体内容通常都存放在 section 结构元素中，而且通常带有一个标题元素 header。在主页中，网站介绍及相关图片的显示结果如图 20.15 所示。

图 18-15 网站介绍及相关图片的显示

在主页中，页面主体 section 元素中显示了长春的简介，以及一些美丽的图片，其结构相对来说比较简单，主要是通过 aside 元素组成的。主页中的 section 元素内容的代码如下。

```
<section id="mainContent" class="grid_10">
        <article>
         <h2>长春欢迎你</h2>
          <h3>长春，吉林省省会，全省政治、经济、文化和交通中心，中国最大的汽车工业城市，有"东方底特律"之称。中国建成区面积和建成区人口第九大城市。中国特大城市之一。</h3>
          <h4>长春地处东北平原中央，是东北地区天然地理中心，东北亚几何中心，东北亚十字经济走廊核心。总面积 20604 平方公里。</h4>
          <p>新的长春，宛若一颗镶嵌在中国东北平原腹地的明珠，在二百余年近代城市历史的发展变化中，以其年轻而美丽跻身于国内特大城市之列！而已经湮没的长春古代历史又相似饱经风霜的老者，讲述这里曾经的跌跌撞撞、大起大落、大喜大悲。从古都到新城，悠远和年轻这两种不同的力量，都注定了长春必定辉煌！</p>
          <a href="#" class="button">更多</a>
        </article>
        <article class="last">
         <h2>魅力长春</h2>
```

```
        <h5>      长春素有"汽车城"、"电影城"、"光电之城""科技文化城"、"大学之城"、"森
林城"、"雕塑城"的美誉,是中国汽车、电影、光学、生物制药、轨道客车等行业的发源地。</h5>
            <ul class="img-list clearfix">
              <li><a href="#"><img src="images/thumb1.jpg" alt=""></a></li>
            <li><a href="#"><img src="images/thumb2.jpg" alt=""></a></li>
            <li><a href="#"><img src="images/thumb3.jpg" alt=""></a></li>
            <li><a href="#"><img src="images/thumb4.jpg" alt=""></a></li>
            <li><a href="#"><img src="images/thumb5.jpg" alt=""></a></li>
            <li><a href="#"><img src="images/thumb6.jpg" alt=""></a></li>
            <li><a href="#"><img src="images/thumb7.jpg" alt=""></a></li>
            <li><a href="#"><img src="images/thumb8.jpg" alt=""></a></li>
            <li><a href="#"><img src="images/thumb9.jpg" alt=""></a></li>
            </ul>
            <a href="#" class="button">更多</a>
        </article>
</section>
```

第一个<article>显示了关于长春的介绍性文字,其主要是通过标题文字标记的使用,来达到
文字的层次效果。第二个<article>显示了关于长春的荣誉称号,并通过列表的形式来展示图片,
以使得文字内容更有说服力,页面显示效果更加美观。

上面 section 元素所使用的 CSS 样式代码如下。

```
#mainContent article {
    padding:0 0 32px 0;
    margin-bottom:30px;
    border-bottom:1px dashed #323232;
    }
#mainContent article.last {
    padding-bottom:0;
    margin-bottom:0;
    border:none;
    }
```

18.6.2　主页左侧导航的实现

Aside 元素用来显示当前网页主体内容之外的、与当前
网页显示内容相关的一些辅助信息。例如,可以是一些关于
网站的宣传语,或者是网站管理者认为比较重要的信息。
Aside 元素的显示形式可以是多种多样的,其中最常用的形
式是侧边栏的形式。在主页中的 aside 元素内使用了两个
article 元素,一个 article 元素用以显示对长春一些特点的概
述,当单击这些概述的文字时,将以定义列表的形式,对这
些概述的文字进行解释。另外一个 article 元素显示一张长春
区域的地图,并在图片的下方对各区的名称进行链接。主页
左侧导航在浏览器中的效果如图 18-16 所示。

主页中的 aside 元素的代码如下。

```
<aside class="grid_6">
        <div class="prefix_1">
        <article>
          <div class="box">
            <h2>长春美誉</h2>
```

图 18-16　主页左侧导航

```
    <dl class="accordion">
      <dt><img src="images/icon1.gif" alt=""/><a href="#">汽车城</a></dt>
        <dd>中国第一汽车集团公司是中国最大的汽车工业科研生产基地，汽车产量占全国总产量的
五分之一</dd>

      <dt><img src="images/icon2.gif" alt=""/><a href="#">电影城</a></dt>
        <dd>长春电影制片厂是新中国电影事业的"摇篮"，为弘扬电影文化，长春市政府自九二年
以来，每两年举办一届长春电影节，邀请国内外电影界知名人士和电影厂商汇聚长春，共创电影辉煌</dd>
      <dt><img src="images/icon3.gif" alt=""/><a href="#">光电城</a></dt>
        <dd>在光学电子、激光技术、高分子材料、生物工程等方面的研究居全国领先地位，有的已
经达到国际先进水平</dd>
      <dt><img src="images/icon4.gif" alt=""/><a href="#">雕塑城</a></dt>
        <dd>长春雕塑公园</dd>
      <dt><img src="images/icon5.gif" alt=""/><a href="#">森林城</a></dt>
        <dd>著名的净月潭森林旅游区总面积478.7平方公里，有亚洲最大的人工森林</dd>
    </dl>
  </div>
</article>
<article class="last">
  <h2>长春地图</h2>
  <p><img src="images/map.jpg" alt=""/></p>
  <div class="wrapper">
    <ul class="list1 grid_3 alpha">
        <li><a href="#">农安市</a></li>
      <li><a href="#">德惠市</a></li>
      <li><a href="#">九台市</a></li>
    </ul>
    <ul class="list1 grid_2 omega">
        <li><a href="#">长春市区</a></li>
      <li><a href="#">榆树市</a></li>
    </ul>
  </div>
</article>
  </div>
</aside>
```

其中，对目录列表实现的下拉式显示，是通过 javascript 脚本与 jQuery 脚本实现的，具体的实现代码如下。

```
<script type="text/javascript">
    $(function(){
        $(".accordion dt").toggle(function(){
            $(this).next().slideDown();
        }, function(){
            $(this).next().slideUp();
        });
    })
</script>
<script type="text/javascript"> Cufon.now(); </script>
```

下面，再来看一下首页中 aside 元素所使用的样式，其实现代码如下。

```
aside article {
    padding-bottom:0;
    margin-bottom:35px;
    }
aside article.last {
    margin-bottom:0;
    }
/* Accordion */
.accordion dt {
    font-size:16px;
    line-height:1.2em;
    color:#000;
    position:relative;
    padding:10px 0 5px 40px;
    height:1%;
    }
    .accordion dt img {
        position:absolute;
        left:0;
        top:10px;
        }
    .accordion dt a {
        color:#000;
        }
.accordion dd {
    display:none;
    padding:0 0 0 40px;
    }
/* Lists */
.list1 li {
    background:url(../images/arrow1.gif) no-repeat 0 7px;
    padding:0 0 6px 15px;
    font-size:13px;
    zoom:1;
    }
    .list1 li a {
        color:#fff;
        font-weight:bold;
        }
```

上面 CSS 代码的主要作用是:

- 对 aside 元素中的 article 元素样式进行设置，主要是设置其边距和填充的像素。
- 设置定义列表项的样式，主要是设置列表项的字体、高度、颜色、定位方式以及列表项前面的图标等。

18.7　"留下足迹"页面设计

在"留下足迹"页面中，除了添加了公共部分的 header 和 footer 外，借助 section 元素和 aside 元素实现了播放音乐机添加留言的功能，本节就对如何设计并实现"留下足迹"页面进行详细讲解。

18.7.1　播放音乐

"留下足迹"页面的主体内容相对来说比较简单，主要是添加了一张 gif 格式的图片，选择添加 gif 格式的图片。因为可以"闪动"，从而给整个页面带来一些生机。在该图片的下方，通过 audio 标签，加载了一段音频，并将其设置为自动播放，这样当进入这个网页的时候，不但可以看到美丽的画面，还可以听到一首好听的歌曲。当然，这里读者也可以通过设置背景音乐的形式，达到以上效果。但是为了显示 HTML5 的强大功能，这里使用了 audio 标签来加载音频。当然更好的办法直接通过 video 标签，加载一段视频，这样整个页面的效果会更绚丽。"留下足迹"页面中的播放音乐功能的效果如图 18-17 所示。

图 18-17　"留下足迹"页面的播放音乐功能

播放音乐功能的实现代码如下。

```
<section id="mainContent" class="grid_10">
    <article>
        <h2>雪景</h2>
        <img src="images/7page-img1.gif" alt="" width="600">
        <h2>听一首关于雪的歌曲</h2>
        <audio src="music/xr.mp3" controls="controls"  autoplay="autoplay" ></audio>
    </article>
</section>
```

18.7.2　添加留言功能的实现

在"留下足迹"页面中，使用 aside 元素实现了添加留言的功能，其运行效果如图 18-18 所示。使用 aside 元素实现添加留言功能的主要代码如下。

```html
<form action="" id="contacts-form">
        <label><span>姓名: </span><input type="text" /></label>
        <label><span>E-mail: </span><input type="text" /></label>
        <span>留言: </span><textarea></textarea></div>
        <a href="#" onclick="document.getElementById('contacts-form').submit()" class=
"button">提交</a>
    <a href="#" onclick="document.getElementById('contacts-form').submit()" class="button">
重置</a></div>
    </form>
```

下面再来看一下表单样式设计的代码。

```css
#contacts-form fieldset {
    border:none;
}
#contacts-form label {
    display:block;
    height:26px;
    overflow:hidden;
}
#contacts-form span {
    float:left;
    width:66px;
    }
#contacts-form input {
    float:left;
    background:#1e1e1e;
    border:1px solid #a4a4a4;
    width:210px;
    padding:1px 5px 1px 5px;
    color:#fff;
}
#contacts-form textarea {
    float:left;
    width:210px;
    padding:1px 5px 1px 5px;
    height:195px;
    background:#1e1e1e;
    border:1px solid #a4a4a4;
    overflow:auto;
    color:#fff;
}
#contacts-form .button {
    float:right;
    margin-left:16px;
    margin-top:14px;
    }
```

图 18-18　添加留言功能

请使用最新的谷歌浏览器运行本章的旅游信息网，该网站只是一个前台展示页面，故所有的链接都为空链接。读者可以自行开发本站的后台程序，最终实现前台与后台的交互。

18.8　课程设计总结

　　本章使用 HTML5 结合 CSS 样式文件制作了一个旅游信息网，通过对本章的学习，读者应该能够掌握常用的 HTML5 结构元素的使用，并能够结合 CSS 样式文件制作简单的前台网页。